Adobe创意大学运维管理中心　推荐教材
“十二五”职业技能设计师岗位技能实训教材

Adobe InDesign CS6 版式设计与制作案例技能实训教程

王春艳　孙　巍　翁　凯　编著

北京希望电子出版社
Beijing Hope Electronic Press
www.bhp.com.cn

内容简介

本书是一本“面向工作流程”的经典之作，所用案例完全取自真实的商业作品，便于学生了解实际客户的真实需求和设计的实现方法。选用真实商业案例进行讲解，还原工作场景，让学生亲身感受到工作流程的真实性。本书共分 12 个模块，每个模块的结构分为模拟制作任务、知识点拓展、独立实践任务 3 部分，模块之间相互关联，内容环环相扣。本书这种独特、新颖的结构体现了“学中做，做中学”的双重使用方法。

本书内容丰富，采用双线贯穿：一条以选取的具有代表性的商业作品为组织线索，包括书签、海报、黑白书内页、包装盒、光盘、画册、挂历、报纸、杂志、折页、通讯录、宣传册等；一条以软件知识为组织线索，包括文字的运用、颜色设置、图形绘制、图像编辑、矢量图形操作、目录的自动生成、数据合并的运用、表格的美化等。

本书适合作为各大院校和培训学校相关专业的教材。因其实例内容具有行业代表性，是版式设计与制作方面不可多得的参考资料，也可供相关从业人员参考。

为方便读者使用，本书提供了配套的教学视频、原始素材和最终效果文件等数字资源，这些内容将在北京希望电子出版社微信公众号、微博和北京希望电子出版社网站（www.bhp.com.cn）上提供。为方便教学，还为用书教师准备了与本书内容同步的电子课件、习题答案等，如有需要，请通过封底联络方式获取。

图书在版编目（ＣＩＰ）数据

Adobe InDesign CS6 版式设计与制作案例技能实训教程 / 王春艳, 孙巍, 翁凯编著. -- 北京 : 北京希望电子出版社, 2014.1

ISBN 978-7-83002-157-3

Ⅰ. ①A… Ⅱ. ①王… ②孙… ③翁… Ⅲ. ①电子排版－应用软件－教材 Ⅳ. ①TS803.23

中国版本图书馆 CIP 数据核字(2013)第 294150 号

出版：北京希望电子出版社

地址：北京市海淀区中关村大街 22 号
中科大厦 A 座 9 层 906 室

邮编：100190

网址：www.bhp.com.cn

电话：010-62978181（总机）转发行部
010-82702675（邮购）

传真：010-82702698

经销：各地新华书店

封面：深度文化

编辑：石文涛　刘　霞

校对：全　卫

开本：787mm×1092mm　1/16

印张：16

字数：379 千字

印刷：北京虎彩文化传播有限公司

版次：2024 年 12 月 1 版 9 次印刷

定价：42.00 元

丛 书 序

《国家"十二五"时期文化改革发展规划纲要》提出，到 2015 年中国文化改革发展的主要目标之一是"现代文化产业体系和文化市场体系基本建立，文化产业增加值占国民经济比重显著提升，文化产业推动经济发展方式转变的作用明显增强，逐步成长为国民经济支柱性产业"。文化创意人才队伍则是决定文化产业发展的关键要素，而目前北京、上海等地的创意产业从业人员占总就业人口的比例远远不及纽约、伦敦、东京等文化创意产业繁荣城市，人才不足矛盾愈发突出，严重制约了我国文化事业的持续发展。

教育机构是人才培养的主阵地，为文化创意产业的发展注入了动力和新鲜血液。同时，文化创意产业的人才培养也离不开先进技术的支撑。Adobe®公司的技术和产品是文化创意产业众多领域中重要和关键的生产工具，为文化创意产业的快速发展提供了强大的技术支持，带来了全新的理念和解决方案。使用 Adobe 产品，人们可尽情施展创作才华，创作出各种具有丰富视觉效果的作品。其无与伦比的图形图像功能，备受网页和图形设计人员、专业出版人员、商务人员和设计爱好者的喜爱。他们希望能够得到专业培训，更好地传递和表达自己的思想和创意。

Adobe®创意大学计划正是连接教育和行业的桥梁，承担着将 Adobe 最新技术和应用经验向教育机构传导的重要使命。Adobe®创意大学计划通过先进的考试平台和客观的评测标准，为广大的合作院校、机构和学生提供快捷、稳定、公正、科学的认证服务，帮助培养和储备更多的优秀创意人才。

北京中科希望软件股份有限公司是 Adobe®公司授权的 Adobe®创意大学运维管理中心，全面负责 Adobe®创意大学计划及 Adobe®认证考试平台的运营及管理。Adobe®创意大学技能实训系列教材是 Adobe 创意大学运维管理中心的推荐教材，它侧重于综合职业能力与职业素养的培养，涵盖了 Adobe 认证体系下各软件产品认证专家的全部考核点。为尽可能适应以提升学习者的动手能力，该套书采用了"模块化+案例化"的教学模式和"盘+书"的产品方式，即：从零起点学习 Adobe 软件基本操作，并通过实际商业案例的串讲和实际演练来快速提升学习者的设计水平，这将大大激发学习者的兴趣，提高学习积极性，引导学习者自主完成学习。

我们期待这套教材的出版，能够更好地服务于技能人才培养、服务于就业工作大局，为中国文化创意产业的振兴和发展做出贡献。

北京中科希望软件股份有限公司董事长　周明陶

前　　言

Adobe 公司作为全球最大的软件公司之一，自创建以来，从参与发起桌面出版革命，到提供主流创意工具，以其革命性的产品和技术，不断变革和改善着人们思想及交流的方式。今天，无论是在报刊，杂志、广告中看到的，还是从电影，电视及其他数字设备中体验到的，几乎所有的作品制作背后均打着 Adobe 软件的烙印。

为了满足新形势下的教育需求，我们组织了由 Adobe 技术专家、资深教师、一线设计师以及出版社策划人员的共同努力下完成了新模式教材的开发工作。本教材模块化写作，通过案例实训的讲解，让学生掌握就业岗位工作技能，提升学生的动手能力，以提高学生的就业全能竞争力。

本书共分十二个模块：

模块 01　设计制作海报

模块 02　设计制作图书书签

模块 03　设计制作黑白图书内页

模块 04　设计制作包装盒

模块 05　设计制作光盘和盘套

模块 06　设计制作画册

模块 07　设计制作挂历

模块 08　设计制作报纸

模块 09　设计制作企业杂志

模块 10　设计制作宣传折页

模块 11　设计制作通讯录

模块 12　设计制作产品宣传册

本书特色鲜明，侧重于综合职业能力与职业素养的培养，融“教、学、做”为一体，适合应用型本科、职业院校、培训机构作为教材使用。为了教学方便，还为用书教师提供与书中同步的教学资源包（课件、素材、视频）。

本书由王春艳、孙巍、翁凯编著，由王国胜负责此书的审定工作。其中 1、2、3、5 章由王春艳编写，4、6、7、11 章由孙巍编写、第 8、9、10、12 章由翁凯编写。

由于编者水平有限，本书疏漏或不妥之处在所难免，敬请广大读者批评、指正。

编者

2013 年 10 月

Contents 目录

模块01 设计制作海报

模块02 设计制作图书书签

模块 03 设计制作黑白图书内页

模块 04 设计制作包装盒

模块 05 设计制作光盘和盘套

模块 06 设计制作画册

模块 07 设计制作挂历

模块 08 设计制作报纸

健康生活报

模块 09 设计制作企业杂志

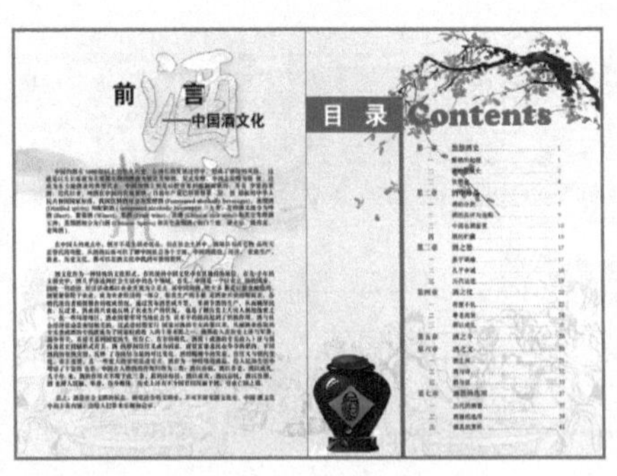

模块10 设计制作宣传折页

模块11 设计制作通信录

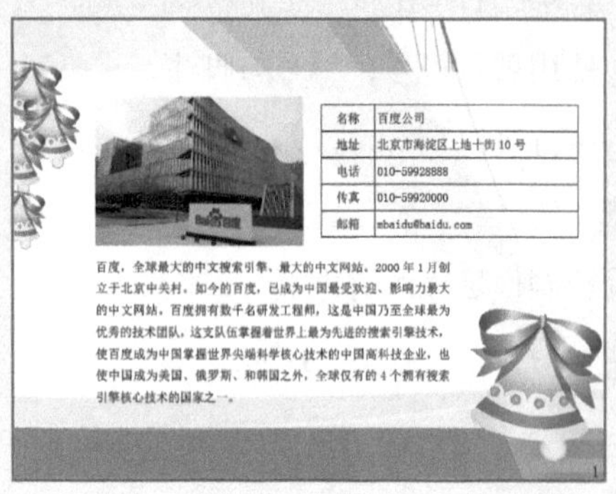

模块12 设计制作产品宣传册

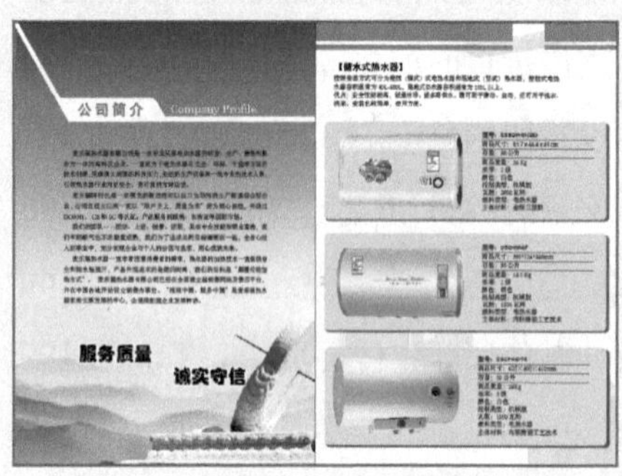

模块 01 设计制作海报

本任务效果图：

光明牛奶系列

不让光明再见乌云　引领有机生活
宝宝健康成长

牛奶中含有钾使动脉血管壁在血奔流高时保持稳定，使中风危险减少一半。
牛奶可以阻止人体吸收食物中有毒的金属铅和镉，具有轻度的解毒功能。
牛奶中含有将近5%的乳糖，可促进人体对钙和铁的吸收，增强肠蠕动，促进排泄。
酸奶和脱脂奶可增强免疫体系功能，阻止肿瘤细胞增长。
牛奶中的维生素B2，可提高视力。
喝牛奶还可防止动脉硬化。
牛奶中的生物活性物质SOD能清除体内有害物质，增强免疫力，具有抗老的延年益寿作用。
牛奶中的酪蛋白，具有较强的抗变异原机制，能减少癌变。
牛奶对人体具有镇静安神作用，睡前喝一杯牛奶可促进睡眠。
牛奶中的酪氨酸能促进快乐激素血清激素生长。
牛奶脂肪中含有适量的胆固醇成分，对成人、特别是各种组织器官均处于生长发育期的婴幼儿更不可少。

软件知识目标：

1. 掌握InDesign中文字的创建方法
2. 熟悉工具箱
3. 了解文字的印刷要求
4. 了解颜色模式

专业知识目标：

1. 了解印刷对文字字体的要求
2. 了解印刷对文字颜色的要求
3. 了解几种必须记住的字体

建议课时安排：

4课时（讲课2课时，实践2课时）

Id 模拟制作任务

任务1　设计制作海报

任务背景

根据厂家的要求，设计人员要为光明牛奶厂新出的一款牛奶设计海报，所需要的图片、商标和文字都已经选好了，现在需要将文字和图片根据排版的要求重新组合，将设计好的标签导出为PDF文件。

任务要求

选择的图像要清晰，符合印刷要求。

尺寸要求：成品尺寸为500mm×350mm。

任务分析

Adobe平面设计系列软件Photoshop、Illustrator、InDesign分工不同，只有正确认识这3款软件在设计流程中的作用才能高效、无误地完成作品。使用Photoshop处理好图像并设置好出血尺寸，使用Illustrator处理好图形设计，使用Word等文字处理软件录入文字，使用InDesign CS6设置符合印刷规范尺寸的页面，将图像、图形和文字放置到InDesign CS6的页面中，在页面中使用不同的工具和命令完成组版工作。

最终效果

本任务素材文件和最终效果文件在“光盘:\素材文件\模块01\任务1”目录中，本任务的操作视频详见“光盘:\操作视频\模块01”目录中。

任务详解

STEP 01 执行“文件”→“新建”→“文档”命令，弹出如图1-1所示的“新建文档”对话框，在该对话框中设置“宽度”为500毫米、“高度”为350毫米，单击“边距和分栏”按钮，在弹出的“新建边距和分栏”对话框中设置所有边距为0毫米，单击“确定”按钮，如图1-2所示。

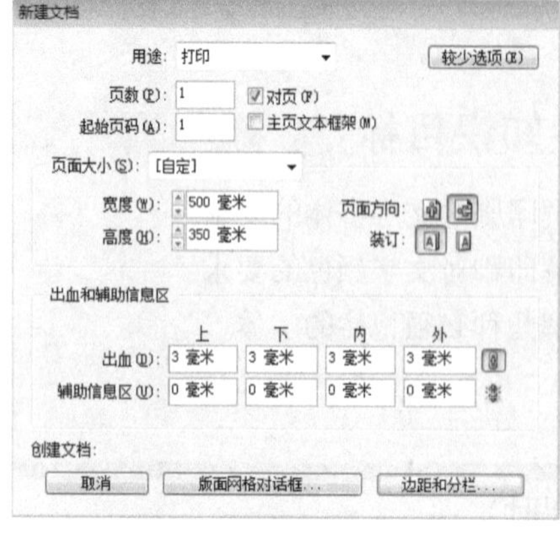

图1-1

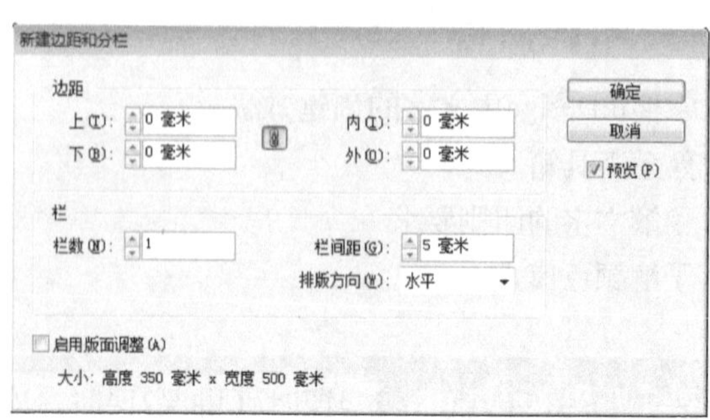

图1-2

STEP02 新建立的空白文档会显示在桌面上，如图1-3所示。

图1-3

STEP03 执行“文件”→“置入”命令，弹出“置入”对话框，选择图像文件（“光盘:\素材文件\模块01\任务1\1.jpg”），单击“打开”按钮，如图1-4所示。

图1-4

STEP04 在页面中单击，选择工具箱中的选择工具，选中图像，将“控制”面板中的参考点移至左上角位置，并设置X值和Y值均为0毫米，如图1-5所示。

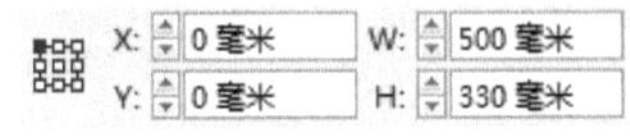

图1-5

STEP05 此时图像与边缘线贴齐，如图1-6所示。

图1-6

STEP06 选择工具箱中的矩形工具，单击页面，在弹出的“矩形”对话框中设置“宽度”为500毫米、“高度”为20毫米，单击“确定”按钮，如图1-7所示。

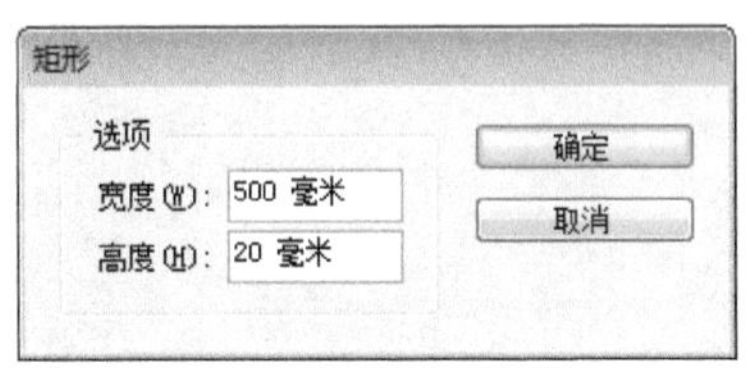

图1-7

STEP07 选择工具箱中的选择工具，选中矩形，在“控制”面板中的参考点移至左下角位置，并设置X值和Y值分别为0毫米和350毫米，如图1-8所示。

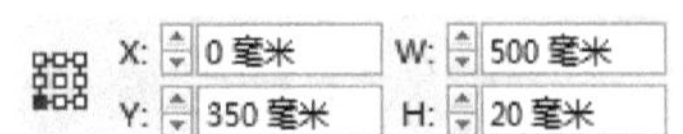

图1-8

STEP08 此时矩形与边缘线贴齐，如图1-9所示。

图1-9

STEP 09 执行“窗口”→“颜色”→“颜色”命令，打开“颜色”面板，在该面板中设置填充色为橙色（C10、M40、Y85、K0），描边为无，如图1-10所示。

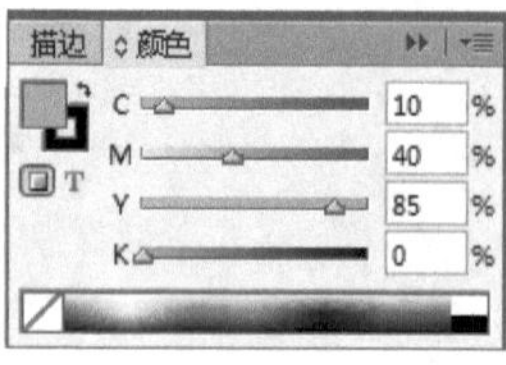

图1-10

STEP 10 此时图像效果如图1-11所示。

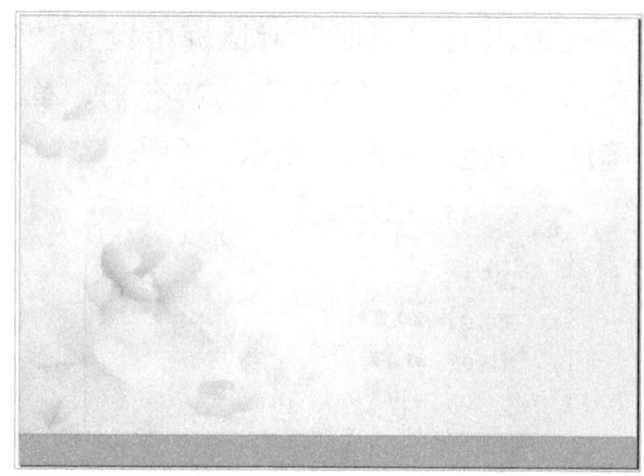
图1-11

STEP 11 执行“文件”→“置入”命令，在弹出的“置入”对话框中选择图像文档（“光盘:\素材文件\模块01\任务1\4.png”），单击“打开”按钮，如图1-12所示。

图1-12

STEP 12 在页面中单击，此时图像置入文档中，如图1-13所示。

图1-13

STEP 13 选择工具箱中的自由变换工具，调整图像大小，并将其拖拽到左上角，如图1-14所示。

图1-14

STEP 14 执行“文件”→“置入”命令，在弹出的“置入”对话框中选择图像文件（“光盘:\素材文件\模块01\任务1\3.png”），单击“打开”按钮，在页面上单击，置入图片，然后调整图片的大小和位置，如图1-15所示。

图1-15

STEP 15 选择工具箱中的文字工具，在页面中按住鼠标左键不放，并向右下方拖拽至合适的位置，释放鼠标，如图1-16所示。

图1-16

STEP 16 在文本框中输入文本，如图1-17所示。

图1-17

STEP 17 执行“文字”→“字符”命令，打开“字符”面板，设置字体为迷你简圆立，字号为12点，如图1-18所示。

图1-18

STEP 18 在“控制”面板中，设置文本为居中对齐，打开“颜色”面板，在该面板中设置填充色为C35、M52、Y86、K0，描边为无，如图1-19所示。

图1-19

STEP 19 在工具箱中选择文字工具，在页面按住鼠标左键沿对角线方向拖拽，绘制一个文本框，如图1-20所示。

图1-20

STEP 20 在文本框中输入文本，如图1-21所示。

图1-21

STEP 21 选中文本，在“控制”面板中设置字体为微软雅黑，字号为55点，打开“颜色”面板，在该面板中设置填充色为C7、M60、Y79、K0，描边为白色，如图1-22所示。

图1-22

STEP 22 执行“窗口”→“描边”命令，打开“描边”面板，设置粗细为6点，如图1-23所示。

图1-23

STEP 23 此时已经为文本添加描边，如图1-24所示。

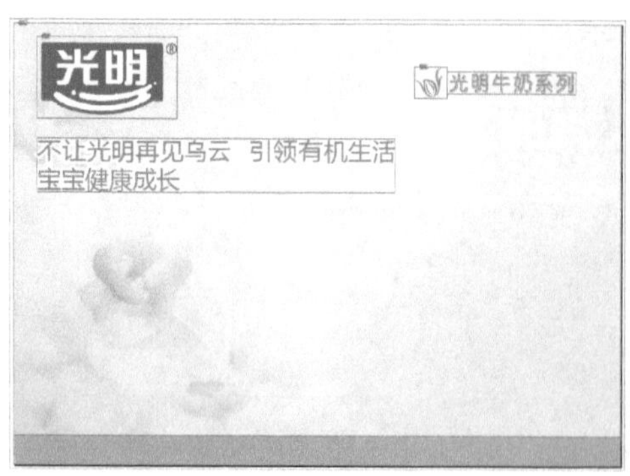

图1-24

STEP 24 选择工具箱中的直线工具，按住Shift键的同时拖拽鼠标，绘制一条水平线，如图1-25所示。

图1-25

STEP 25 在“颜色”面板中，设置直线的描边为C6、M59、Y78、K0，在“描边”面板中，设置粗细为5点，如图1-26所示。

图1-26

STEP 26 选择文字工具，在页面上绘制一个文本框，如图1-27所示。

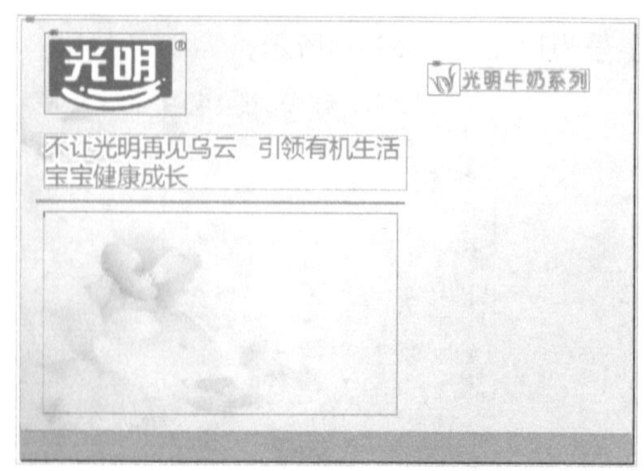

图1-27

STEP 27 将光标定位在文本框中，执行“文件”→“置入”命令，在弹出的“置入”对话框中选中文本文档（“光盘:\素材文件\模块01\任务1\文本.txt”），单击“打开”按钮，如图1-28所示。

图1-28

STEP 28 此时文本将置入文本框中，如图1-29所示。

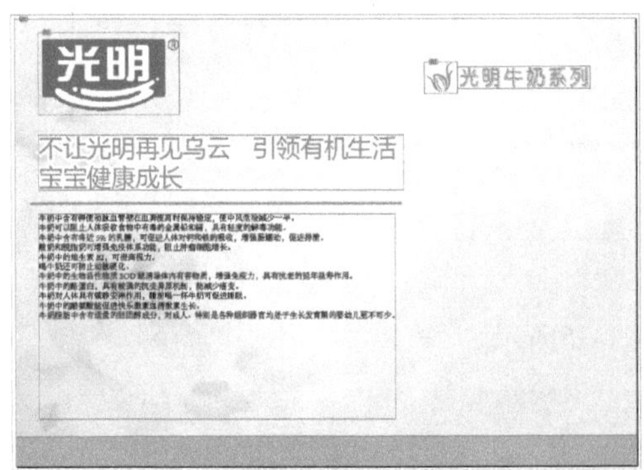

图1-29

STEP 29 将文本全选，在“控制”面板中设置字体为华文楷体，字号为24点，行距为32点，如图1-30所示。

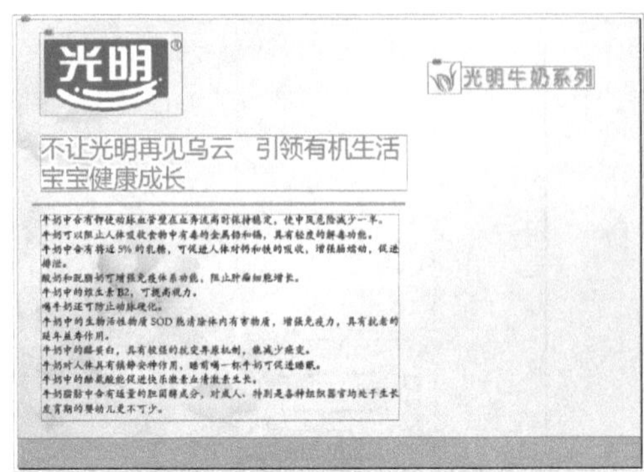

图1-30

STEP 30 打开“颜色”面板，设置文本颜色为C31、M77、Y100、K0，描边为无，如图1-31所示。

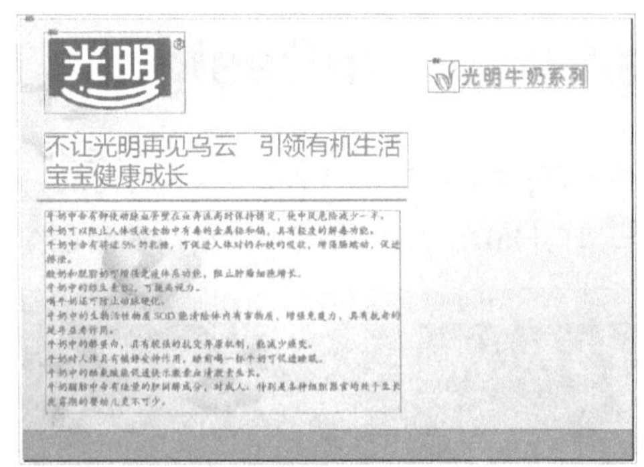

图1-31

STEP 31 执行“文件”→“置入”命令，在打开的“置入”对话框中，选择图像素材（“光盘:\素材文件\模块01\任务1\5.png”），单击“打开”按钮，然后在页面中单击，图片置入文档中，如图1-32所示。

图1-32

STEP 32 选择自由变换工具，调整图片大小，将图片放置在右下角位置，如图1-33所示。至此完成该海报的设计。

图1-33

知识点拓展

知识点1　InDesign的工作界面

执行“开始”→“程序”→“Adobe InDesign CS6”命令，打开InDesign CS6软件，启动界面如图1-34所示。

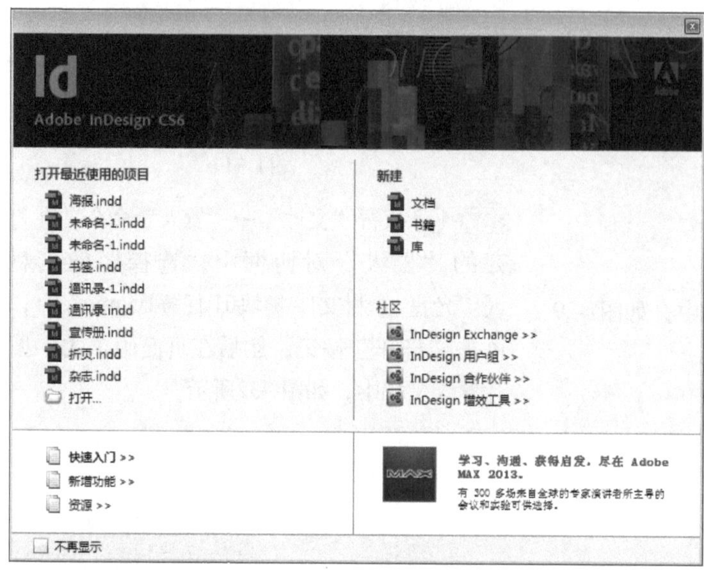

图1-34

单击“文档”图标，进入软件工作界面，如图1-35所示。

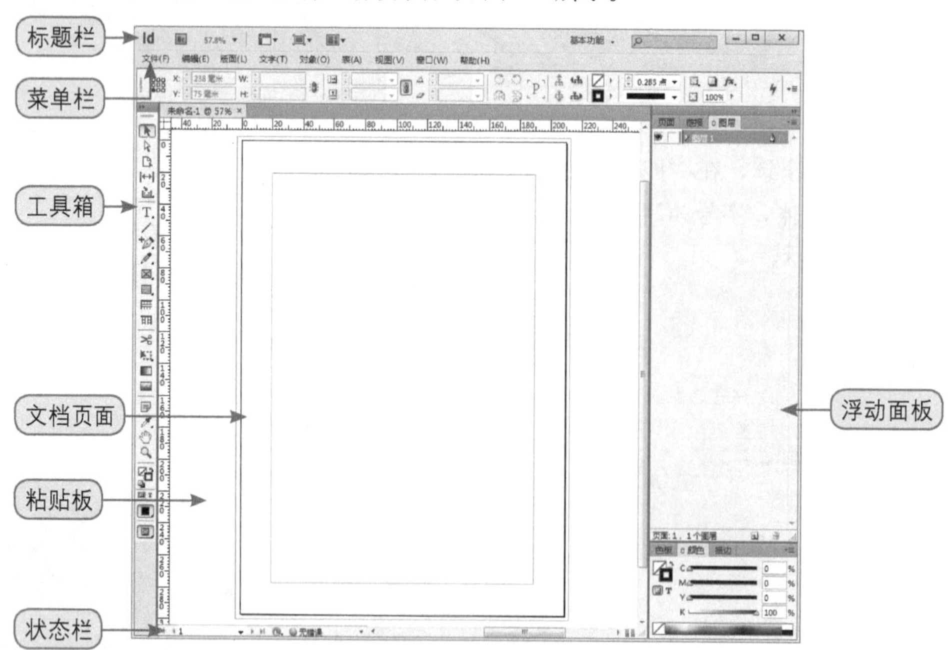

图1-35

- 标题栏。标题栏用于显示该应用程序的名称，其右上角的3个按钮从左到右依次为“最小化”、“最大化/还原”、“关闭”，分别用于缩小、放大和关闭应用程序。
- 菜单栏。菜单栏包括文件、编辑、版面、文字、对象、表、视图、窗口和帮助9个菜单，提供了各种处理命令，可以进行文件管理、编辑图形、调整视图操作。
- 工具箱。工具箱提供了各种文字、排版、制图工具，单击某一工具按钮可以执行相应的功能。
- 粘贴板区域。粘贴板是指页面以外的空白区域，只有在屏幕正常模式下才能显示出来。由于在排版时文档中已经存在文本或图像，为了在操作中不影响文档内容，可以在粘贴板位置编辑文本或图片，然后将编辑好的文本或图片添加到文档页面中，这样可以避免操作中出现失误。
- 文档页面区域。所排版文档页面内容的放置区域，只有在此区域内的内容才会被打印出来。
- 浮动面板。右侧的小窗口称为浮动面板，面板是Adobe软件的一个特色，代替了部分命令，从而使各种操作更加灵活方便。
- 状态栏。状态栏位于文档窗口的左下方，用于显示关于文件状态的信息。可以通过状态栏更改文档的缩放比例或者转到另一页。

提 示

执行“编辑”→“菜单”命令，弹出“菜单自定义”对话框，在该对话框中可以设置隐藏菜单命令和对其着色，这样可以避免菜单出现杂乱现象，并可突出常用的命令。

知识点2　熟悉工具箱

在InDesign CS6中，工具箱中包括了4组近30个工具，大致可分为绘画、文字、选择、变形、导航工具等，使用这些工具，可以更方便地对页面对象进行图形与文字的创建、选择、变形、导航等操作。默认情况下，工具箱显示为垂直方向的两列工具，如图1-36所示。也可以将工具箱设置为单列或单行。但是，不能重排工具箱中各个工具的位置。要移动工具箱，可以使用拖拽标题栏的方法。

提 示

用鼠标拖拽选项卡，可将多个面板组合成浮动面板；还可以使两个或多个面板首尾相连（将一个面板拖到另一个面板底部，待出现黑色粗线框时松开鼠标即可）。

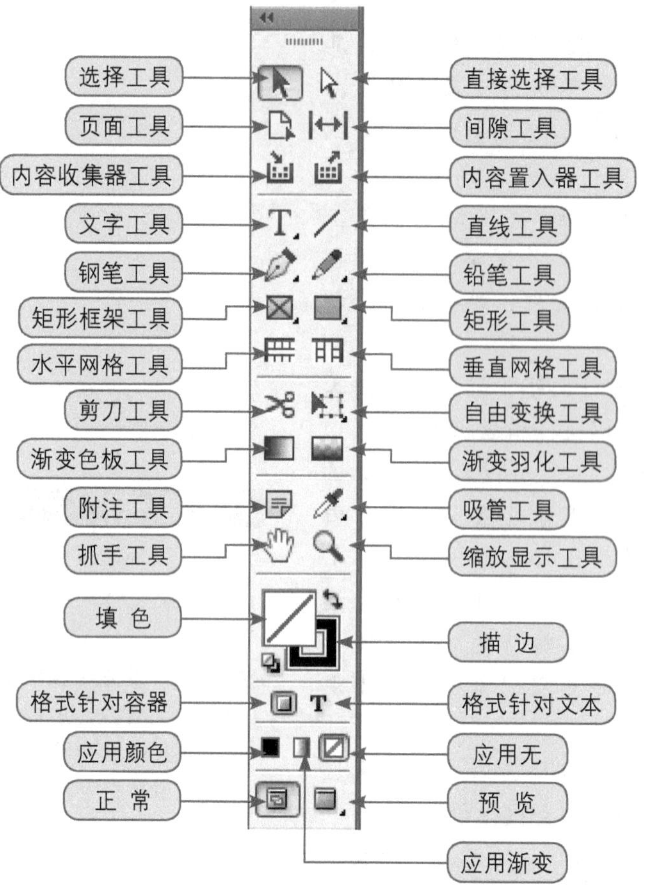

图1-36

提 示

若想知道某个工具的快捷键，可以将鼠标指向工具箱中某个工具按钮图标，稍等片刻后会出现工具名称提示，工具名称右侧的字母、标记或字母组合即为快捷键，如下表所示。

工具箱工具按钮名称及功能说明

工具组名称	图标	工具名称	主要功能	快捷键
选择工具组		选择工具	选择、移动、缩放对象	V
		直接选择工具	选择路径上点或框架中的内容	A
		页面工具	选择、移动页面	Shift+P
		内容收集器工具	收集页面项目	B
		内容置入器工具	置入页面项目	B
绘制工具组		钢笔工具	绘制直线或者曲线工具	P
		添加锚点工具	在路径上添加新锚点	=
		删除锚点工具	删除路径上的新锚点	-
		转换方向点工具	转换角点或平滑点	Shift+C

（续表）

工具组名称	图标	工具名称	主要功能	快捷键
文字工具组		文字工具	创建或编辑文本	T
		直排文字工具	创建或编辑直排文本	
		路径文字工具	创建或编辑路径文本	Shift+T
		垂直路径文字工具	创建或编辑垂直路径文本	
绘制图形的其他工具组		铅笔工具	绘制任意形状的路径	N
		平滑工具	从路径中删除多余的拐角	
		抹除工具	删除路径上多余的点	
		直线工具	绘制任意角度的直线	\
		矩形框架工具	创建正方形或矩形图文框	F
		椭圆框架工具	创建圆形或椭圆形图文框	
		多边形框架工具	创建多边形图文框	
		矩形工具	创建正方形或矩形	M
		椭圆工具	创建圆形或椭圆形	L
		多边形工具	创建多边形	
		水平网格工具	创建水平网格	Y
		垂直网格工具	创建垂直网格	Q
		剪刀工具	在指定点位置单击剪开路径	C
		间隙工具	调整两个或多个项目之间间隙的大小	U
变形工具组		旋转工具	沿指定点旋转对象	R
		缩放工具	沿指定点调整对象大小	S
		切变工具	沿指定点倾斜对象	O
		渐变色板工具	调整渐变的起点、终点和角度	G
		渐变羽化工具	调整渐变羽化透明	Shift+G
		自由变换工具	任意旋转、缩放对象	E
修改和导航工具组		附注工具	添加注释性文本	
		吸管工具	吸取对象的颜色或文字属性并将其应用于其他对象	I
		度量工具	测量角度和距离	K
		抓手工具	在文档窗口中移动页面视图	H
		缩放显示工具	缩放视图比例	Z

01

02

03

04

05

06

07

08

09

10

11

12

知识点3　文字的印刷要求

印刷品对文字的字体、字号都有严格的要求，错误的使用和设置会造成印刷事故，设计师只有了解这些错误的缘由才能避免风险，设计出美观、专业的印刷产品。

1. 文字的格式要求

在排版设计中，一些比较粗的字体和美术体文字是不适合作为内文使用的，如粗黑、大宋、魏碑等字体，这样的字体选择不利于印刷，还会造成阅读不便。书刊内文的字号通常为9P～12P，太小则不利于阅读，太大则版本承载的信息量过少，如一些时尚类书刊通常字号选择9P或者10P，一些针对老年读者阅读群体的书刊通常选择12P。当文字的底色较深时，不宜使用“宋体”，因为根据宋体的字形特点，横笔画很容易被印花而模糊一片。

印刷对文字的颜色也有要求，文字的颜色最好使用单色，如单黑、青色、品红色等，其次可以选择两种油墨的混合色，CMYK中取的颜色种类越多，印刷难度越高。

2. 文字的获取方式

InDesign CS6中获取文字的方法很多，可以直接在页面中输入文字，也可以在其他软件中录入文字之后导入页面中。

方式1：输入文字。

在工具箱中选择文字工具，在页面中按住鼠标左键并拖拽到合适位置后松开鼠标，闪动的光标插入点显示在页面中，此时可以使用键盘输入文字，如图1-37所示。

文字是排版设计中最重要的元素。

图1-37

拖拽鼠标的过程就是在页面中绘制矩形文本框架的过程，文本框架的大小根据鼠标拖拽的距离来确定。使用选择工具在文字上单击，文本框架出现在页面中，如图1-38所示。

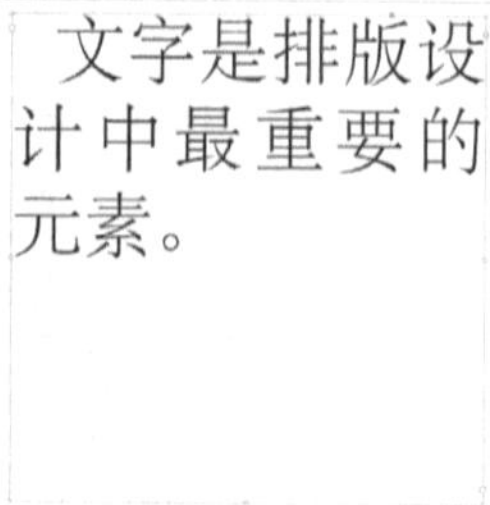

文字是排版设计中最重要的元素。

图1-38

提示

印刷中最常见的中文字体是宋体、黑体、楷体和艺术体等。宋体字是印刷行业中应用最为广泛的一种字体，主要用于书刊或报纸的正文部分。楷体是模仿手写习惯的一种字体，广泛应用于学生课本、通俗读物、批注等。黑体是一种字面呈正方形的粗壮字体，适用于标题或需要引起注意的醒目批注，因字体过于粗壮，一般不适用于排印正文部分。艺术体是指一些非正规的特殊的印刷字体，一般是为了美化版面而采用的，可以有效增强印刷品的艺术品位。

方式2：置入文字。

执行“文件”→“置入”命令，弹出“置入”对话框，单击“查找范围”右侧的下拉按钮，在弹出的下拉列表中选择文字的路径文件夹，然后在文件列表中单击需要置入的文本文档，单击“打开”按钮，如图1-39所示。待光标变成▤时，单击页面中的空白处，则文档中的文字被置入页面中，如图1-40所示。

提 示

从其他InDesign的页面或者文档中直接复制粘贴到目标页面中也可以获取文字。从其他的软件中也可以复制粘贴文字到页面中。

图1-39

散文是指以文字为创作、审美对象的文学艺术体裁，是文学中的一种体裁形式。六朝以来，为区别于韵文、骈文，而把凡是不押韵、不重排偶的散体文章，概称散文。随着文学概念的演变和文学体裁的发展，散文的概念也时有变化，在某些历史时期又将小说与其他抒情、记事的文学作品统称为散文，以区别于讲求韵律的诗歌。

图1-40

提 示

当光标变成▤时，在页面中按住鼠标左键不放，拖拽出一个矩形框后释放鼠标，则文字被置入该矩形文本框中。

知识点4　了解颜色模式

物体是有颜色的，颜色是属于形态的，因为物体有了颜色，人们才能看清物体的形状。人类能够识别的颜色有几百万种，为了识别颜色性质可以使用多种颜色模式。

颜色模式决定了用于显示和打印图像的颜色模式。InDesign颜色模式的建立以用于描述和重现色彩的模式为基础。常见的模式主要包括RGB（红色、绿色、蓝色）、CMYK（青色、洋红、黄色、黑色）和Lab。

（1）RGB模型和模式。

RGB是色光的色彩模式，即红（Red）、绿（Green）、蓝（Blue）三原色的简称。因为3种颜色都有256个亮度水平级，所以3种色彩叠加就形成1670万种颜色了。在RGB模式中，由红、绿、蓝相叠加可以产生其他颜色，因此该模式也称为加色模式。

RGB颜色模式使用RGB模型为图像中每一个像素的RGB分量分配一个0～255范围内的强度值。例如：纯红色R值为255，G值为0，B值为0；灰色的R、G、B三个值相等（除了0和255）；白色的R、G、B都为255；黑色的R、G、B都为0。RGB图像只使用3种颜色，就可以使它们按照不同的比例混合，在屏幕上重现16 581 375种颜色。

在RGB模式下，每种RGB成分都可使用从0（黑色）到255（白色）的值。例如，亮红色使用R值246、G值20和B值50。当所有三种成分值相等时，产生灰色阴影。当所有成分的值均为255时，结果是纯白色；当该值为0时，结果是纯黑色。在显示屏上显示颜色定义时，往往采用这种模式。图像如用于电视、幻灯片、网络、多媒体，一般使用RGB模式。

（2）CMYK颜色模式。

CMYK颜色模式是一种印刷模式。其中，四个字母分别指青色（Cyan）、洋红（Magenta）、黄色（Yellow）、黑色（Black），在印刷中代表4种颜色的油墨。

CMYK模式在本质上与RGB模式没有什么区别，只是产生色彩的原理不同，在RGB模式中由光源发出的色光混合生成颜色，而在CMYK模式中由光线照到有不同比例C、M、Y、K油墨的纸上，部分光谱被吸收后，反射到人眼的光产生颜色。由于C、M、Y、K在混合成色时，随着C、M、Y、K四种成分的增多，反射到人眼的光会越来越少，光线的亮度就会越来越低，所有CMYK模式产生颜色的方法又被称为色光减色法。

在准备要用印刷色打印图像时，应使用CMYK颜色模式。将RGB图像转换为CMYK即产生分色。如果文档中存在RGB模式的图像，最好先在编辑软件中将其转换为CMYK模式，再置入InDesign中。

提 示

在RGB、CMYK和Lab中编辑图像，其本质区别是在不同的色域空间中工作。色域是颜色的某个完全的子集。颜色子集最常见的应用是用来精确地代表一种给定的情况。例如：一个给定的色彩空间或是某个输出装置的呈色范围。自然界中可见光谱的颜色组成了最大的色域空间，该色域空间包含了人眼所见到的所有颜色。Lab色域空间最大，包含了RGB、CMYK中所有的颜色。

（3）Lab模型和模式。

Lab色彩模型由照度（L）和有关色彩的a、b三个要素组成。L表示照度（Luminosity），相当于亮度，a表示从红色至绿色的范围，b表示从蓝色至黄色的范围。L的值域由0~100，L=50时，就相当于50%的黑；a和b的值域都是由+120至-120，其中+120 a就是红色，渐渐过渡到-120 a的时候就变成绿色；同样原理，+120 b是黄色，-120 b是蓝色。所有的颜色就以这三个值交互变化所组成。

Lab色彩模型除了上述不依赖于设备的优点外，还具有其自身的优势：色域宽阔。不仅包含了RGB、CMYK的所有色域，还能表现它们不能表现的色彩。人的肉眼能感知的色彩都能通过Lab模型表现出来。另外，Lab色彩模型的绝妙之处还在于它弥补了RGB色彩模型色彩分布不均的不足，因为RGB模型在蓝色到绿色之间的过渡色彩过多，而在绿色到红色之间又缺少黄色和其他色彩。

如果想在数字图形的处理中保留尽量宽阔的色域和丰富的色彩，最好选择Lab色彩模型进行工作，图像处理完成后，再根据输出的需要转换成RGB（显示用）或CMYK（打印及印刷用）色彩模型，在Lab色彩模型下工作，速度与RGB差不多快，但比CMYK 要快很多。这样做的最大好处是能够在最终的设计成果中获得比任何色彩模型都更加优质的色彩。

提 示

在设置用于印刷的文件颜色时，建议使用“色板”面板创建颜色。色板类似于段落样式和字符样式，对色板所做的任何更改都将影响应用该色板的所有对象。使用色板无需定位和调节每个单独的对象，从而使修改颜色方案变得更加容易。

Id 独立实践任务

任务2 设计制作名片

任务背景和要求

现需要为某企业员工设计制作名片，成品尺寸为90毫米×45毫米。该企业提供基本信息和企业LOGO。

任务分析

将提供的素材置入到页面中，将文本复制到页面中，修改字体、字号和颜色，并进行组合排版。

任务素材

本任务的所有素材文件在“光盘:\素材文件\模块01\任务2”目录中。

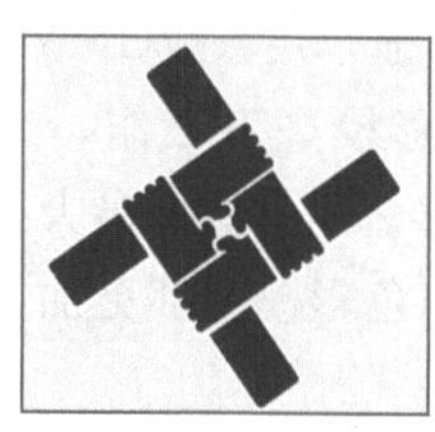

任务参考效果图

本任务的最终效果文件在“光盘:\素材文件\模块01\任务2”目录中。

Id 职业技能考核

一、选择题

1. 同时隐藏或显示工具箱、控制栏和浮动面板的快捷键是（　）。

A. Shift　　B. Tab

C. Shift+Tab　　D. Ctrl+Shift+Tab

2. 关于辅助线，下列描述正确的是（　）。

A. 辅助线不能被打印　　B. 辅助线可以设置颜色

C. 辅助线可以锁定　　D. 辅助线可以有选择的被打印

3. InDesign CS6有下列（　）两种标尺辅助线。

A. 主页辅助线　　B. 单页辅助线

C. 页面辅助线　　D. 折页辅助线

4. 在InDesign的"颜色"面板中的颜色模式有（　）。

A. 灰度　　B. RGB

C. CMYK　　D. HSB

二、填空题

1. InDesign CS6的主要功能是__________。

2. 在InDesign CS6中，对于需要进行商业印刷的作品，应根据所使用的印刷机和__________来设置图像的分辨率。

3. 位图图像也称为__________。

4. __________是由被称作像素（图片元素）的单个点组成的。这些点可以进行不同的排列和染色以构成图像。

5. 文档的设计与排版首先要进行__________操作。

6. 版面上容纳文字图表的部位称为__________。

模块 02 设计制作图书书签

本任务效果图：

软件知识目标：

1. 掌握InDesign CS6的面板
2. 掌握InDesign CS6的基本命令
3. 掌握InDesign CS6工具箱的使用方法
4. 熟练掌握InDesign CS6变换工具、字符工具和对象编辑

专业知识目标：

1. 了解平面设计的流程
2. 了解InDesign CS6的适用范围
3. 了解版面设计的基础知识和基础应用

建议课时安排：

4课时（讲课2课时，实践2课时）

Id 模拟制作任务

任务1 设计制作图书书签

任务背景

小太阳培训班现在要开课了，为应对招生需要除设计宣传海报外还须设计一款书签。通过这种不一样的媒介体，来达到更好的宣传效果。

任务要求

客户要求书签版面设计符合孩子们的审美、贴近孩子的世界，海报内容包括试听时间、课程设置、报名地址和报名电话等，并要求在两天内完成设计。

尺寸要求：成品尺寸为60mm×120mm。

任务分析

将已有的图形置入页面，然后在书签上添加时间、地点及联系方式等，并通过调解文字的字体、字号、行距等规范文字使其符合印刷要求。

最终效果

本任务素材文件和最终效果文件在“光盘:\素材文件\模块02\任务1”目录中，本任务的操作视频详见“光盘:\操作视频\模块02”目录中。

任务详解

STEP 01 执行“文件”→“新建”→“文档”命令，弹出“新建文档”对话框，在该对话框中设置“宽度”为60毫米、“高度”为120毫米，如图2-1所示。

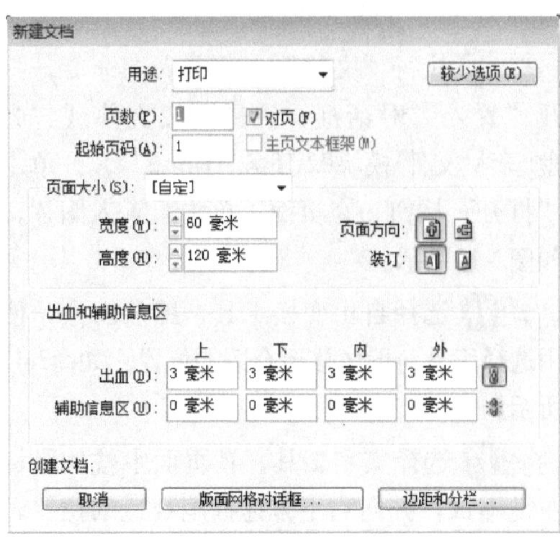

图2-1

STEP 02 单击“边距和分栏”按钮，在弹出的对话框中设置所有边距为5毫米，单击“确定”按钮，如图2-2所示。

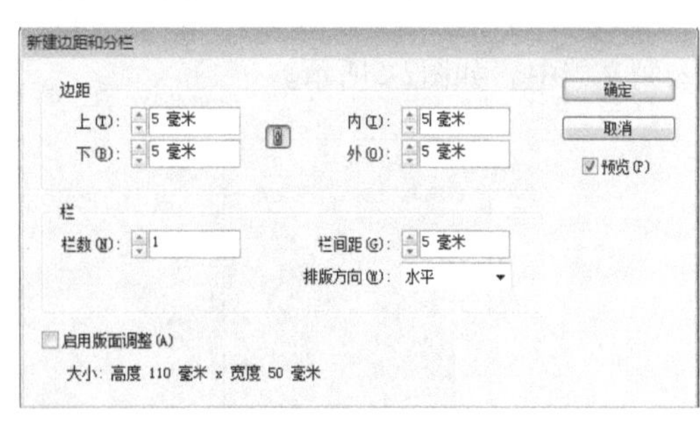

图2-2

STEP 03 新建立的空白文档会显示在桌面上，如图2-3所示。

STEP 04 执行“文件”→“置入”命令，弹出“置入”对话框，选择图像文件（“光盘:\素材文件\模块02\任务1\2.jpg”），单击

“打开”按钮，如图2-4所示。

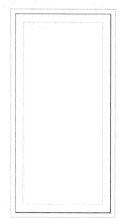

图2-3

图2-4

STEP 05 在页面中单击，此时背景图片将置入到文档中，如图2-5所示。

图2-5

STEP 06 选择自由变换工具，等比例缩放图像，然后移动图像，如图2-6所示。

STEP 07 选中图像，执行“对象”→“变换”→“垂直翻转”命令，将图像移至文档内，如图2-7所示。

图2-6

图2-7

STEP 08 选择工具箱中的选择工具，选中图像，在“控制”面板中将参考点移至左上角位置，并设置X值和Y值均为5毫米，如图2-8所示。

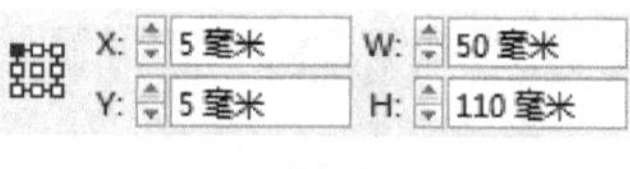

图2-8

STEP 09 选择图像，双击工具箱中的“描边”按钮，设置图像描边颜色为C12、M97、Y37、K0，打开“描边”面板，设置粗细为5点，如图2-9所示。

STEP 10 执行“文件”→“置入”命令，打开“置入”对话框，选择图像文件（“光盘:\素材文件\模块02\任务1\1.png”），单击“打开”按钮，在页面上单击，置入图片，如图2-10所示。

STEP 11 选择自由变换工具，缩放图像，使用选择工具将图像移至合适的位置，如图2-11所示。

STEP 12 选择文字工具，在页面中按住鼠标左键不放，并向右下方拖拽至合适的位置，释放鼠标，如图2-12所示。

图2-9

图2-10

图2-11

图2-12

STEP 13 在文本框中输入文字，如图2-13所示。

STEP 14 在“控制”面板中，设置字体为汉仪秀英体简，字号为16点，对齐方式为居中对齐，如图2-14所示。

图2-13

图2-14

STEP 15 打开“颜色”面板，在该面板中设置填充颜色为C80、M78、Y0、K0，描边为白色，如图2-15所示。

STEP 16 在“描边”面板中，设置粗细为1点，如图2-16所示。

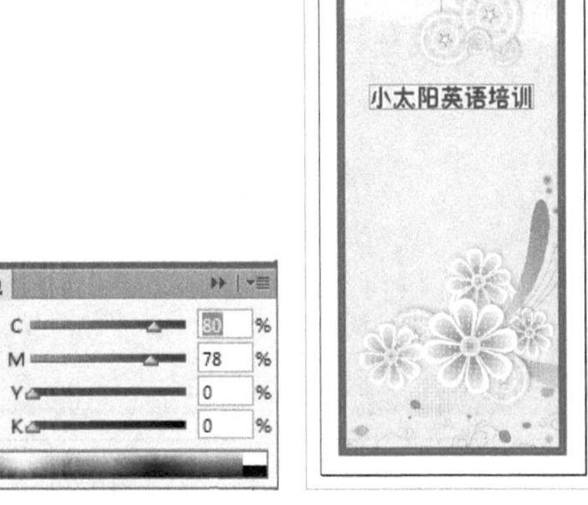

图2-15　　图2-16

STEP 17 选择文字工具，绘制一个文本框，输入文本，如图2-17所示。

STEP 18 执行“文字”→“字符”命令，打开“字符”面板，设置字体为“Book Antiqua”，字号为7点，垂直缩放为85%，字符间距为60，如图2-18所示。

图2-17

图2-18

STEP 19 设置文字填充颜色为C80、M78、Y0、K0，如图2-19所示。

STEP 20 执行“文件”→“置入”命令，

选择图片（“光盘:\素材文件\模块02\任务1\7.png”），单击“打开”按钮，在页面上单击，置入图片，然后调整图片的大小和位置，如图2-20所示。

图2-19

图2-20

STEP 21 选择文字工具，绘制一个文本框，输入文本，如图2-21所示。

STEP 22 打开“字符”面板，设置字号为10点，行距为18点，如图2-22所示。

图2-21

图2-22

STEP 23 选择部分文本，设置字体为迷你简圆立，填充颜色为蓝色（C65、M0、Y8、K0），然后选择剩余的文本，设置字体为华康少女文字，填充颜色为红色（C0、M97、Y98、K0），如图2-23所示。

STEP 24 选择文字工具，绘制文本框，然后输入文本，如图2-24所示。

图2-23

图2-24

STEP 25 选中“试听时间”文本，设置填充颜色为黑色；打开“字符”面板，设置字体为黑体，字号为10点，行距为14点，如图2-25所示。

STEP 26 选中“欢迎来试听!”文本，设置填充颜色为红色（C0、M97、Y98、K0），描边为白色，描边粗细为1点；打开“字符”面板，设置字体为汉仪秀英体简，字号为12点，如图2-26所示。

图2-25

图2-26

STEP 27 此时文本效果如图2-27所示。

STEP 28 选中背景图片，执行“对象”→“角选项”命令，打开“角选项”对话框，设置各转角的“大小”为3毫米、“形状”为“花式”，单击“确定”按钮，如图2-28所示。

STEP 29 此时图像应用了角效果，效果如

图2-29所示。

STEP30 执行“窗口”→“页面”命令，打开“页面”面板，单击“新建页面”按钮，得到一个新的页面，如图2-30所示。

图2-27

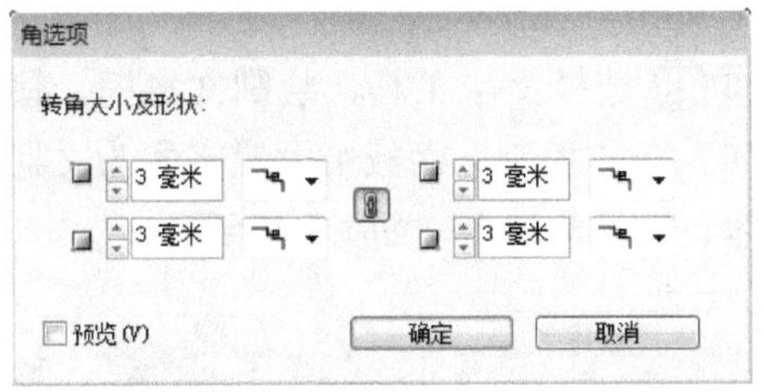

图2-28

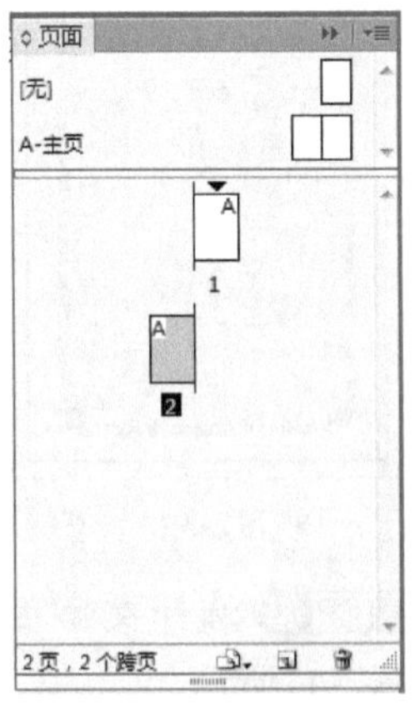

图2-29　　图2-30

STEP31 执行“文件”→“置入”命令，打开“置入”对话框，选择图像素材（“光盘:\素材文件\模块02\任务1\4.jpg”），单击“打开”按钮，如图2-31所示。

STEP32 在页面中单击，如图2-32所示。

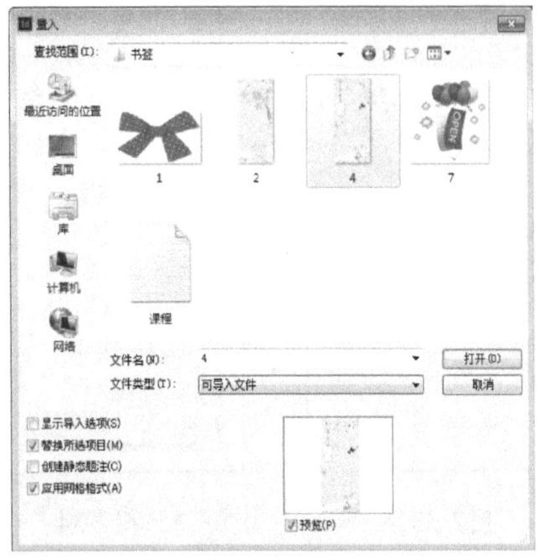

图2-31

图2-32

STEP33 图像被置入页面中，选择工具箱中的自由变换工具，等比例缩放图像，然后选择选择工具，调整图像位置，如图2-33所示。

STEP34 选择图像，双击工具箱中的“描边”按钮，设置图像描边颜色为C12、M97、Y37、K0，打开“描边”面板，设置粗细为5点，效果如图2-34所示。

STEP35 选中图片，执行“对象”→“角选项”命令，打开“角选项”对话框，设置各转角的“大小”为3毫米、“形状”为“花式”，单击“确定”按钮，效果如图2-35所示。

STEP36 此时图像应用了角效果，效果如图2-36所示。

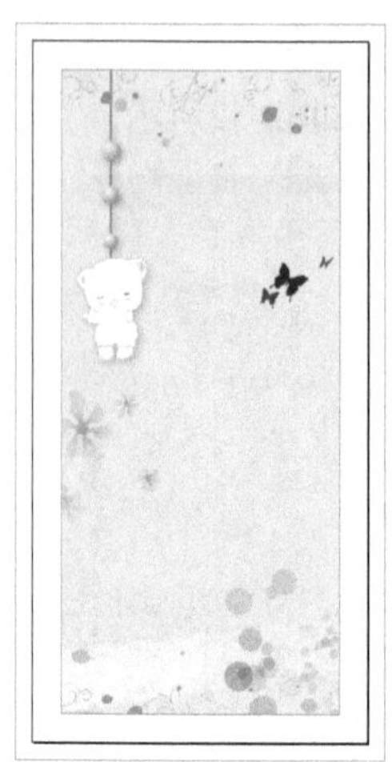

图2-33

图2-34

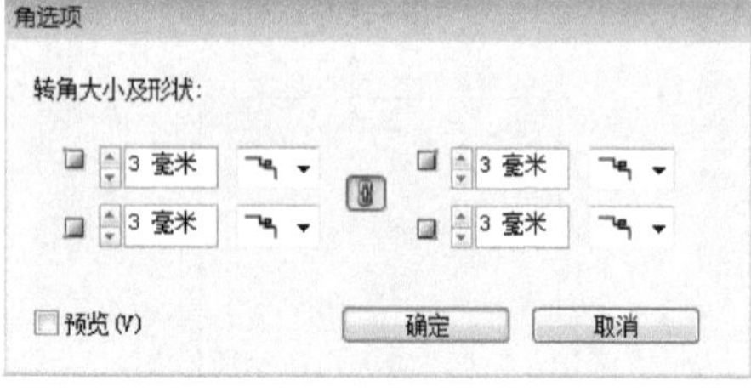

图2-35

图2-36

STEP37 选中页面1的“蝴蝶结”图片，选择选择工具，在按住Alt键的同时拖拽鼠标，复制图像并将其移动到页面2的合适位置，如图2-37所示。

STEP38 选择文字工具，绘制文本框，输入文本， 打开“字符”面板，设置字体为华康少女文字，字号为12点，行距为22点，如图2-38所示。

图2-37

图2-38

STEP39 选中文本，设置文本填充颜色为黄色（C10、M0、Y83、K0），描边颜色为红色（C5、M98、Y100、K0），描边粗细为0.7，如图2-39所示。

STEP40 选择文字工具，绘制文本框，输入文字，在“控制”面板中设置字体为文鼎霹雳体，字号为18点，如图2-40所示。

图2-39

图2-40

STEP41 选择文字工具，绘制文本框，如图2-41所示。

STEP42 执行“文件”→“置入”命令，打开“置入”对话框，选择“光盘:\素材文件\模块02\任务1\课程.txt”文件，单击“打开”按钮，将文本置入页面中，如图2-42所示。

图2-41

图2-42

STEP 43 打开“字符”面板，设置字体为方正姚体，字号为7点，行距为16点，如图2-43所示。

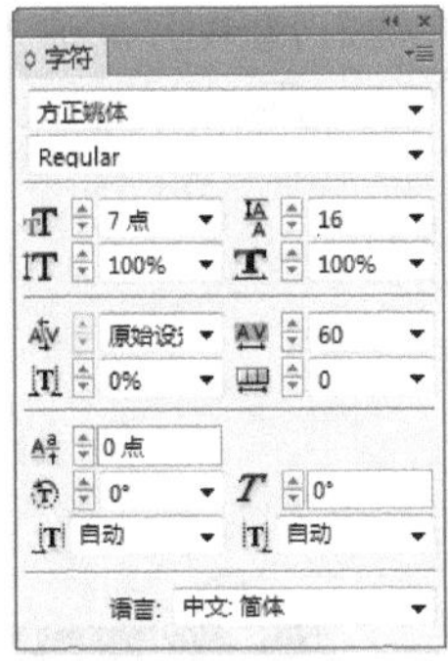

图2-43

STEP 44 选中文本，设置文字填充颜色为红色（C0、M97、Y98、K0），描边为无，效果如图2-44所示。

图2-44

STEP 45 选择文字工具，绘制文本框，输入文本，设置字体为汉仪秀英体简，字号为12点，文本填充颜色为C80、M78、Y0、K0，描边为白色，描边粗细为1点，如图2-45所示。

图2-45

STEP 46 选择文字工具，绘制文本框，输入文本，设置字体为黑体、字号为6点，调整位置，如图2-46所示。至此完成书签的制作。

图2-46

Id 知识点拓展

知识点1　彩色书签

纸张印刷以颜色数量来区分，通常分为四色印刷（也称为彩色印刷）、单色印刷、双色印刷、多色印刷。彩色印刷是最常见的种类，彩色印刷通过控制黄、品红、青、黑4种油墨的不同比例来混合成五彩斑斓的色彩。单色印刷是只使用一种油墨（如黑油墨）来印刷设计产品，单色印刷由于只需印刷一种颜色，因此成本相对于其他印刷种类较低。双色印刷即使用两种颜色的油墨来印刷产品。

多色印刷通常是指在四色印刷的基础上再使用几种专门的颜色（如金、银专色）来印刷产品。书签设计中的书签尺寸无固定要求。因为书签为了穿绳需要打孔，在设计文字或者LOGO等主要内容时要注意避让孔距。

知 识

书签除采用纸制作以外，还可采用优质的纯铜、锌合金原材料，有镀镍烤漆、镀沙镍、仿古铜、移印、镀金烤漆、双色电镀、镀镍珐琅、镀镍镶嵌等工艺精致而成。这种被称为金属书签，是书签发展历程中的一种创新。

知识点2　变换对象

对象的变换操作包括旋转、缩放、切变等，这些操作有些通过选择工具便可以完成，但有些必须通过专业的工具完成。InDesign CS6中提供的选择工具、自由变换工具、旋转工具、缩放工具、切变工具和“控制”面板以及“变换”面板，都可以完成对象的变换操作。

提 示

变换操作会应用于选定的所有对象，并且只能按照一个中心点进行变换。如果想让选定对象按照不同的中心点变换，只能单独选择每一个对象。

1. 旋转工具

选择旋转工具，可以围绕某个指定点旋转操作对象，通常默认的旋转中心点是对象的中心点，但可以改变此点位置。

图2-47所示为利用旋转工具选中矩形的状态，矩形的左上角所显示的符号代表旋转中心点，单击并拖拽鼠标，此符号即可改变旋转中心点相对于对象的位置，从而使旋转基准点发生变化。图2-48所示为旋转状态。松开鼠标后，即可看到旋转后的矩形，如图2-49所示。

需要说明的是，在旋转对象时，如果在旋转的同时按下Shift键，那么可以将旋转角度增量限定为45°的整数倍。

图2-47

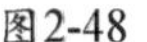

图2-48

图2-49

提 示

变换文本时，可以通过两种方法实现：一是使用选择工具选择文本框架，然后选择合适的变换工具进行变换；二是在文本框架中插入文字光标，打开“变换”面板或“控制”面板变换文字对象。这两种情况下都会影响整个文本框架。

2. 缩放工具

缩放工具可以在水平方向上、垂直方向上或者同时在水平和垂直方向上对操作对象进行放大或缩小操作，在默认情况下所做的放大和缩小操作都是相对于操作中心点。

最为简单的缩放操作是利用对象周围的边框进行的，用选择工具选择需要进行缩放的对象时，该对象的周围将出现边界框，利用鼠标拖拽边界框上任意手柄即可对被选定对象做缩放操作。

如果在缩放时按下Shift键进行拖拽，可保持原图像的大小比例。在未按下Shift键的情况下左右移动鼠标，可以对操作对象在宽度方向上进行缩放，上下移动鼠标可以对操作对象在高度方向上进行缩放；如果在拖拽光标时按下Shift键，则可以同时在宽度及高度两个方向上对所选对象进行成比例缩放。如果操作时要得到缩放对象副本并对其进行缩放，可在开始拖拽的同时按Alt键。

3. 切变工具

使用切变工具可在任意对象上对其进行切变操作，其原理是用平行于平面的力作用于平面使对象发生变化。使用切变工具可以直接在对象上进行旋转拉伸，也可以在“控制”面板中输入角度使对象达到所需的效果。图2-50所示为切变前与切变后的效果对比图。

图2-50

4. 自由变换工具

自由变换工具的作用范围包括文本框、图文框以及各种多边形。自由变换工具通过文本框、图文框以及多边形四周的控制句柄对各种对象进行变形操作，可以将对象拉长、拉宽以及反转等。图2-51所示为使用自由变换工具对对象进行旋转拉伸变形前后的效果对比图。

> **提 示**
>
> 在使用自由变换工具改变对象大小时，若按住键盘上的Shift键，则可以等比例放大或缩小对象。

图2-51

知识点3 “字符”面板

执行“窗口”→“文字和表”→“字符”命令，打开“字符”面板，可以通过“字符”面板对应的选项来设置字体、字号、字宽等属性，如图2-52所示。

图2-52

单击面板右侧的下拉按钮，弹出的下拉列表中显示的是“字符”面板的隐藏选项，其中，直排内横排、分行缩排、着重号、下划线、上标和下标等都是文字设置的常用选项。

1. 分行缩排

分行缩排设置可以将同一行中的几个文字分行缩小排放在一起，通常在广告语、古文注释中用到，分行缩排的效果如图2-53所示。

图2-53

实现上述效果的操作很简单，即用文字工具选择编辑好的文字，单击“字符”面板右侧的下拉按钮，执行“分行缩排设置”命令，在弹出的“分行缩排设置”对话框中，选中“分行缩排”复选框，设置分行行数为“2”，分行缩排大小为“50%”，对齐方式为“居中”，最后单击“确定”按钮即可，如图2-54所示。

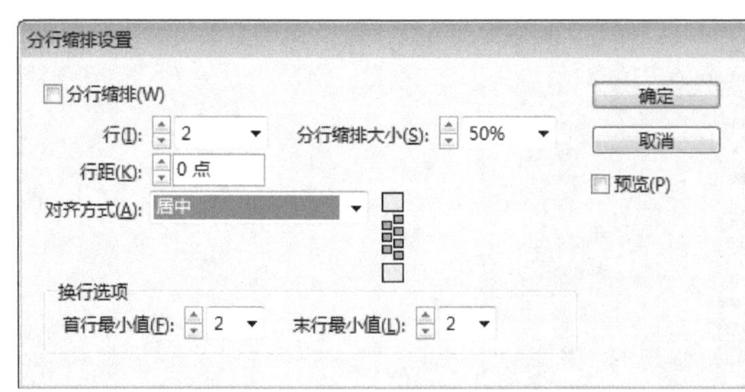

图2-54

提 示

在进行竖排版时可以看到数字或者英文都是倒置的，这会影响读者的阅读，可以通过“直排内横排设置”命令进行调整，将数字或英文横置：单击“字符”面板右侧的下拉按钮，执行“直排内横排设置”命令，在弹出的“直排内横排设置”对话框中设置参数，单击“确定”按钮即可。

2. 设置上标和下标

（1）选择文字工具，拖拽一个文本框，输入“a23”。然后选择“2”，单击“字符”面板右侧的下拉按钮，在弹出的下拉菜单中执行“下标”命令，如图2-55所示。

（2）选择“3”，单击“字符”面板右侧的下拉按钮，在弹出的下拉菜单中执行“上标”命令，如图2-56所示。

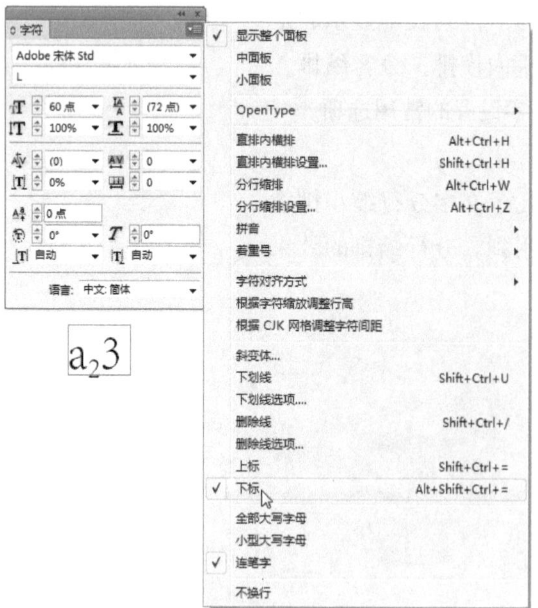

图2-55

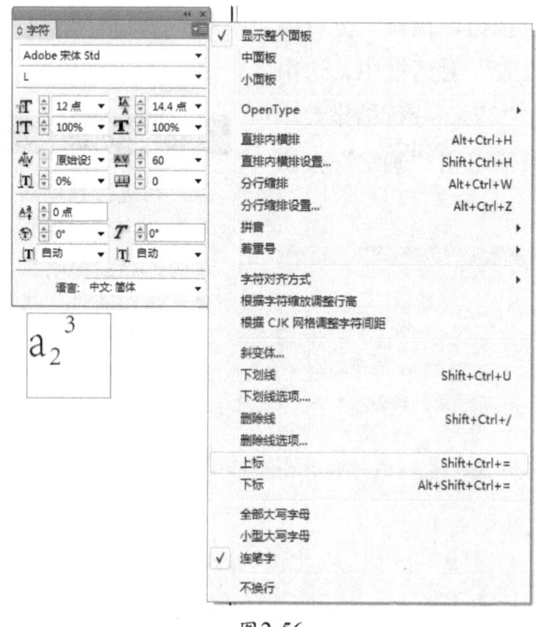

图2-56

> **提 示**
>
> 在表示几次方或者化学元素时，可通过设置上标或者下标来实现。同时，也可以修改默认值：执行“编辑”→“首选项”→“高级文字”命令，在弹出的“首选项”对话框中修改上标或下标的大小和位置。

3. 添加着重号

着重号的作用是醒目提示、突出文章中的重要内容。为文本添加着重号的方法很简单，首先用文字工具选择正文的黑色文字，打开“字符”面板，然后单击面板右侧的下拉按钮，在弹出的下拉菜单中执行“着重号”→“着重号”命令，打开如图2-57所示的“着重号”对话框，在字符下拉列表中选择“实心小圆点”选项，然后设置其他选项，最后单击“确定”按钮即可。

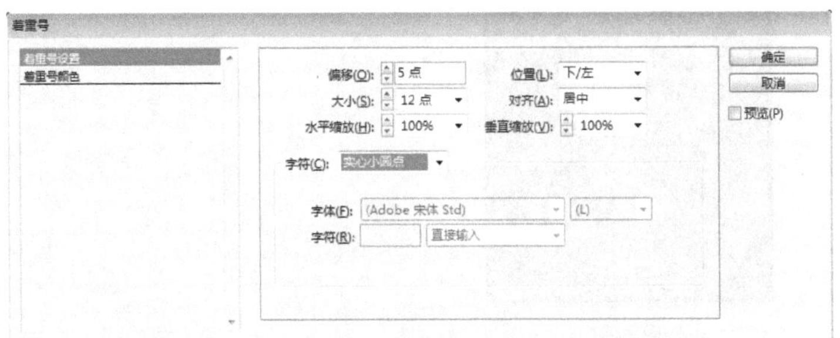

图2-57

完成着重号的添加后，还可以根据需要，设置其颜色，即在“着重号”对话框左侧的选项区中选择“着重号颜色”，随后在右侧的区域中进行适当的设置即可，如图2-58所示。

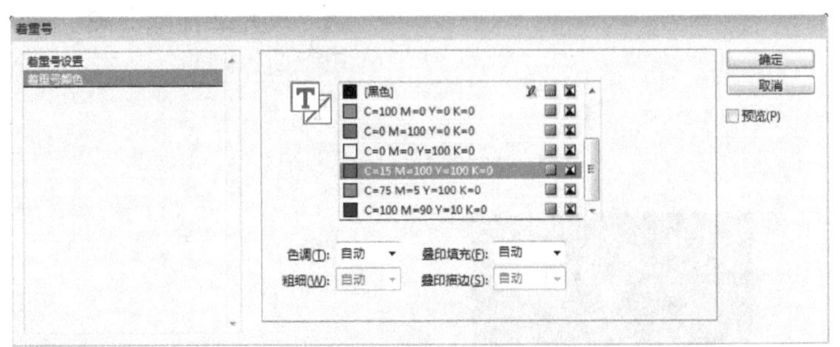

图2-58

提 示

在“着重号”对话框中，在“偏移”文本框中输入数值，可以调整着重号和字符的距离；“位置”参数可以设置着重号是在字符的上方还是下方；“水平缩放”和“垂直缩放”参数可以调整着重号的大小。

知识点4　编辑对象

绘制对象后还要设置对象的描边效果，设置对象的填充颜色和设置对象的角效果，使用相应的工具和面板对对象进行调整。

1. 描边对象

InDesign CS6可以快速为对象添加描边，调整描边的粗细、颜色与样式；也可以方便地为对象设置角效果。

选择矩形工具，在页面上拖拽绘制一个正方形，设置正方形的属性宽为“50毫米”、高为“50毫米”。在“描边”面板中设置粗细为“3点”，如图2-59所示。接着在“颜色”面板中设置填充颜色为红色（C0、M95、Y95、K0），如图2-60所示。设置了描边和填充颜色后的矩形，如图2-61所示。

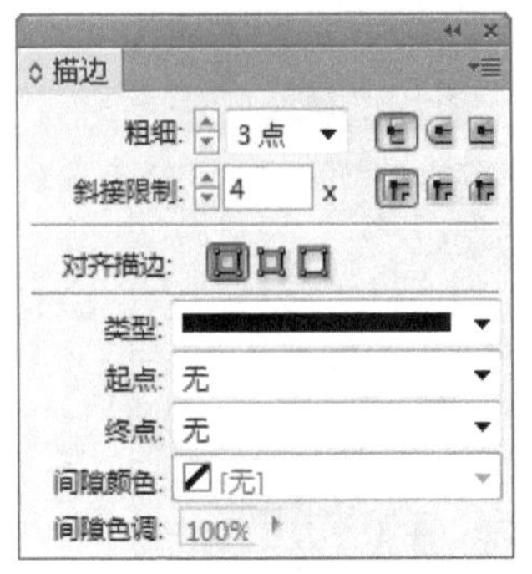

图2-59

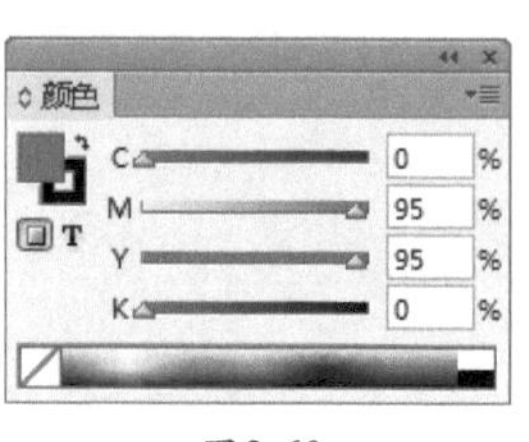

图2-60

图2-61

2. 修改描边类型

打开素材后，打开“描边”面板，设置“描边”参数，其中“粗细”为“3点”，“类型”为“虚线”，其他参数保持默认状态，如图2-62所示，描边后的效果如图2-63所示。

> **提 示**
>
> 若执行“窗口”→“描边”命令或按F10键，则可显示或隐藏“描边”面板。

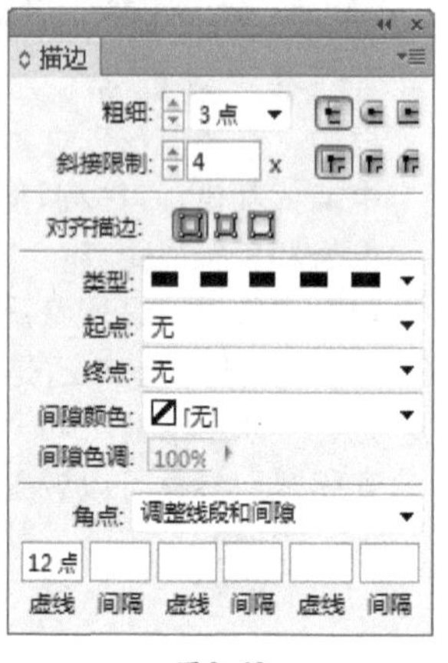

图2-62

图2-63

3. 设置角效果

在编辑对象时，通过设置对象的角选项可将图形编辑为花式角效果、内陷角效果、反向圆角效果等，如图2-64所示。

图2-64

Id 独立实践任务

任务2　设计制作书签

任务背景和要求

以秋为主题设置一款书签，彩色印刷，成品尺寸为80毫米×160毫米。

任务分析

在Photoshop中进行图像处理，然后置入InDesign CS6页面中，添加文字，并进行排版。

任务素材

本任务的所有素材文件在“光盘:\素材文件\模块02\任务2”目录中。

任务参考效果图

本任务的最终效果文件在“光盘:\素材文件\模块02\任务2”目录中。

Id 职业技能考核

一、选择题

1. InDesign CS6的主要功能是（　）。

A. 图像处理　　B. 形状制作

C. 排版　　D. 编辑文字

2. 下列关于InDesign中对象堆叠顺序的说法，正确的是（　）。

A. 最后创建的对象处于最下面，所有其他的对象按创建的先后顺序依次向上叠放

B. 最后创建的对象处于最上面，所有其他的对象按创建的先后顺序依次向下叠放

C. 最后创建的对象可按需要处于任意顺序位置，所有对象按各自的顺序叠放

D. 最后创建的对象可按需要处于任意顺序位置，其他对象的顺序不可改变

3. 使用过程中，常将InDesign CS6与Adobe家族其他产品结合起来以提高效率，下列操作叙述正确的是（　）。

A. 通过鼠标拖拽，可以将InDesign CS6中打开文档的文本对象放置入Photoshop打开的文档中

B. 通过鼠标拖拽，可以将Photoshop打开文档中的对象放置入InDesign CS6打开的文档中

C. 从InDesign CS6拖拽到Illustrator中的文本框总不能完美的保持InDesign CS6中的所有特性，比如，着重号

D. 如果Photoshop格式的文件包含有调整图层，在导入InDesign CS6中时将被合并

4. “描边”面板中“斜接限制”的默认值是（　）。

A. 6　　B. 5　　C. 4　　D. 3

二、填空题

1. 版心页面的边沿称为__________。

2. 天头如果印有书眉，一般高__________毫米左右；如果保持空白，则可以小一些。

3. 订口的宽度一般为__________。

4. InDesign CS6中可以创建两种参考线，即__________与__________。

5. 在默认状态下，参考线位于__________。

6. 如果直接将参考线拖拽到页面上，将变成__________。

模块03 设计制作黑白图书内页

本任务效果图：

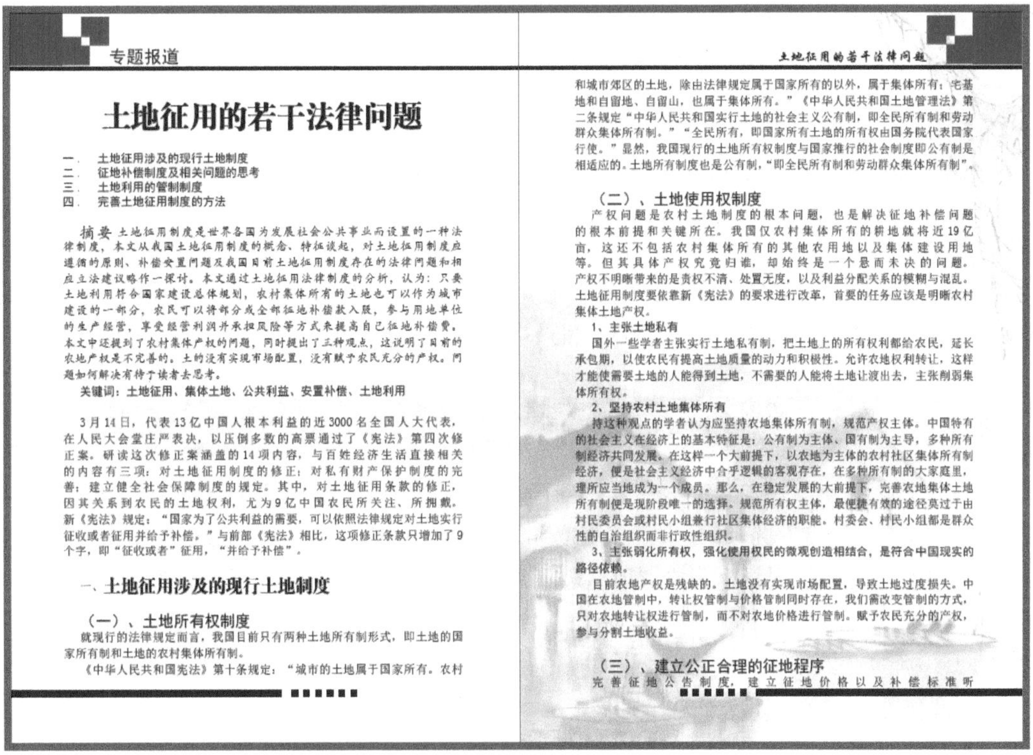

专题报道

土地征用的若干法律问题

一、 土地征用涉及的现行土地制度
二、 征地补偿制度及相关问题的思考
三、 土地利用的管制制度
四、 完善土地征用制度的方法

摘要 土地征用制度是世界各国为发展社会公共事业而设置的一种法律制度，本文从我国土地征用制度的概念、特征谈起，对土地征用制度应遵循的原则、补偿安置问题及我国目前土地征用制度存在的法律问题和相应立法建议略作一探讨。本文通过土地征用法律制度的分析，认为：只要土地利用符合国家建设总体规划，农村集体所有的土地也可以作为城市建设的一部分，农民可以将部分或全部征地补偿款入股，参与用地单位的生产经营，享受经营利润并承担风险等方式来提高自己征地补偿费。本文中还提到了农村集体产权的问题，同时提出了三种观点，这说明了目前的农地产权是不完善的。土的没有实现市场配置，没有赋予农民充分的产权。问题如何解决有待于读者去思考。

关键词：土地征用、集体土地、公共利益、安置补偿、土地利用

3月14日，代表13亿中国人根本利益的近3000名全国人大代表，在人民大会堂庄严表决，以压倒多数的高票通过了《宪法》第四次修正案。研读这次修正案涵盖的14项内容，与百姓经济生活直接相关的内容有三项：对土地征用制度的修正；对私有财产保护制度的完善；建立健全社会保障制度的规定。其中，对土地征用条款的修正，因其关系到农民的土地权利，尤为9亿中国农民所关注、所拥戴。新《宪法》规定：“国家为了公共利益的需要，可以依照法律规定对土地实行征收或者征用并给予补偿。”与前部《宪法》相比，这项修正条款只增加了9个字，即“征收或者”征用，“并给予补偿”。

一、土地征用涉及的现行土地制度

（一）、土地所有权制度

就现行的法律规定而言，我国目前只有两种土地所有制形式，即土地的国家所有制和土地的农村集体所有制。

《中华人民共和国宪法》第十条规定：“城市的土地属于国家所有。农村

土地征用的若干法律问题

和城市郊区的土地，除由法律规定属于国家所有的以外，属于集体所有；宅基地和自留地、自留山，也属于集体所有。”《中华人民共和国土地管理法》第二条规定“中华人民共和国实行土地的社会主义公有制，即全民所有制和劳动群众集体所有制。”“全民所有，即国家所有土地的所有权由国务院代表国家行使。”显然，我国现行的土地所有权制度与国家推行的社会制度即公有制是相适应的。土地所有制度也是公有制，“即全民所有制和劳动群众集体所有制”。

（二）、土地使用权制度

产权问题是农村土地制度的根本问题，也是解决征地补偿问题的根本前提和关键所在。我国仅农村集体所有的耕地就将近19亿亩，这还不包括农村集体所有的其他农用地以及集体建设用地等。但其具体产权究竟归谁，却始终是一个悬而未决的问题。产权不明晰带来的是责权不清、处置无度，以及利益分配关系的模糊与混乱。土地征用制度要依靠新《宪法》的要求进行改革，首要的任务应该是明晰农村集体土地产权。

1、主张土地私有

国外一些学者主张实行土地私有制，把土地上的所有权利都给农民，延长承包期，以使农民有提高土地质量的动力和积极性。允许农地权利转让，这样才能使需要土地的人能得到土地，不需要的人能将土地让渡出去，主张削弱集体所有权。

2、坚持农村土地集体所有

持这种观点的学者认为应坚持农地集体所有制，规范产权主体。中国特有的社会主义在经济上的基本特征是：公有制为主体、国有制为主导，多种所有制经济共同发展。在这样一个大前提下，以农地为主体的农村社区集体所有制经济，便是社会主义经济中合乎逻辑的客观存在，在多种所有制的大家庭里，理所应当地成为一个成员。那么，在稳定发展的大前提下，完善农地集体土地所有制便是现阶段唯一的选择。规范所有权主体，最便捷有效的途径莫过于由村民委员会或村民小组兼行社区集体经济的职能。村委会、村民小组都是群众性的自治组织而非行政性组织。

3、主张弱化所有权，强化使用权民的微观创造相结合，是符合中国现实的路径依赖。

目前农地产权是残缺的。土地没有实现市场配置，导致土地过度损失。中国在农地管制中，转让权管制与价格管制同时存在，我们需改变管制的方式，只对农地转让权进行管制，而不对农地价格进行管制。赋予农民充分的产权，参与分割土地收益。

（三）、建立公正合理的征地程序

完善征地公告制度，建立征地价格以及补偿标准听

软件知识目标：

1. 掌握页面和跨页的基础知识
2. 掌握文本的编排与串接
3. 掌握定位符的使用方法
4. 掌握文本格式的设置与应用

专业知识目标：

1. 了解图书设计的常识
2. 了解图书装订的方式与版心的关系

建议课时安排：

4课时（讲课2课时，实践2课时）

模拟制作任务

任务1　设计制作黑白图书内页

任务背景

为普及土地知识，提高农民的素质和认知度，现在需要出版一本名为《土地》的书籍，采用黑白印刷，共120页。本任务将介绍该书籍内页版式的设计思路与方法。

任务要求

这本书的受众体是广大的农民朋友，设计师需要按照编辑的要求合理安排版面。要注意的是，排版时要考虑阅读群体。

尺寸要求：成品尺寸为185mm×260mm。

任务分析

通过所学知识，将文本与图片结合在一起，完成排版。

最终效果

本任务素材文件和最终效果文件在“光盘:\素材文件\模块03\任务1”目录中，本任务的操作视频详见“光盘:\操作视频\模块03”目录中。

任务详解

STEP 01 执行“文件”→“新建”→“文档”命令，弹出“新建文档”对话框，在该对话框中设置页数为2、“宽度”为185毫米、“高度”为260毫米，单击“边距和分栏”按钮，在弹出的“新建边距和分栏”对话框中设置所有边距为20毫米，单击“确定”按钮，如图3-1所示。

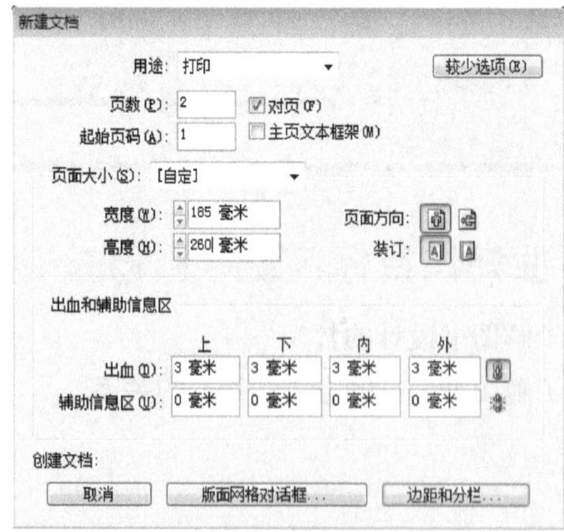

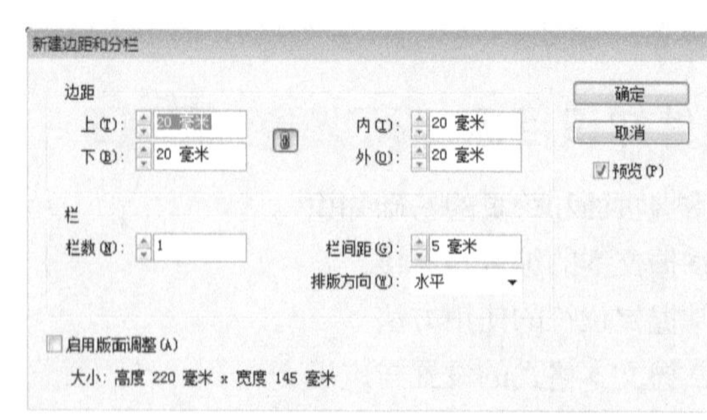

图3-1

STEP 02 执行“窗口”→“页面”命令，打开“页面”面板，右击“页面1”，弹出页面属性菜单，如图3-2所示。

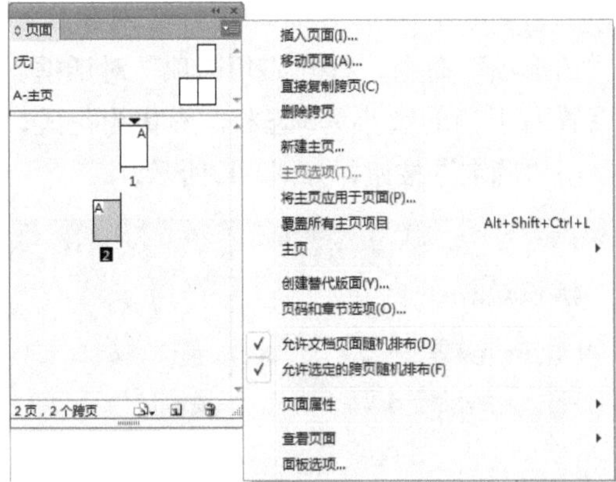

图3-2

STEP 03 将“允许文档页面随机排布”和“允许选定的跨页随机排布”两选项的勾选状态取消，如图3-3所示。

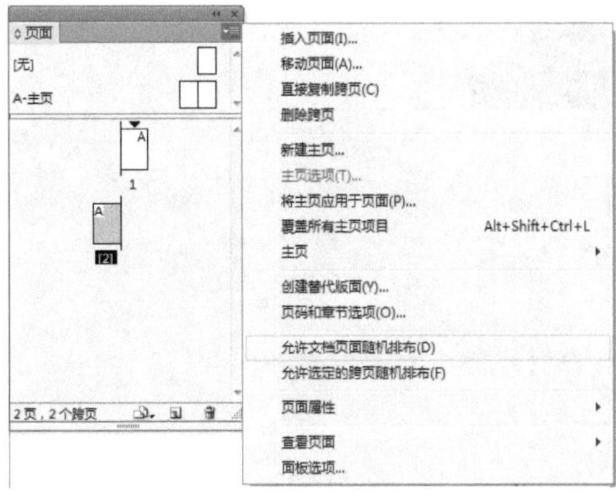

图3-3

STEP 04 单击“页面2”，并拖拽到“页面1”的左侧，使两页面横向并列排布，如图3-4所示。

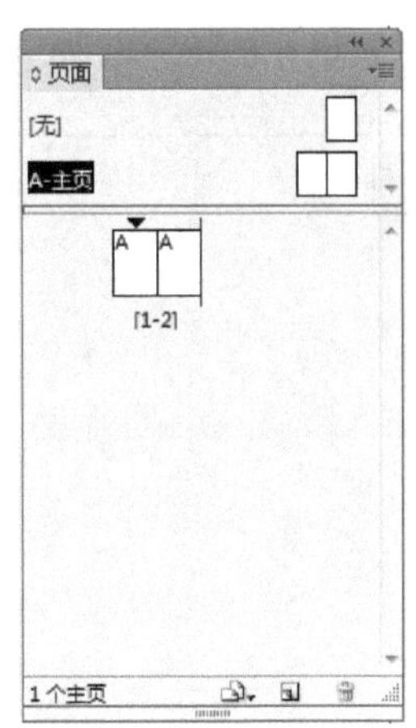

图3-4

STEP 05 此时新建立的空白文档显示效果如图3-5所示。

图3-5

STEP 06 选择矩形工具，在页面上单击，弹出“矩形”对话框，设置“宽度”和“高度”均为20毫米，单击“确定”按钮，如图3-6所示。

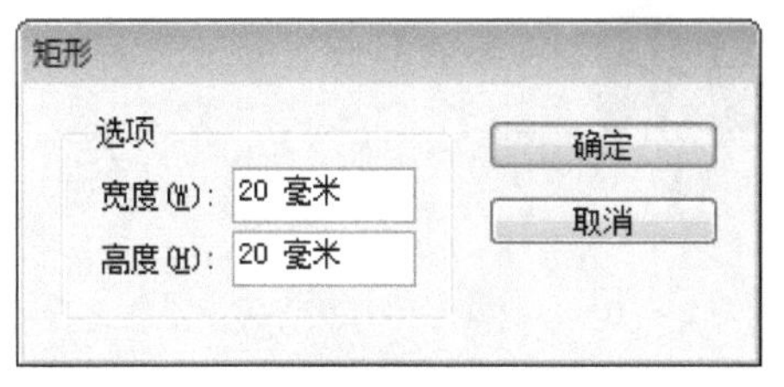

图3-6

STEP 07 此时页面上出现一个矩形框，如图3-7所示。

图3-7

STEP 08 选中矩形框，在“控制”面板中将参考点移至左下角位置，并设置X值和Y值均为0毫米，如图3-8所示。

STEP 09 选中矩形框，打开“颜色”面板，设置填充颜色为C0、M0、Y0、K90，描边为无，如图3-9所示。

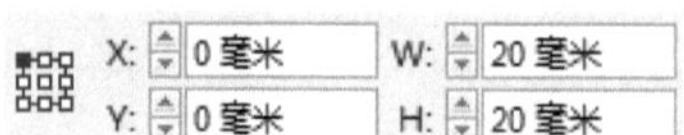

图3-8

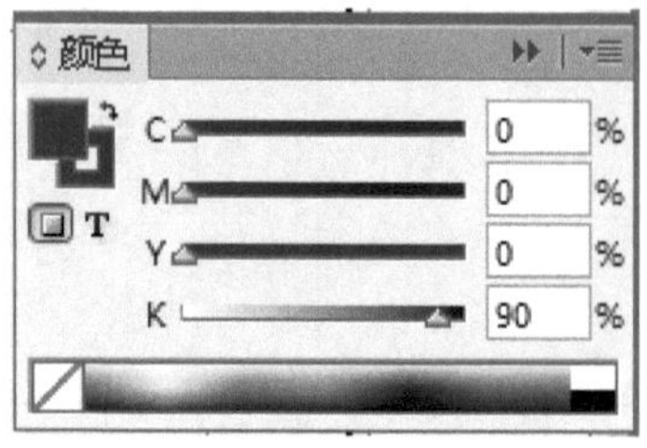

图3-9

STEP 10 此时矩形框被填充颜色，如图3-10所示。

图3-10

STEP 11 选择选择工具，选中矩形，在按Alt键的同时拖拽鼠标，复制并移动矩形框，然后选择自由变换工具，等比例缩小矩形框，调整位置，如图3-11所示。

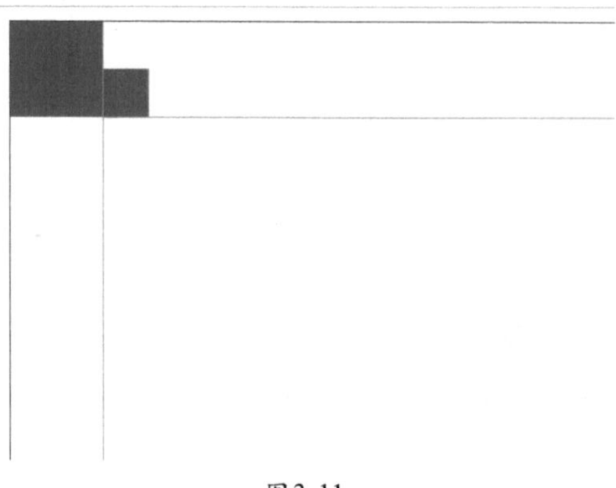

图3-11

STEP 12 选中小矩形框，执行“对象”→“角选项”命令，打开“角选项”对话框，设置右上角的大小为3毫米，形状为花式，单击“确定”按钮，如图3-12所示。

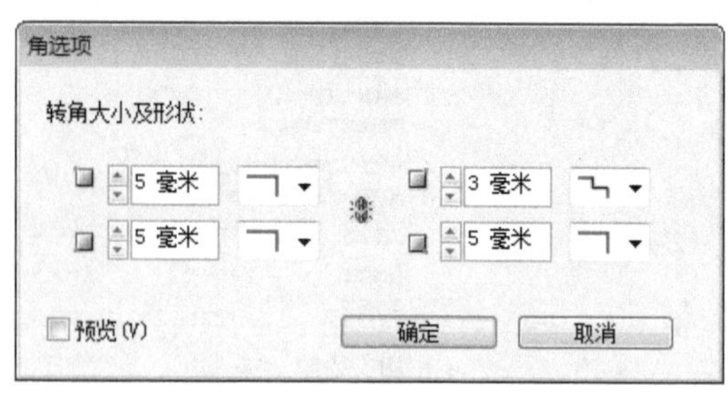

图3-12

STEP 13 此时图形应用了角效果，如图3-13所示。

图3-13

STEP 14 复制小矩形框，在工具箱中选择旋转工具，旋转角度为180°，调整小矩形框位置，然后按住Shift键的同时将3个矩形框选中，按Ctrl+G组合键，将图形组合，如图3-14所示。

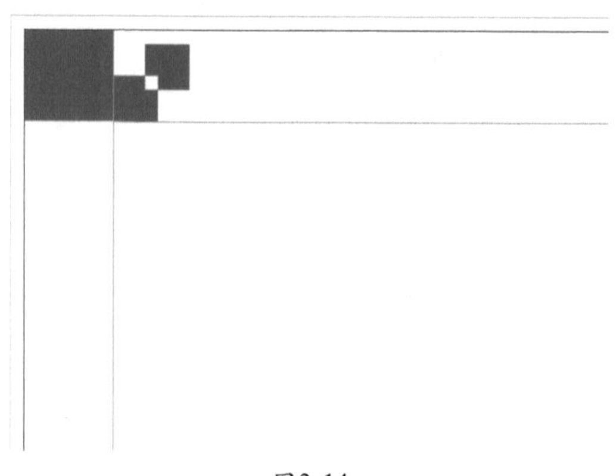

图3-14

STEP 15 选择文字工具，绘制一个文本框，输入文字，如图3-15所示。

图3-15

STEP 16 选中文本，在“控制”面板中设置字体为黑体，字号为18点，填充颜色为黑色，效果如图3-16所示。

图3-16

STEP 17 选择矩形框组合，按住Alt键的同时拖拽鼠标，复制并向右移动，如图3-17所示。

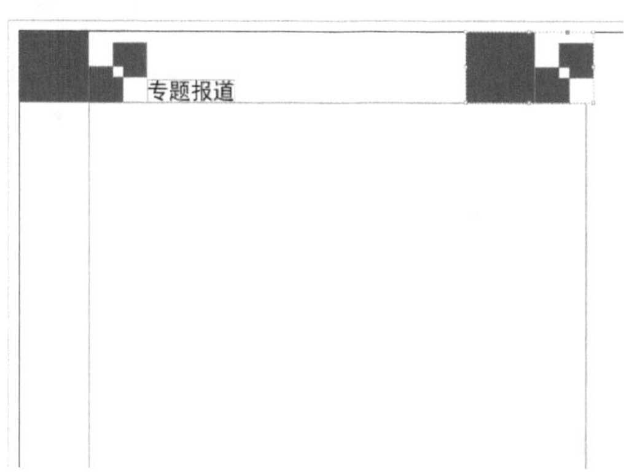

图3-17

STEP 18 执行“对象”→“变换”→“水平翻转”命令，将图形变换方向，调整位置，如图3-18所示。

图3-18

STEP 19 选择文字工具，绘制一个文本框，输入文本，如图3-19所示。

图3-19

STEP 20 选中文本，在“控制”面板中设置字体为华文行楷，字号为14点，填充颜色为黑色，如图3-20所示。

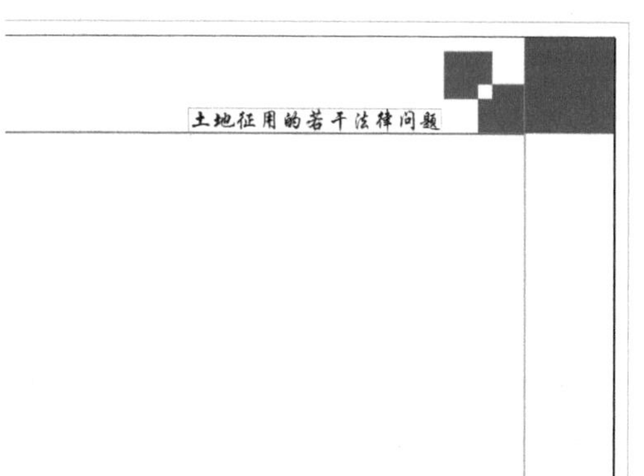

图3-20

STEP 21 选择直线工具，设置描边为黑色，填充为无；打开“描边”面板，在该面板中设置粗细为2点，如图3-21所示。

图3-21

STEP 22 按住Shift键的同时拖拽鼠标，绘制一条水平线，如图3-22所示。

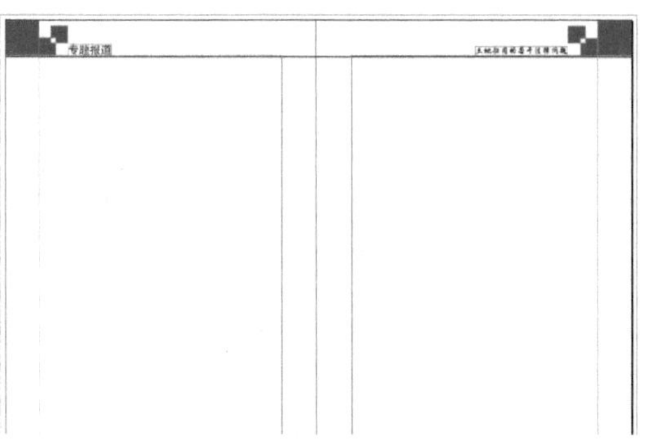

图3-22

STEP 23 选择文字工具，绘制文本框，如图3-23所示。

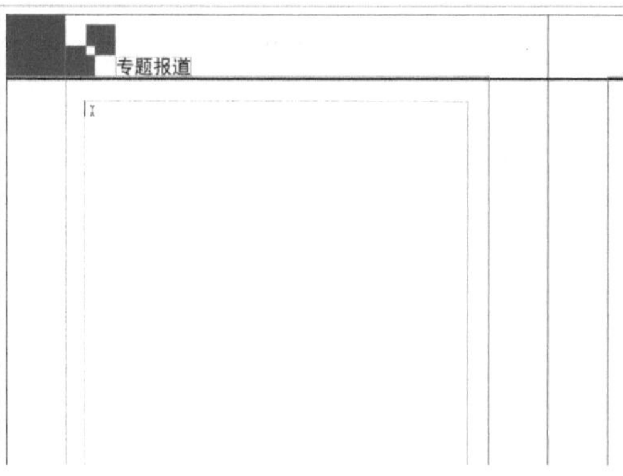

图3-23

STEP 24 选中“页面2”，右击，在弹出的快捷菜单中执行“文件”→“置入”命令，打开“置入”对话框，选择背景图像（“光盘:\素材文件\模块03\任务1\1.jpg”），单击“打开”按钮，在页面上单击，置入图片，调整图片位置，如图3-24所示。

图3-24

STEP 25 选中图片，右击，在弹出的快捷菜单中执行“效果”→“透明度”命令，弹出“效果”对话框，设置不透明度为20%，如图3-25所示。

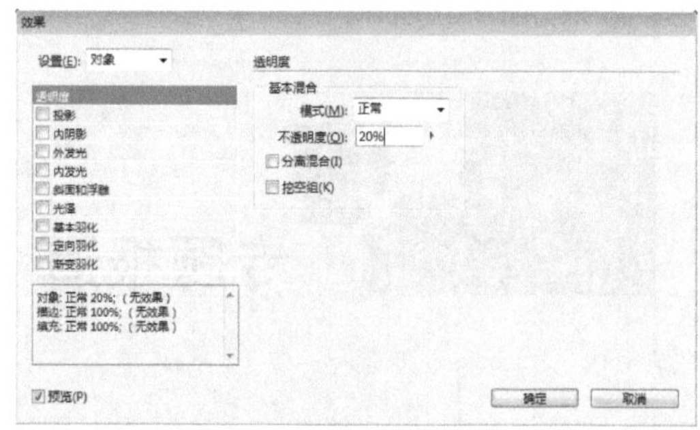

图3-25

STEP 26 单击“确定”按钮，此时图像应用不透明度改变，按Ctrl+[组合键，使其移至底层，如图3-26所示。

图3-26

STEP 27 打开素材“光盘:\素材文件\模块03\任务1\内容.txt”文档，选中文本，按Ctrl+C组合键复制文本，然后回到InDesign CS6软件，将光标定位在文本框内，按Ctrl+V组合键，将文字粘贴到页面中，如图3-27所示。

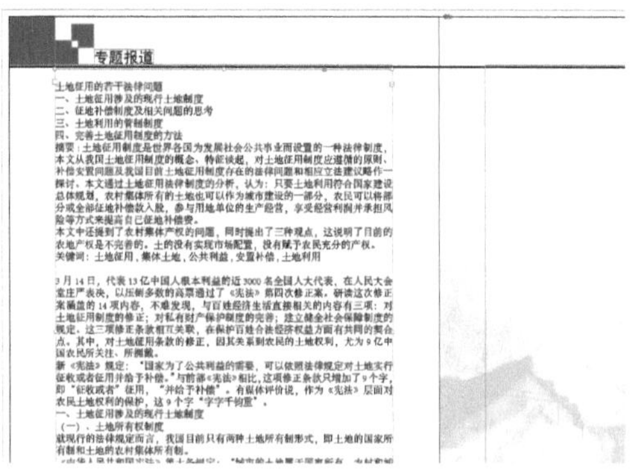

图3-27

STEP 28 在工具箱中选择选择工具，单击文本框右下角的符号，当鼠标指针变为形状时，在“页面2”中按住鼠标左键拖拽，绘制一个新的文本框，此时内容出现在新的文本框中，如图3-28所示。

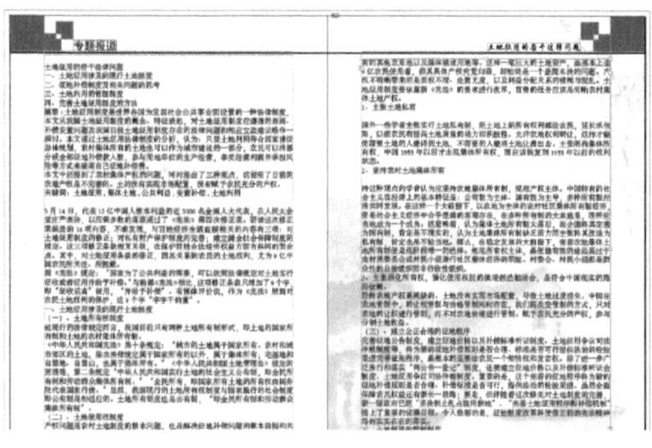

图3-28

STEP 29 使用选择工具，选中这两个串接文本框，调整大小及位置，如图3-29所示。

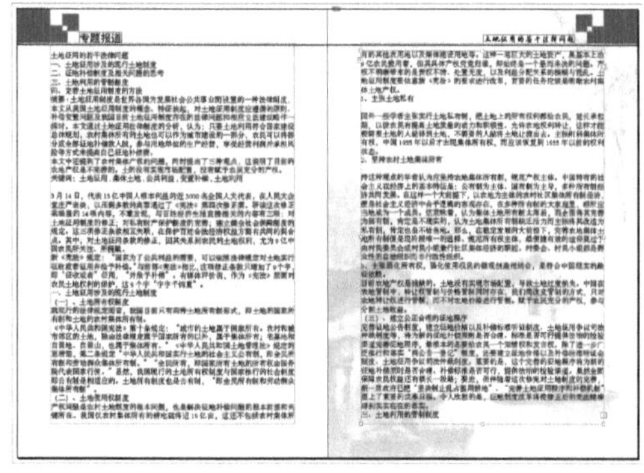

图3-29

STEP 30 选中标题文字，在“控制”面板中，设置字体为方正粗宋简体，字号为30点，对齐方式为居中对齐，如图3-30所示。

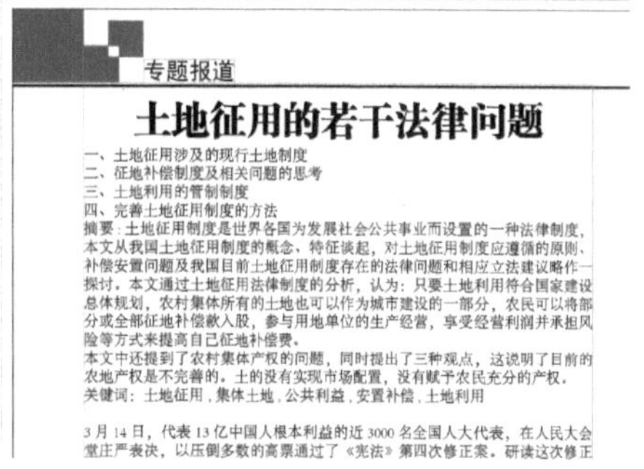

图3-30

STEP 31 选中标题下方的文字，在“控制”面板中设置字体为黑体、字号为12点，如图3-31所示。

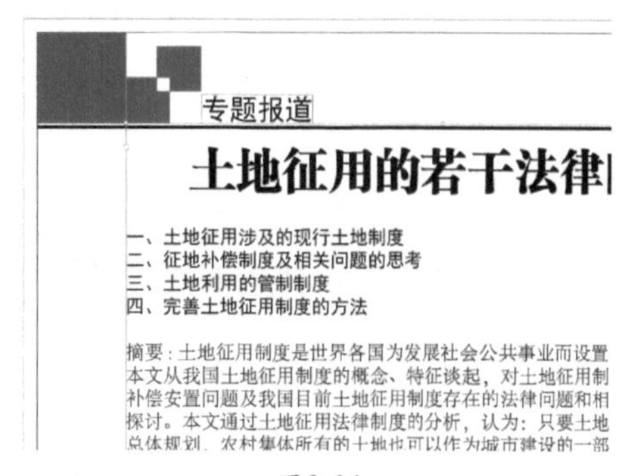

图3-31

STEP 32 执行“文字”→“段落”命令，打开“段落”面板，单击该面板右上角的菜单按钮，在弹出的快捷菜单中执行“项目符号和编号”命令，如图3-32所示。

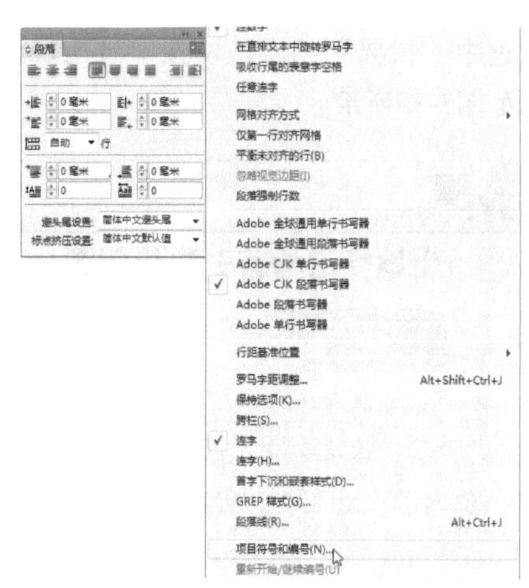

图3-32

STEP 33 弹出“项目符号和编号”对话框，设置列表类型和格式，如图3-33所示。

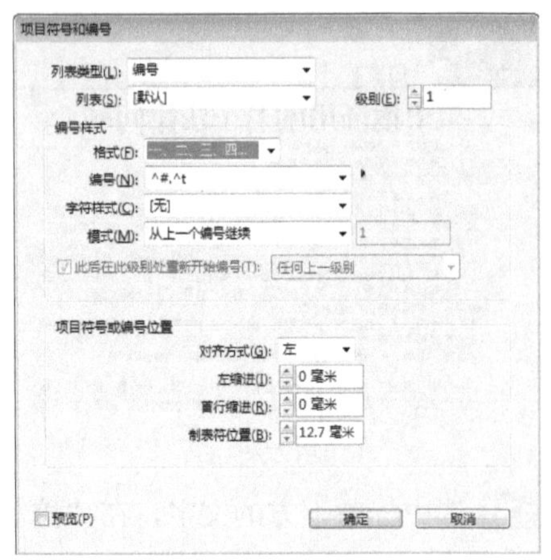

图3-33

STEP 34 单击“确定”按钮，文字自动添加编号，如图3-34所示。

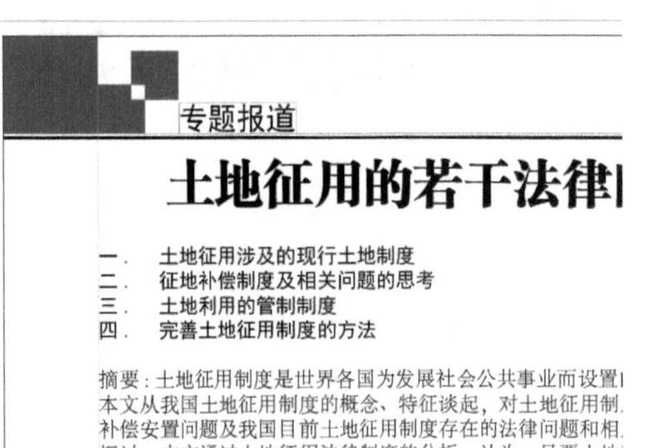

图3-34

STEP 35 选中“摘要”部分的文字，在“控制”面板中设置字体为楷体、字号为12点，然后选中“摘要”二字，设置字号为16点，效果如图3-35所示。

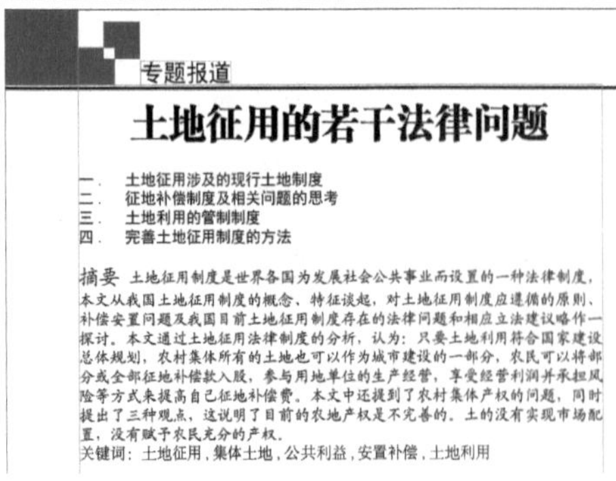

图3-35

STEP 36 执行“窗口”→“样式”→“段落样式”命令，弹出“段落样式”面板，单击面板底部的“创建新样式”按钮，如图3-36所示。

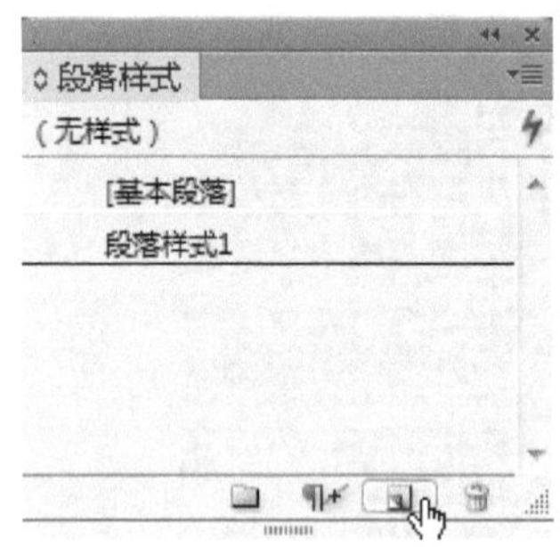

图3-36

STEP 37 双击“段落样式1”选项，弹出“段落样式选项”对话框，在该对话框中将样式名称改为“内文”，如图3-37所示。

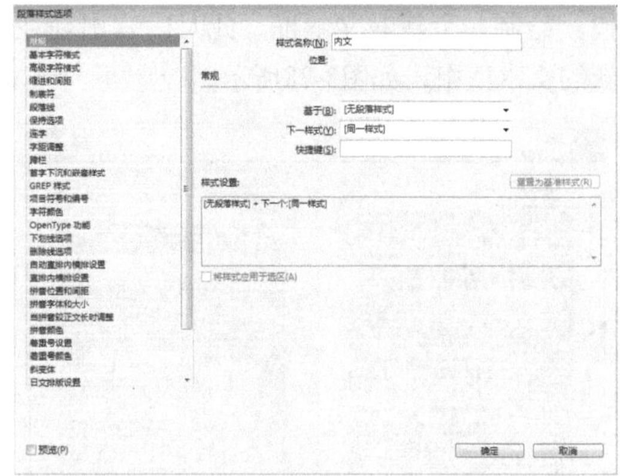

图3-37

STEP 38 单击左侧选项栏中的“基本字符格式”，将面板右侧的“字体系列”设置为宋体、大小为12点、行距为16点，如图3-38所示。

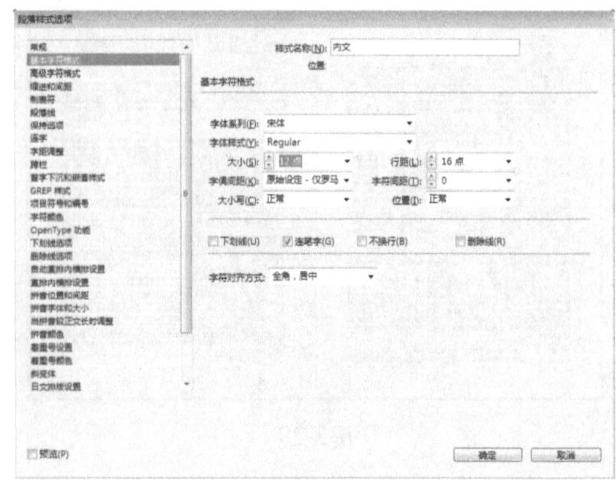

图3-38

STEP 39 单击左侧选项栏中的“缩进和间距”，将面板右侧的“首行缩进”设置为6毫米，单击“确定”按钮，如图3-39所示。

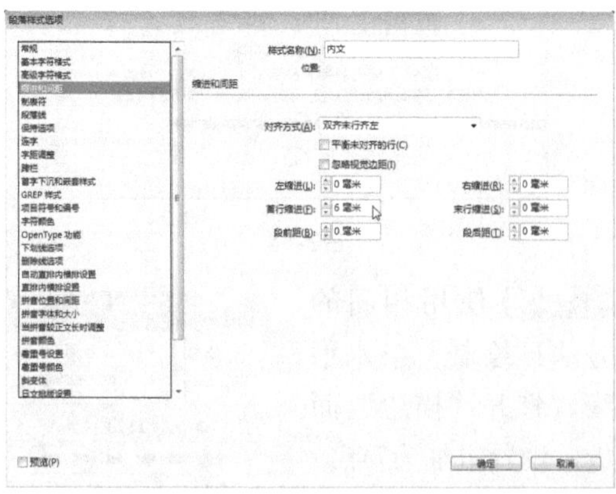

图3-39

STEP 40 执行“窗口”→“样式”→“字符样式”命令，打开“字符样式”面板，单击面板底部的“创建新样式”按钮，如图3-40所示。

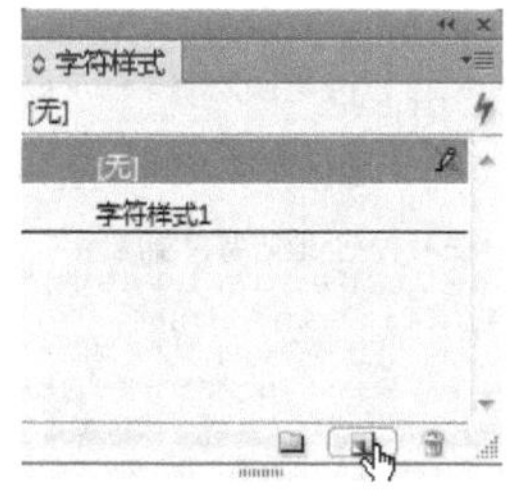

图3-40

STEP 41 双击“字符样式1”，弹出“字符样式选项”对话框，在该对话框中将“样式名称”改为“大标题”，如图3-41所示。

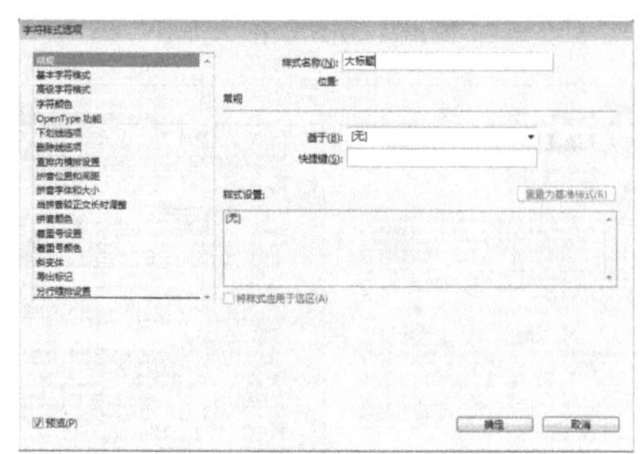

图3-41

STEP 42 单击左侧选项栏中的“基本字符格式”，将面板右侧的“字体系列”设为方正粗宋简体、大小为18点、行距为20点，如图3-42所示。

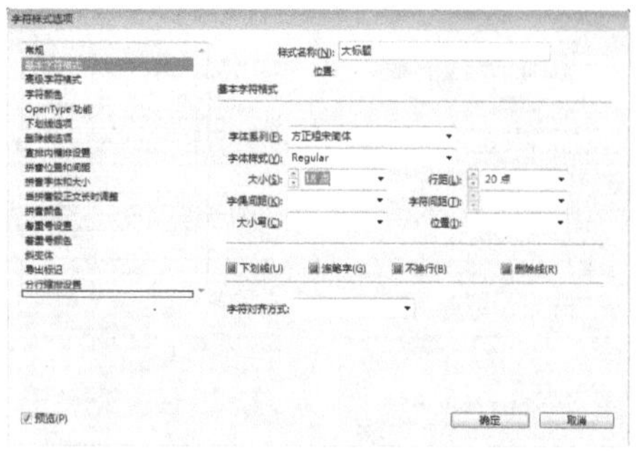

图3-42

STEP 43 使用相同的方法创建一个名为“小标题”、字体为黑体、字号为16点、行距为18点的字符样式，如图3-43所示。

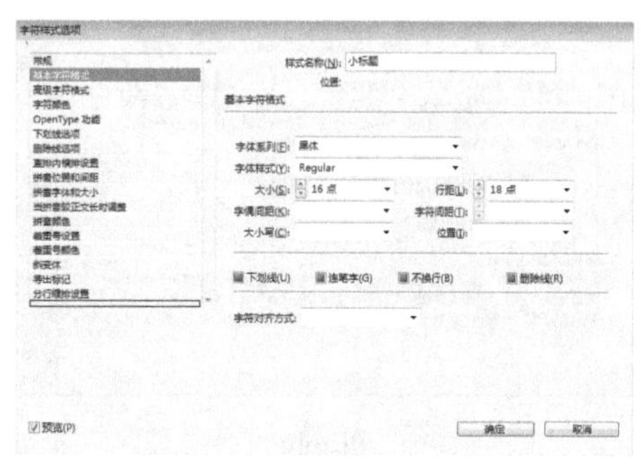

图3-43

STEP 44 再创建一个名为“重点文本”的字符样式，设置字体为黑体、字号为12点，如图3-44所示。

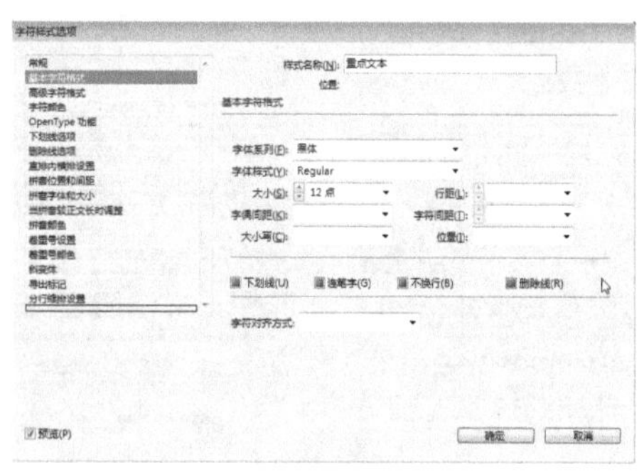

图3-44

STEP 45 选择所有文字，在“段落样式”面板中单击“内文”选项，此时全文应用此样式，如图3-45所示。

STEP 46 选择“一、土地征用涉及的现行土地制度”，在“字符样式”面板中单击“大标题”，如图3-46所示。

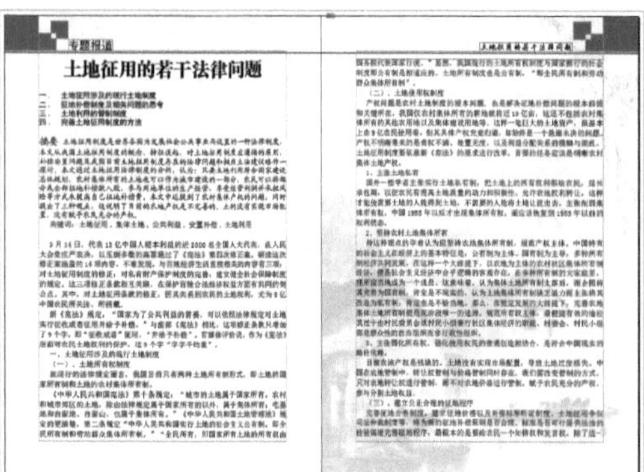

图3-45

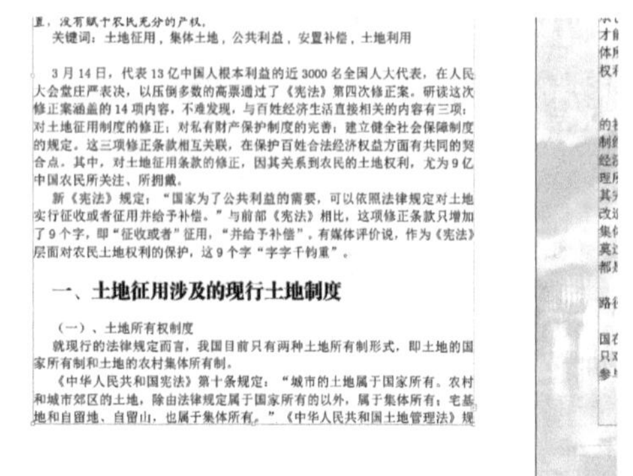

益，没有赋予农民充分的产权。

关键词：土地征用，集体土地，公共利益，安置补偿，土地利用

3月14日，代表13亿中国人根本利益的近3000名全国人大代表，在人民大会堂庄严表决，以压倒多数的高票通过了《宪法》第四次修正案，研读这次修正案涵盖的14项内容，不难发现，与百姓经济生活直接相关的内容有三项：对土地征用制度的修正；对私有财产保护制度的完善；建立健全社会保障制度的规定。这三项修正条款相互关联，在保护百姓合法经济权益方面有共同的契合点。其中，对土地征用条款的修正，因其关系到农民的土地权利，尤为9亿中国农民所关注、所拥戴。

新《宪法》规定：“国家为了公共利益的需要，可以依照法律规定对土地实行征收或者征用并给予补偿。”与前部《宪法》相比，这项修正条款只增加了9个字，即“征收或者”征用，“并给予补偿”，有媒体评价说，作为《宪法》层面对农民土地权利的保护，这9个字“字字千钧重”。

一、土地征用涉及的现行土地制度

（一）、土地所有权制度

就现行的法律规定而言，我国目前只有两种土地所有制形式，即土地的国家所有制和土地的农村集体所有制。

《中华人民共和国宪法》第十条规定：“城市的土地属于国家所有。农村和城市郊区的土地，除由法律规定属于国家所有的以外，属于集体所有；宅基地和自留地、自留山，也属于集体所有。”《中华人民共和国土地管理法》规

图3-46

STEP 47 使用相同的方法，为其他文本应用“小标题”、“重点文本”的字符样式，效果如图3-47所示。

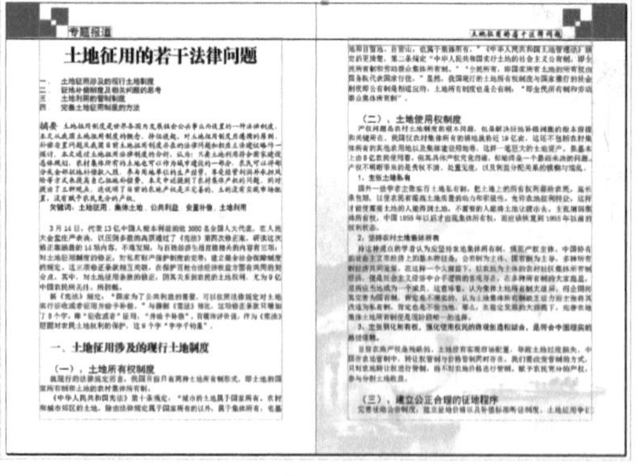

图3-47

STEP 48 选择直线工具，设置填充为无、描边为黑色、描边粗细为7点，按住Shift键时拖拽鼠标，绘制一条水平线，移至页面左下角，如图3-48所示。

新《宪法》规定：“国家为了公共利益的需要，可以依照法律规定对土地实行征收或者征用并给予补偿。”与前部《宪法》相比，这项修正条款只增加了9个字，即“征收或者”征用，“并给予补偿”。有媒体评价说，作为《宪法》层面对农民土地权利的保护，这9个字“字字千钧重”。

一、土地征用涉及的现行土地制度

（一）、土地所有权制度

就现行的法律规定而言，我国目前只有两种土地所有制形式，即土地的国家所有制和土地的农村集体所有制。

《中华人民共和国宪法》第十条规定：“城市的土地属于国家所有。农村和城市郊区的土地，除由法律规定属于国家所有的以外，属

图3-48

STEP 49 使用相同的方法再绘制一条水平线，打开“描边”面板，设置粗细为7点、类型为虚线、间隔为6点，如图3-49所示。

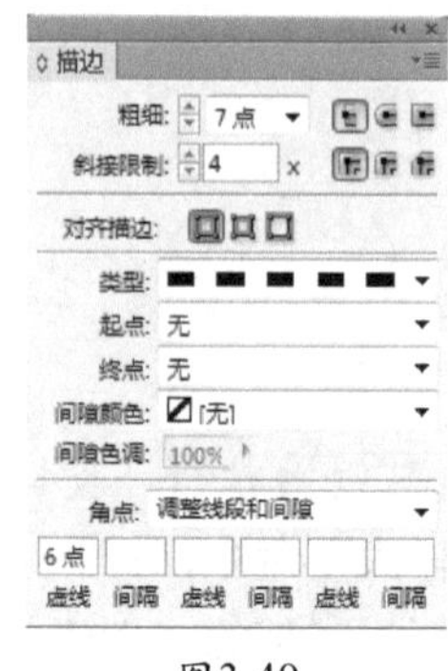

图3-49

STEP 50 将虚线移至水平线右侧，如图3-50所示。

新《宪法》规定：“国家为了公共利益的需要，可以依照法律规定对土地实行征收或者征用并给予补偿。”与前部《宪法》相比，这项修正条款只增加了9个字，即“征收或者”征用，“并给予补偿”。有媒体评价说，作为《宪法》层面对农民土地权利的保护，这9个字“字字千钧重”。

一、土地征用涉及的现行土地制度

（一）、土地所有权制度

就现行的法律规定而言，我国目前只有两种土地所有制形式，即土地的国家所有制和土地的农村集体所有制。

《中华人民共和国宪法》第十条规定：“城市的土地属于国家所有。农村和城市郊区的土地，除由法律规定属于国家所有的以外，属

图3-50

STEP 51 选择水平线和虚线，复制并移至“页面2”右下角，然后水平翻转图像，如图3-51所示。至此，完成本任务的设计。

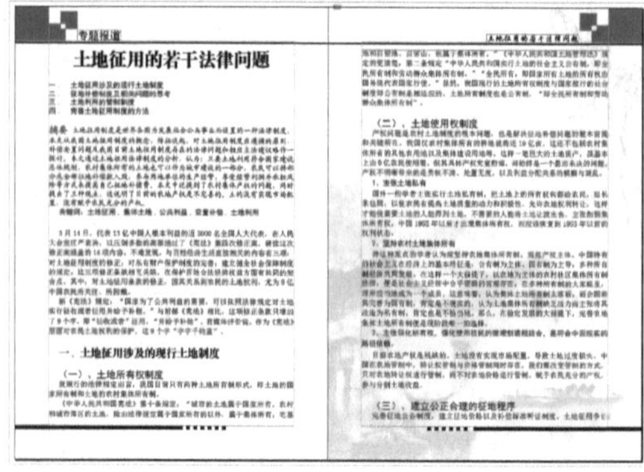

图3-51

Id 知识点拓展

知识点1　页面和跨页

在InDesign CS6中，页面是指单独的页面，是文档的基本组成部分，跨页是一组可同时显示的页面，例如在打开书籍或杂志时可以同时看到的两个页面。可以使用“页面”面板、页面导航栏或页面操作命令对页面进行操作，其中“页面”面板是页面的重要操作方式。

1. “页面”面板

页面设计可以从创建文档开始，设置页面、边距和分栏，或更改版面网格设置并指定出血和辅助信息区域。要对当前编辑的文档重新进行页面设置，可以执行“文件”→“文档设置”命令，打开如图3-52所示的“文档设置”对话框。

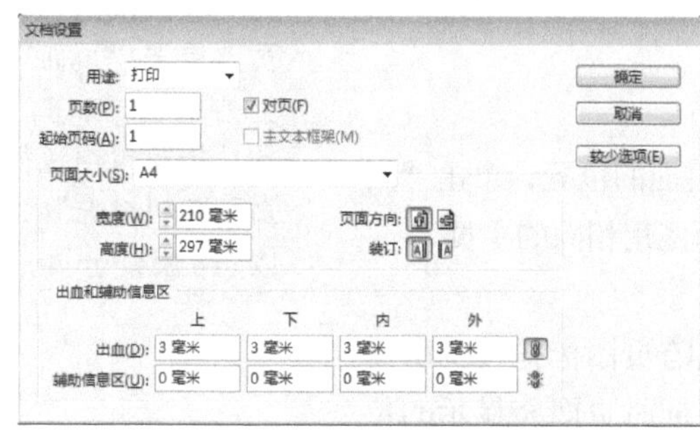

图3-52

在“页数”文本框中可以设置文档的页数；若选中“对页”复选框，将产生跨页的左右页面，否则将产生独立的每个页面；若选取“主文本框架”复选框，将创建一个与边距参考线内的区域大小统一的文本框架，并与所指定的栏设置相匹配，该主页文本框架即被添加到主页中。

注 意

若单击“更多选项”按钮可以进一步设置上、下、左、右的出血尺寸与辅助信息区尺寸。

在“页面大小”选项区域中的“页面大小”下拉列表中选择一种页面大小，在“宽度”与“高度”文本框中输入数值可以改变其宽度与高度。

若单击按钮将设置页面方向为纵向；若单击按钮将设置页面方向为横向；若单击按钮将设置装订方式为从左到右；若单击按钮将设置装订方式为从右到左。

2. 编辑页面或跨页

编辑页面或跨页在版面管理中是最基本也是最重要的一部分。在Indesign CS6中有多种编辑页面或跨页的方式，下面将逐一进行介绍。

（1）选择、定位页面或跨页。

选择、定位页面或跨页可以方便地对页面或跨页进行操作，还可以对页面或跨页中的对象进行编辑操作。

若要选择页面，则可在“页面”面板中单击某一页面，然后按住Shift键不放。

若要选择跨页，则可按住Shift键不放，在“页面”面板中单击跨页下的页码。

若要定位页面所在视图，则可在“页面”面板中双击某一页面。

若要定位跨页所在视图，则可在“页面”面板中双击跨页下的页码。

（2）创建多页面的跨页。

要使用户同时看到两个以上页面，可以通过创建多页跨页，将其添加页面来创建折叠插页或可折叠拉页。要创建多页跨页，可以单击“页面”面板右上方的按钮，在打开的快捷菜单中执行“合并跨页”命令，然后将所需要的页面拖拽到该跨页中即可。

（3）插入页面或跨页。

要插入新页面，可以先选中要插入页面的位置，单击“新建页面”按钮，新建页面将与活动页面使用相同的主页。

（4）移动页面或跨页。

在“页面”面板中将选中的页面或跨页图标拖拽到所需位置。在拖拽时，竖条将指示释放该图标时页面将显示的位置。若黑色的矩形或竖条接触到跨页，页面将扩展该跨页，否则文档页面将重新分布，如图3-53所示。

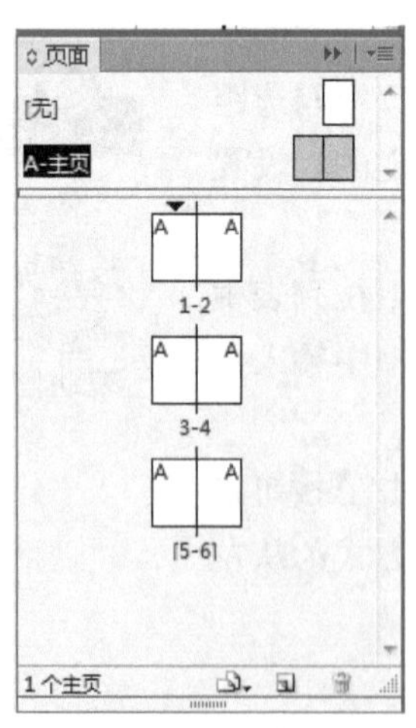

图3-53

（5）排列页面或跨页。

执行“版面”→“页面”→“移动页面”命令，打开如

注 意

每个跨页最多包括10个页面。但是，大多数文档都只使用两页跨页，为确保文档只包含两页跨页，单击“页面”面板右上方的按钮，在打开的快捷菜单中执行“允许页面随机排布”命令，可以防止意外分页。

图3-54所示的“移动页面”对话框，在“移动页面”文本框中显示选取的页面或跨页，在“目标”文本下拉列表中选择要移动的页面或位置并根据需要指定页面。

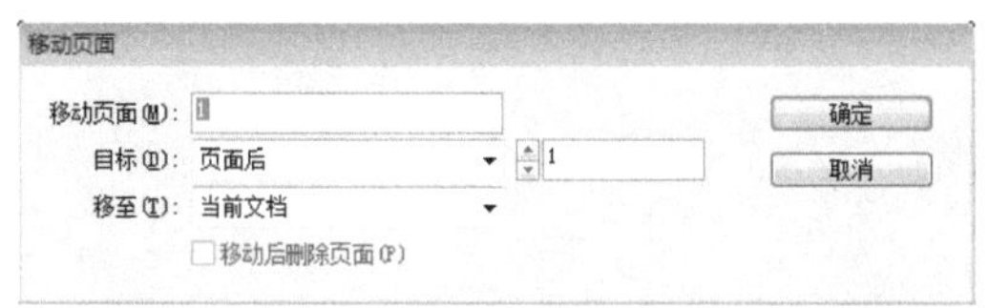

图3-54

（6）复制页面或跨页。

要复制页面或跨页，可以执行下列操作之一。

- 选择要复制的页面或跨页，将其拖拽到“新建页面”按钮上，新建页面或跨页将显示在文档的末尾。
- 选择要复制的页面或跨页，单击“页面”面板右上方的按钮，在打开的快捷菜单中执行“复制页面”或“直接复制跨页”命令，新建页面或跨页将显示在文档的末尾。
- 按住Alt键不放，并将页面图标或跨页下的页面范围号码拖拽到新位置。

注 意

文档的所有页面都以缩略图形式显示在其中，双击某个页面的缩略图，该页面被选中，当前显示页面也将跳转到该页面。

（7）删除页面或跨页。

删除页面或跨页有以下3种方法：

- 选择要删除的页面或跨页，单击“删除选中页面”按钮。
- 选择要删除的页面或跨页，将其拖拽到“删除选中页面”按钮上。
- 选择要删除的页面或跨页，单击“页面”面板右上方的按钮，在打开的快捷菜单中执行“删除页面”或“删除跨页”命令。

知识点2　串接文本

框架中的文本可独立于其他框架，也可在多个框架之间连续排文。要在多个框架之间连续排文，首先必须将框架连接起来。连接的框架可位于同一页或跨页，也可位于文档的其他页。在框架之间连接文本的过程称为串接文本。

1. 串接文本框架

每个文本框架都包含一个入口和一个出口，这些端口用来与其他文本框架进行链接。空的入口或出口分别表示文章的开头或结尾。端口中的箭头表示该框架链接到另一框架。出口中的红色加号（+）表示该文章中有更多要置入的文本，但没有更多的文本框架可放置文本，这些剩余的不可见文本称为溢流文本，如图3-55所示。

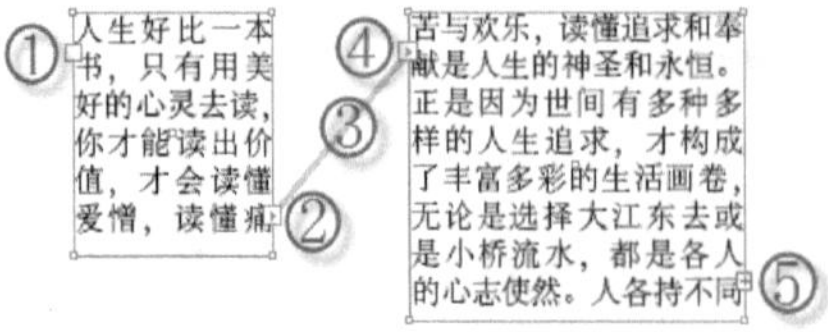

1—文本开头的入口；2—指示与下一个框架串接关系的出口；3—文本串接；4—指示与上一个框架串接关系的入口；5—指示溢流文本的出口

图3-55

2. 向串接中添加新框架

向串接中添加新框架的具体操作方法为：首先使用选择工具选择一个文本框架，然后单击入口或出口以载入文本图标。单击入口可在所选框架之前添加一个框架，单击出口可在所选框架之后添加一个框架。随后将载入的文本图标放置到希望新文本框架出现的地方，最后单击或拖拽以创建一个新文本框架。

当载入的文本图标处于活动状态时，可以执行许多操作，包括翻页、创建新页面，以及放大和缩小。如果开始串接两个框架后又不想串接，则可单击工具箱中的任一工具取消串接，这样不会丢失文本。

3. 向串接中添加现有框架

向串接中添加现有框架的具体操作步骤如下：

STEP 01 选择工具箱中的文字工具，绘制一个文本框架，如图3-57所示。

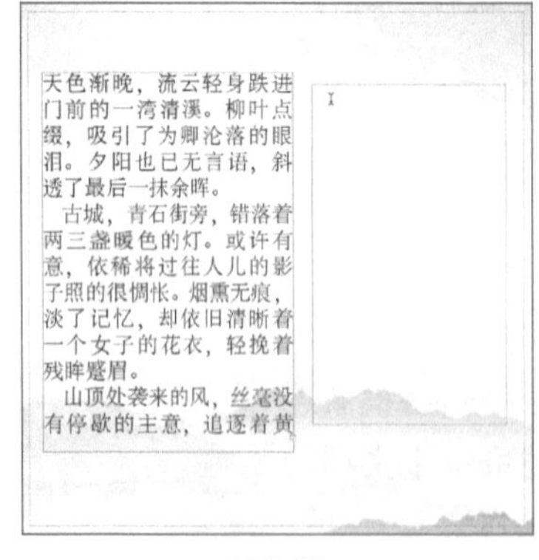

图3-57

STEP 02 选择工具箱中的选择工具，单击第一个文本框的出口，然后在第二个文本框架内单击，将其串接到第一个框

注 意

执行“视图”→“其他”→“显示文本串接”命令，如图3-56所示，可以查看串接框架的可视化表示。无论文本框架是否包含文本，都可进行串接。

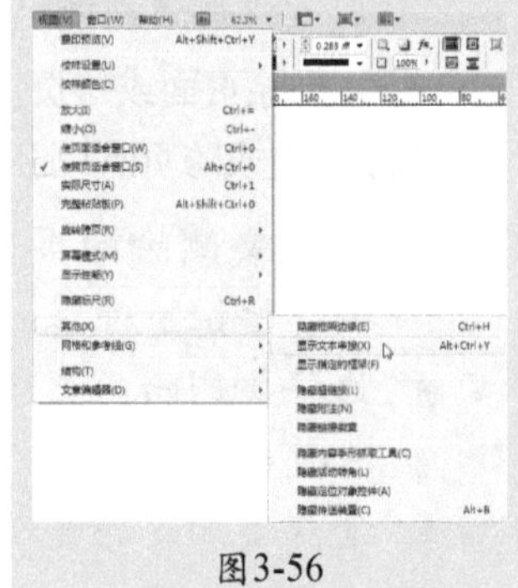

图3-56

架，如图3-58所示。

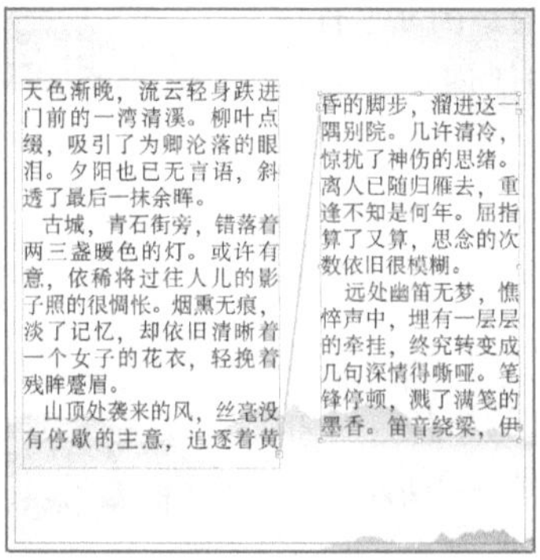

图3-58

如果将某个框架网格与纯文本框架或具有不同网格设置的其他框架网格串接，将会重新定义被串接的文本框架，以便与串接操作的原框架网格的设置匹配。

提 示

可以添加自动的“下转…”或“上接…”跳转行，当串接的文章从一个框架跳转到另一个框架时，这些跳转行将对其进行跟踪。

4. 在串接框架序列中添加框架

在串接框架序列中添加框架的具体操作步骤如下：

STEP 01 选择工具箱中的选择工具，单击文本框架的出口，将显示载入文本图标，如图3-59所示。

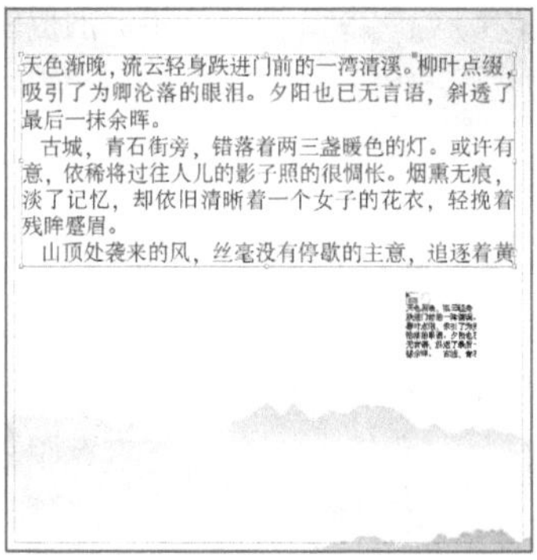

图3-59

STEP 02 拖拽鼠标创建一个新框架，InDesign CS6会将框架串接到包含该文章的链接框架序列中，如图3-60所示。

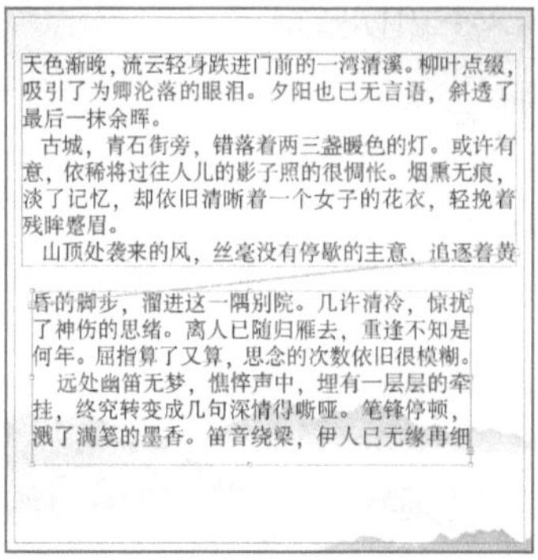

图3-60

提 示

从串接中删除框架的方法有以下两种：

一是要选择文本框架，可以选择工具箱中的选择工具，单击框架，或选择工具箱中的文字工具，按住Ctrl键，然后单击框架。

二是选择要删除的文本框架，按住 BackSpace 键或按住 Delete 键即可删除框架。

5. 取消串接文本框架

取消串接文本框架时，将断开该框架与串接中的所有后续框架之间的链接。以前显示在这些框架中的任何文本将成为溢流文本（不会删除文本）。所有的后续框架都为空。

选择工具箱中的选择工具，选择框架，双击入口或出口以断开两个框架之间的链接，如图3-61所示，或使用工具箱中的选择工具选择框架，单击表示与另一个框架存在串接关系的入口或出口。例如，在一个由两个框架组成的串接中，单击第一个框架的出口或第二个框架的入口，如图3-62所示，将载入的文本图标放置到上一个框架或下一个框架之上，以显示取消串接图标，单击要从串接文本中删除的框架中即可删除以后的所有串接框架的文本。

提 示

将载入文本图标置于某栏中，以创建一个与该栏的宽度相符的文本框架。该框架的顶部将是用户单击的地方。如果将文本置入与其他框架串接的框架中，则不论选择哪种文本排文方法，文本都将自动排到串接的框架中。

注 意

在载入的文本图标后，按住Shift+Alt组合键并单击即可实现自动排文但不添加页面的操作。

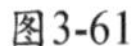

图3-61

图3-62

需要注意的是，若要将一篇文章拆分为两篇文章，须先剪切要作为第二篇文章的文本，断开框架之间的链接，然后将该文本粘贴到第二篇文章的第一个框架中。

知识点3　手动与自动排文

置入文本或者单击入口或出口后，指针将成为载入的文本图标。使用载入的文本图标可将文本排列到页面上。按住Shift键或Alt键，可确定文本排列的方式。载入文本图标将根据置入的位置改变外观。

将载入的文本图标置于文本框架之上时，该图标将括在圆括号中。将载入的文本图标置于参考线或网格靠齐点旁边时，黑色指针将变为白色。

可以使用下列四种方法排文：

- 手动文本排文。
- 单击置入文本时，按住Alt键，进行半自动排文。
- 按住Shift键单击，进行自动排文。

- 单击时按Shift+Alt组合键，进行固定页面自动排文。

要在框架中排文，InDesign CS6会检测是横排类型还是直排类型。使用半自动或自动排文排列文本时，将采用“文章”面板中设置的框架类型和方向。可以使用图标获得文本排文方向的视觉反馈。

知识点4　字体、字号

文字是用来记录和传达语言的书写符号，印刷上用的字符可以分为字种、字体、字号等内容。

1. 字种

在国内的印刷行业，字种主要有汉字、外文字、民族字等。汉字包括宋体、楷体、黑体等。外文字又可依字的粗细分为白体和黑体，或依外形分为正体、斜体、花体等。民族字是指一些少数民族使用的文字，如蒙古文、藏文、维吾尔文、朝鲜文等。

2. 字体

字体和字号是文字最基本的属性，字体用于描述文字的形状，印刷中最常见的中文字体是宋体、黑体、圆体、楷体、艺术体等。字体种类繁多，在平面设计中必须牢记几种中文字体并了解其形状特点，如图3-63所示。

宋体　黑体

图3-63

宋体：宋体是印刷行业应用得最为广泛的一种字体，根据文字外形的不同，又分为书宋和报宋等。宋体是起源于宋代雕版印刷时通行的一种印刷字体。宋体字的字形方正，笔画横平竖直、横细竖粗、棱角分明、结构严谨、整齐均匀，有极强的笔画规律性，从而使人在阅读时有一种舒适醒目的感觉。在现代印刷中主要用于书刊或报纸的正文部分。

仿宋体：仿宋体是一种采用宋体结构、楷书笔画的较为清秀挺拔的字体，笔画横竖粗细均匀，常用于排印副标题、诗词短文、批注、引文等，在一些读物中也用来排印正文部分。

楷体：楷体又称活体，是模仿手写习惯的一种字体，笔画挺秀均匀，字形端正，广泛用于学生课本、通俗读物、批注等。

注 意

将载入文本图标置于某栏中，可以创建一个与该栏的宽度相符的文本框架。该框架的顶部将是用户单击的地方。如果将文本置入与其他框架串接的框架中，则不论选择哪种文本排版方法，文本都将自动排到串接的框架中。

黑体：黑体又称方体或等线体，是一种字面呈正方形的粗壮字体，字形端庄，笔画横平竖直，笔迹全部一样粗细，结构醒目严密。黑体适用于标题或需要引起注意的醒目按语或批注，因为字体过于粗壮，所以不适用于排印正文部分。

美术体：美术体是指一些非正规的特殊的印刷用字体，一般是为了美化版面而采用的。美术体的笔画和结构一般都进行了一些形象化，常用于书刊封面或版面上的标题部分，应用适当，可以有效地增强印刷品的艺术品味。这类字体的种类非常广泛，如汉鼎魏碑、方正胖娃体等字库中的字体等。

3. 字号

字号是区分文字大小的一种衡量标准。国际上通用的是点制，点制又称为磅制（P），通过计算字的外形的“点”值为衡量标准。国内则是以号制为主，点制为辅。号制是采用互不成倍数的几种活字为标准的，根据加倍或减半的换算关系而自成系统，可以分为四号字系统、五号字系统、六号字系统等。字号的标称数越小，字形越大，如四号字比五号字要大、五号字又要比六号字大等。根据印刷行业标准的规定，字号的每一个点值的大小等于0.35mm，误差不得超过0.005mm，如五号字换成点制就等于10.5点，即3.675mm。外文字全部都以点来计算，每点的大小约等于1/72英寸，即0.35146mm。设计师不仅应正确分辨字体，还应准确判断文字的常用字号，这将为工作带来极大的便利。应该记住的字号有“9P”、“10P”、“12P”、“24P”、“36P”等。通常广告公司也会使用一种专门的字号标尺来对字号的大小进行判断。

注 意

字号的大小除了点制和号制外，传统照排文字时的大小则以毫米（mm）为计算单位，称为“级（J或K）”。每一级等于0.25mm，1mm等于4级，照排文字能排出的大小一般是7级到62级，也有7级到100级的。

知识点5　印刷文字的要求

1. 文字字体、字号的要求

排版用字的基本原则主要有3个方面：用字大小与出版物幅面成正比；重要的内容用字大一些；用字大小与篇幅长短成反比。版面标题字大小选择的主要依据是标题的级别层次、版面开本的大小、文章篇幅长短和出版物的类型及风格四个方面。

2. 文字颜色的要求

字体最好不要使用多于3色的混叠，如（C10、M30、Y80）等。同理，也不适用于深色底反白色字。避免不了的状况下，需要给反白字勾边。

知识点6　设置文本格式

文本格式包括字号、字体、字间距、行距、文本缩进、段首大字等文字与段落之间的各项属性。通过调整文字之间的距离、行与行之间的距离，以达到整体的美观。通过调整文本格式，可以实现文字段落的搭配与构图，以满足排版需要。

1. 设置文字

在InDesign CS6中，可以根据需要设置文本的字体、字色、行距、垂直缩放、水平缩放、对齐方式、缩进距离等各项参数。

在置入文本后，使用文本工具选中置入文字，如图3-64所示。鼠标移动到顶部控制栏，如图3-65所示，在窗口中对字体与字号进行设置，还可以在字体与字号窗口后面分别单击下拉按钮，在弹出的下拉列表中选择字体与字号。

> **注 意**
>
> 执行“文字”→“字符”命令，打开“字符”面板，在该面板中也可以设置字体、字号、字宽等属性。

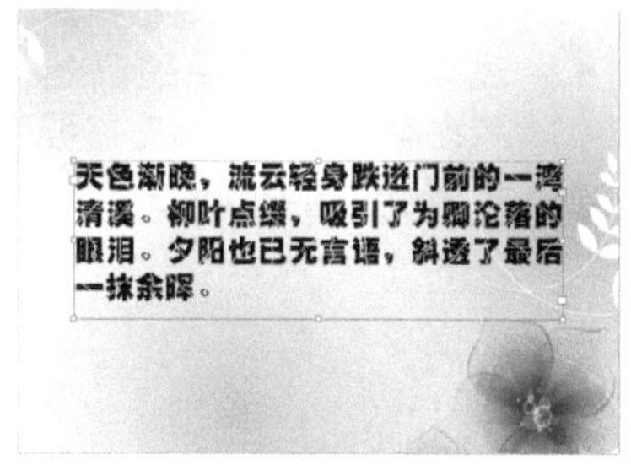

图3-64

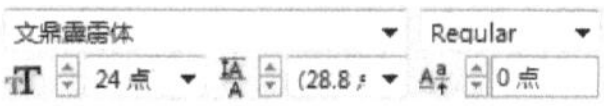

文鼎霹雳体　Regular
24点　(28.8点)　0点

图3-65

在工具栏中双击“填色”按钮，可对字体颜色作相应调整，如图3-66所示。双击“描边”按钮，再次双击可对描边的颜色进行设置，如图3-67所示。还可利用“描边”与“颜色”面板设置文本描边与填充颜色，如图3-68所示。

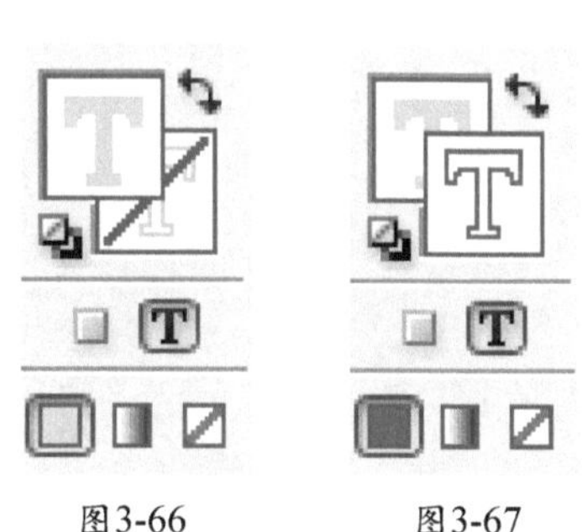

图3-66　图3-67

图3-68

2. 设置段落文本

设置段落属性是文字排版的基础工作，正文中的段首缩进、文本的对齐方式、标题的控制均需在设置段落文本中实现。使用工具栏中的工具进行自由设置，也可在“文字”菜单中进行段落格式的设置。执行“文字”→“段落”命令，打开“段落”面板，如图3-69所示。

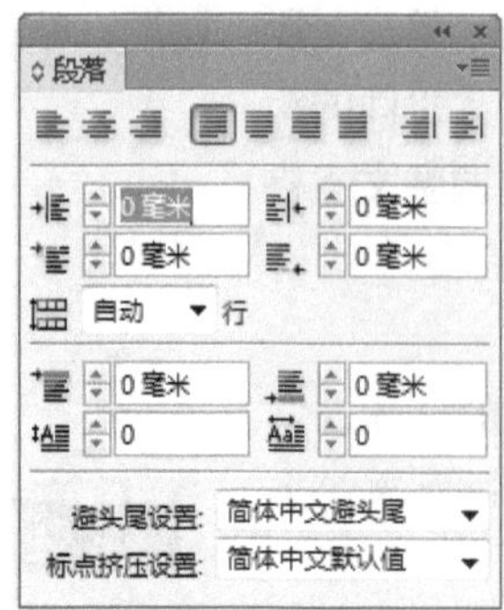

图3-69

在该面板中，设置文本的对齐方式有左对齐、居中对齐、右对齐、双齐末行齐左、双齐末行居中、双齐末行齐右、全部强制双齐、朝向书脊对齐和背向书脊对齐，如图3-70所示。

设置文本段落缩进包括左缩进、右缩进、首行左缩进、末行右缩进以及强制行数，如图3-71所示。

图3-70　　图3-71

除此之外，还可以设置文本的段前与段后间距、首字下沉行数、首字下沉字数。段前、断后间距的调整将影响段与段之间的距离。首字下沉是使一段文字开头比第一行的基线低一行或多行，如图3-72所示。

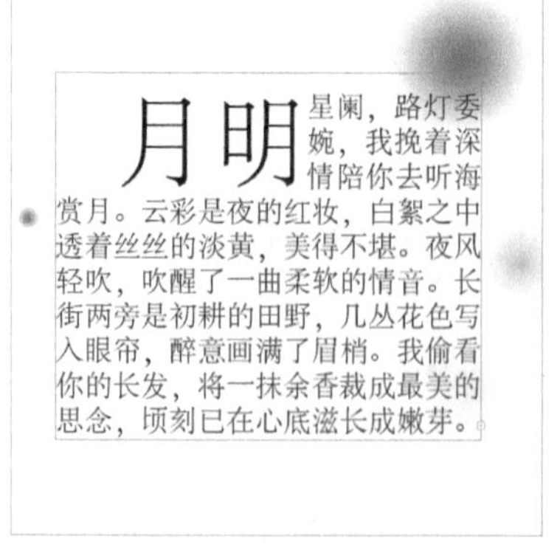

图3-72

注 意

在默认情况下，“控制”面板位于菜单栏下方。单击“控制”面板右侧的下拉按钮，展开下拉菜单，执行“自定”命令，在弹出的对话框中通过取消勾选其中的复选框，可以将“控制”面板中的相应选项隐藏。

Id 独立实践任务

任务2　设计制作内文页面

任务背景和要求

此任务是为《福田繁雄》一书的内文进行排版和设计，全书共180页，黑白印刷，要求版式整洁，文字使用规范。成品尺寸为297×210。

任务分析

为文本设计字符样式，将段落样式应用到文本中。

任务素材

本任务的所有素材文件在“光盘:\素材文件\模块03\任务2”目录中。

任务参考效果图

本任务的最终效果文件在“光盘:\素材文件\模块03\任务2”目录中。

福田繁雄

个人简介

福田繁雄，1932 年生于日本，1951 毕业于岩手县立福冈高等学校，1956 年毕业于东京国立艺术大学，1967 IBM 画廊个展（纽约），1997 日本通产省设计功劳奖 -- 紫绶勋章，1998 东京艺术大学美术馆评委，曾任日本平面设计协会主席、国际平面设计联盟（AGI）会员、美国耶鲁 v 大学、中国四川大学、东京艺术大学客座教授、日本图形创造协会主席、国际广告研究设计中心名誉主任 .

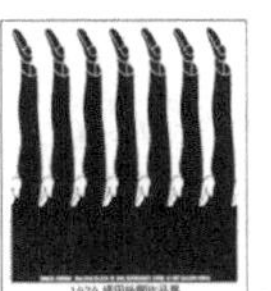

生平工作

东京艺术大学兼职教授
国际著名设计大师
国际平面设计师联盟 AGI 会员
日本图形创造协会主席
国际图形设计协会会员
设计艺术研究中心名誉主任

1932 生于东京
1951 毕业于岩手县立福冈高等学校
1956 年毕业于东京国家艺术大学
1967 IBM 画廊个展（纽约）
1982 年应耶鲁大学之邀担任客座讲师
1997 日本通产省设计功劳奖 -- 紫绶勋章
1998 东京艺术大学美术馆评委
2006 第 7 届金蜜蜂国际平面设计双年展国际评委

设计理念

福田繁雄是日本和世界设计界的大师它充分运用以形易形、置换图形的设计新理念，使平面设计的负形发挥了极大的作用，开拓了设计领域的新方向和新思路。在以形易形的转换中，负形的意义被提升出来的。

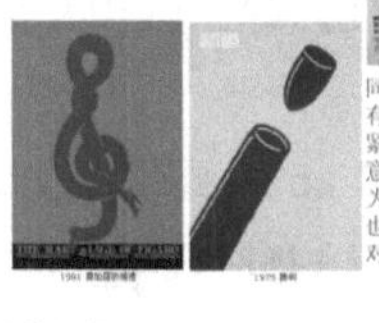

同时，梦幻般的设计图像形态更加具有魅力，使幻觉在现实中发生与主题紧密的直接意义正负形的矛盾和图像意义的矛盾，在这位设计大师那里成为设计的主要策略和理念，这一理念也被当今世界设计领域广泛的运用，对中国设计领域影响很大。

F 系列作品解

福田繁雄《F》海报系列，主画面为福田名字的首字母 "F"，对该字母进行变化，该系列又不同于 " 贝多芬 " 系列中以发部轮廓为基本形态，在其轮廓内部根据主题内容进行图形元素的置换，而是以 "F" 为基本型，作者对其以往在众多平面作品中惯用的图形符号或表现方式进行的重现。如矛盾空间、图底反转等错视原理和手法的运用，坐着的女孩和奔跑着的动物形象的运用等。使其作品打上福田的符号，成为其异质同构中的又一代表性作品。

1987 年在《福田繁雄招贴展》的招贴设计中，福田将静止坐在台前的人的四个不同视角的状态，表现于同一画面，用单纯的线、面造成空间的穿插，大面积的黄色与人物黑色剪影对比，使整个画面产生强烈的视觉效果。这种空间意识的模糊，在视觉表现上具有多重意义的特性。

Id 职业技能考核

一、选择题

1. 关于标尺和辅助线的描述，正确的是（　　）。

   A. 将光标放到水平或垂直标尺上，按下鼠标，向外拖拽，即能产生一条辅助线

   B. InDesign CS6中的辅助线可以像Illustrator中一样被选中并用“变换”面板进行精确定位

   C. 辅助线的颜色是可以按使用者的意愿随意改变的

   D. 在默认状态下文件中的辅助线都是隐藏的

2. “溢流文本”是（　　）。

   A. 沿着图片剪辑路径绕排的文本

   B. 重叠在图片框上的文本

   C. 文本框不能容下的文本

   D. 图片的说明文本

3. （　　）公司最早发布PostScript技术规范。

   A. Hewlett Packard　　B. Xerox

   C. Apple　　D. Adobe

4. 在InDesign CS6中的网格有（　　）。

   A. 布局网格　　B. 文档网格

   C. 基线网格　　D. 网格文本框

二、填空题

1. InDesign颜色模式的建立以用于__________色彩的模型为基础。

2. 在RGB模式中，由红、绿、蓝相叠加可以产生其他颜色，因此该模式也称为__________。

3. CMYK颜色模式是一种__________模式。

4. 在RGB、CMYK和Lab 中编辑图像，其本质区别是__________。

5. InDesign CS6中内置的默认颜色包括__________。

6. 如果要创建一个漏空的黑色，则需要__________，并根据要求进行编辑，同时修改名字表示它是漏空的黑色。

模块 04 设计制作包装盒

本任务效果图：

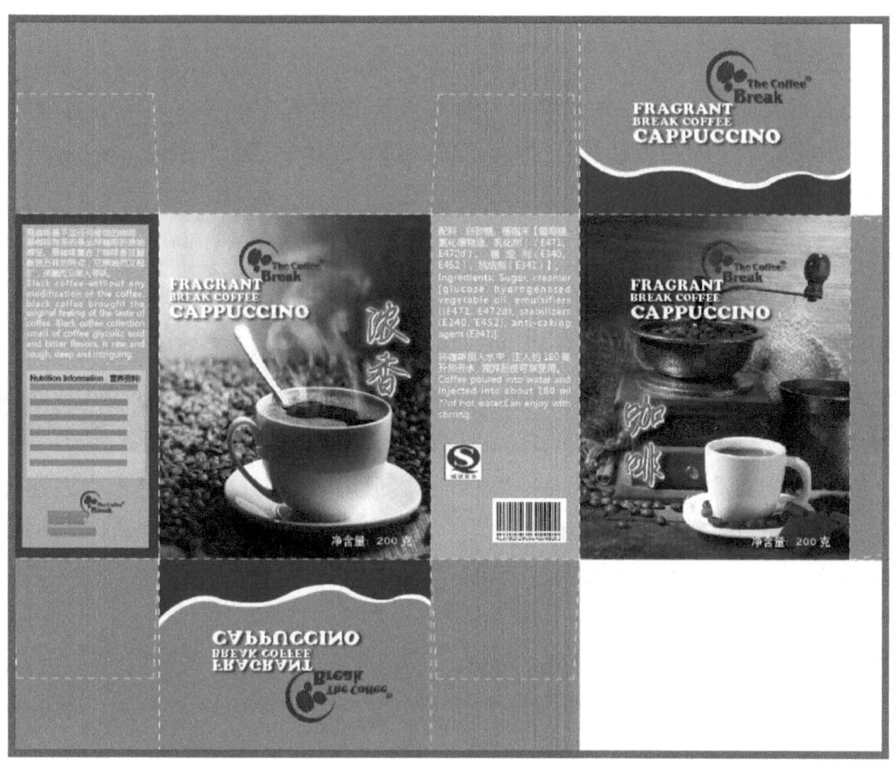

软件知识目标：

1. 掌握参考线的使用方法
2. 掌握色板的使用方法
3. 掌握图层的概念和应用

专业知识目标：

1. 了解包装盒的设计常识
2. 了解印刷四色数值的设置要领
3. 了解烫金、UV版的设置要领
4. 了解包装盒型模切（刀版）的设置要领

建议课时安排：4课时（讲课2课时，实践2课时）

Id 模拟制作任务

任务1　设计制作包装盒

任务背景

设计公司应客户要求要为新推出的咖啡产品设计一款包装盒。

任务要求

使用客户提供的图片素材、LOGO和文字，设计出一款能体现咖啡档次和品味的包装盒。

尺寸要求：成品尺寸为300mm×245mm。

任务分析

设计师在开始设计之前一定要将尺寸计算好，根据客户的要求将包装盒盒型拆分成“面”，然后将各个“面”相加计算尺寸。这款包装盒由6个“面”组成，6个面分别是盒正面、盒背面、墙（两个）、盖和底。

最终效果

本任务素材文件和最终效果文件在“光盘:\素材文件\模块04\任务1”目录中，本任务的操作视频详见“光盘:\操作视频\模块04”目录中。

任务详解

STEP 01 执行“文件”→“新建”→“文档”命令，弹出“新建文档”对话框，在该对话框中设置“宽度”为300毫米、“高度”为245毫米，如图4-1所示。

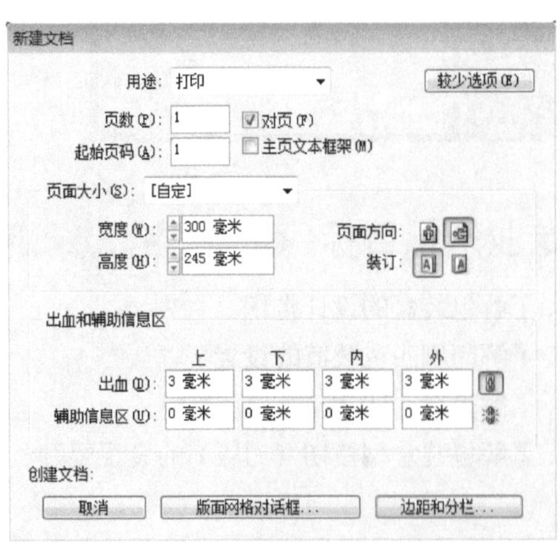

图4-1

STEP 02 单击“边距和分栏”按钮，在弹出的“新建边距和分栏”对话框中设置所有边距为0毫米，单击“确定”按钮，如图4-2所示。

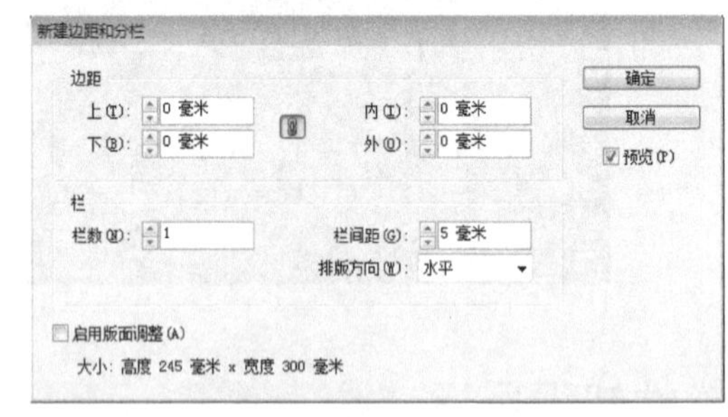

图4-2

STEP 03 新建立的空白文档会显示在桌面上，如图4-3所示。

STEP 04 在纵向标尺栏上按住鼠标左键不放向页面内拖拽，拖拽出一条垂直参考线，在“控制”面板中将X设置为51毫米，利用同样的方法设置3条垂直参考线，X分别为144毫米、195毫米、288毫米，如图4-4所示。

图4-3

图4-4

STEP 05 在横向标尺栏上按住鼠标左键不放向页面内拖拽，拖拽出一条水平参考线，在“控制”面板中将Y设置为65毫米，使用相同的方法再设置一条Y为180毫米的水平参考线，如图4-5所示。

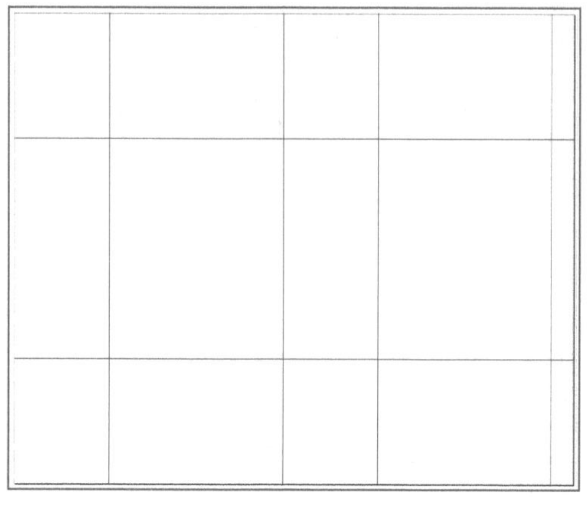

图4-5

STEP 06 选择矩形工具，绘制一个宽为51毫米，高为115毫米的矩形，在“控制”面板中将参考点移至左上角位置，并设置X值和Y值分别为0毫米和65毫米，如图4-6所示。

图4-6

STEP 07 按F5键，打开“色板”面板，单击“色板”面板右上角的菜单按钮，在弹出的快捷菜单中执行“新建颜色色板”命令，如图4-7所示。

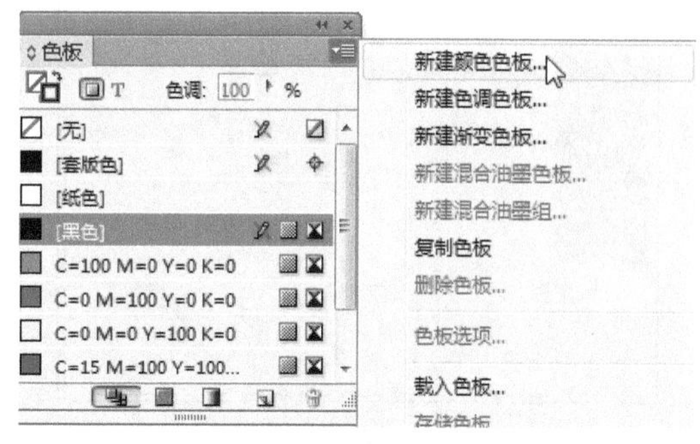

图4-7

STEP 08 在弹出的“新建颜色色板”对话框中设置青色、洋红色、黄色、黑色分别为30、30、60、0，单击“确定”按钮，如图4-8所示。

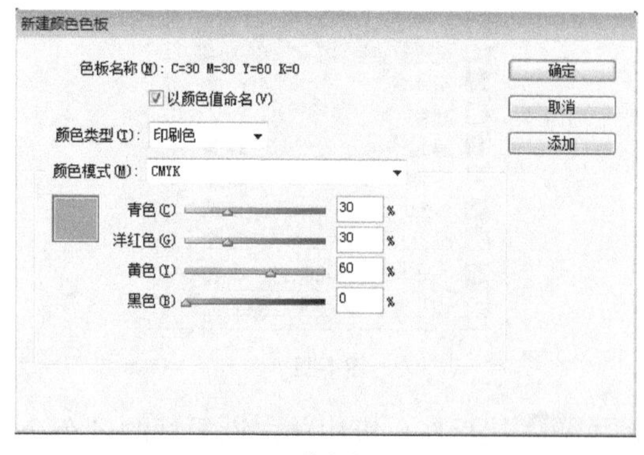

图4-8

STEP 09 设置的颜色将出现在色板中，选中矩形，单击“色板”面板上的“填色”按钮，如图4-9所示。然后在色板中单击设置好的颜色色块，即可将颜色应用到矩形中，如图4-10所示。

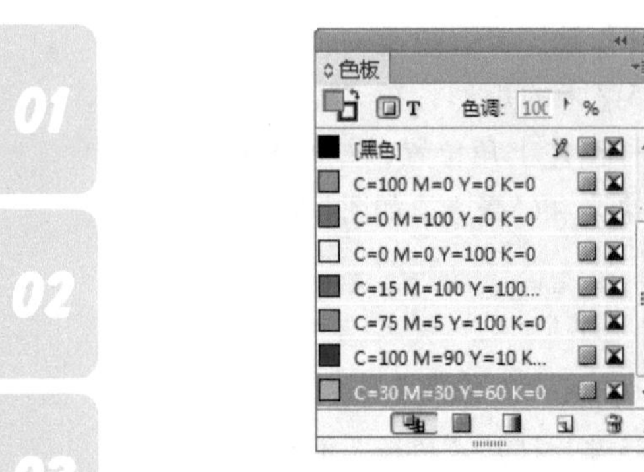

图4-9

图4-10

STEP 10 使用相同的方法创建一个C60、M90、Y80、K40的颜色色板，单击“色板”面板上的“描边”按钮，如图4-11所示。

图4-11

STEP 11 然后在色板中单击设置好的颜色色块，即可将颜色应用到矩形中。打开“描边”面板，设置粗细为10点，调整矩形不要超出参考线，如图4-12所示。

STEP 12 选择文字工具，绘制文本框，将“光盘:\素材文件\模块04\任务1\介绍.txt”中的文本复制到文本框中，如图4-13所示。

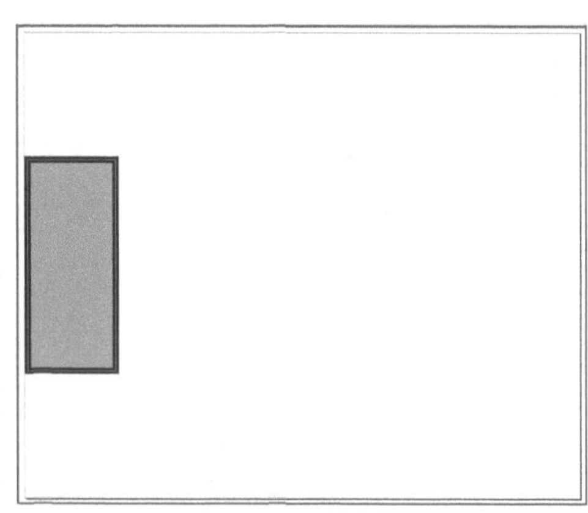

图4-12

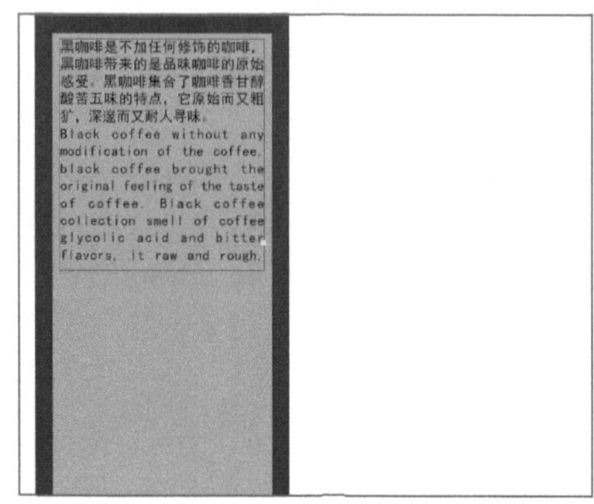

图4-13

STEP 13 选中文本，在“控制”面板中设置字体为黑体、字号为8点，然后在“色板”面板中确认填色为激活状态，单击纸色色块，将文本设置为白色，如图4-14所示。

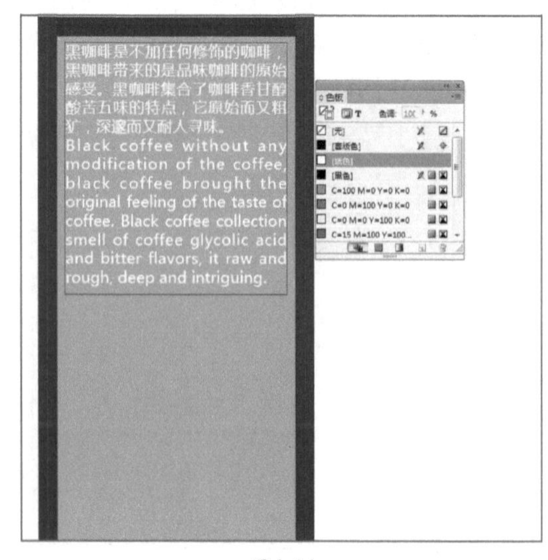

图4-14

STEP 14 选择矩形工具，绘制矩形，设置填色为C25、M20、Y20、K0，描边为无，如图4-15所示。

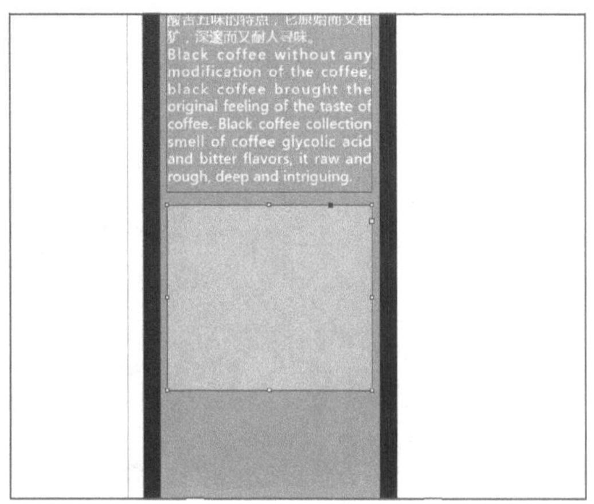

图4-15

STEP 15 打开“光盘:\素材文件\模块04\任务1\营养资料.txt”素材文档，选中文本，按Ctrl+C组合键复制，切换到InDesign文档，按Ctrl+V组合键粘贴到文档中，如图4-16所示。

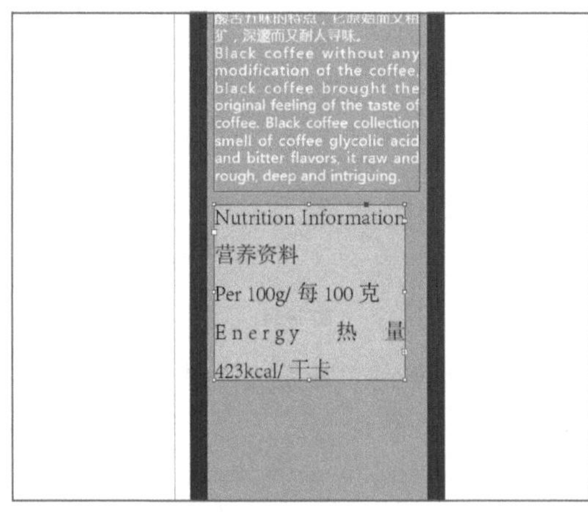

图4-16

STEP 16 在“字符”面板中选中“Nutrition Information营养资料”，设置字体为黑体、字号为7点，选择其他文本，设置字体为宋体、字号为6点，如图4-17所示。

STEP 17 制作商标。执行“文件”→“置入”命令，选择图像素材（“光盘:\素材文件\模块04\任务1\4.png”），单击页面，将图像置入文档中，调整大小及位置，如图4-18所示。

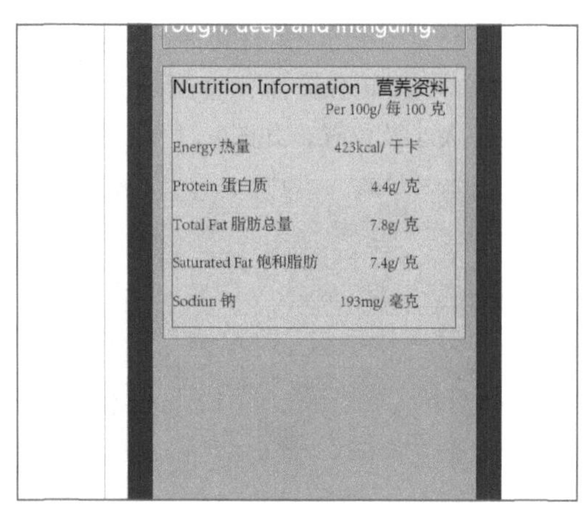

图4-17

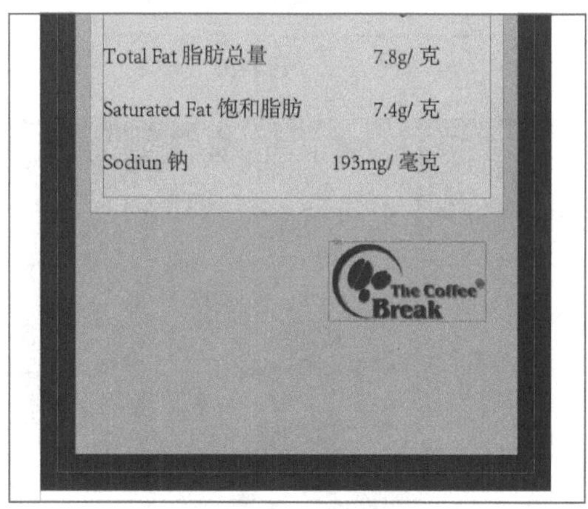

图4-18

STEP 18 选择文字工具，输入文本，使用选择工具右击文本，在弹出的快捷菜单中执行“效果”→“投影”命令，弹出“效果”对话框，参数设置如图4-19所示。

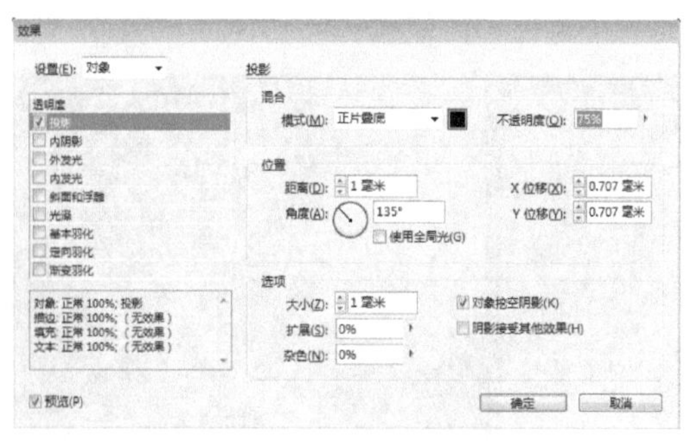

图4-19

STEP 19 单击“确定”按钮，此时为文本添加了投影效果，如图4-20所示。

STEP 20 执行“文件”→“置入”命令，选择图像素材（“光盘:\素材文件\模块04\任务1\3.jpg”），单击页面，将图像置入文档中，调整大小及位置，如图4-21所示。

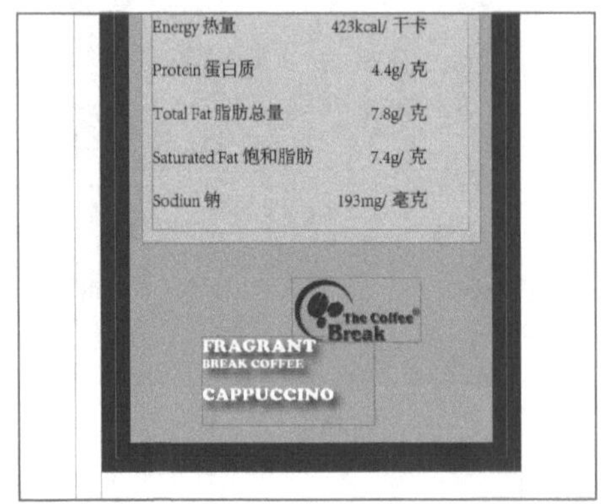

图4-20

图4-21

STEP 21 选中商标和添加了投影效果的文字，按Alt键的同时拖拽鼠标，复制图像，调整大小及位置，如图4-22所示。

图4-22

STEP 22 选择文字工具，输入文本，设置字体为立体字，字号为48点，填色为白色，如图4-23所示。

图4-23

STEP 23 右击文本，在弹出的快捷菜单中执行“效果”→“投影”命令，弹出“效果”对话框，设置参数，如图4-24所示。

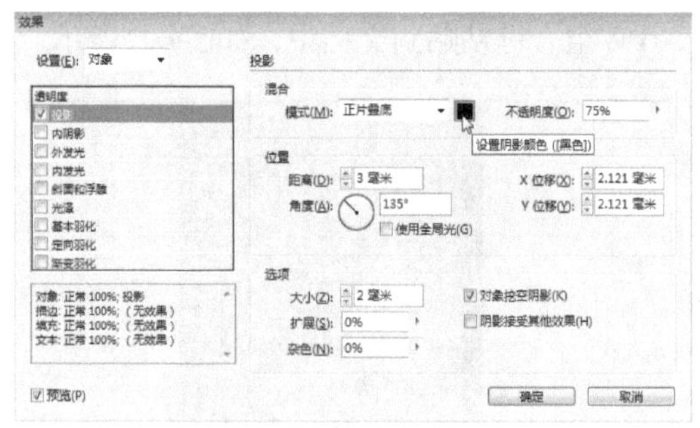

图4-24

STEP 24 切换到“外发光”选项，设置参数，如图4-25所示。

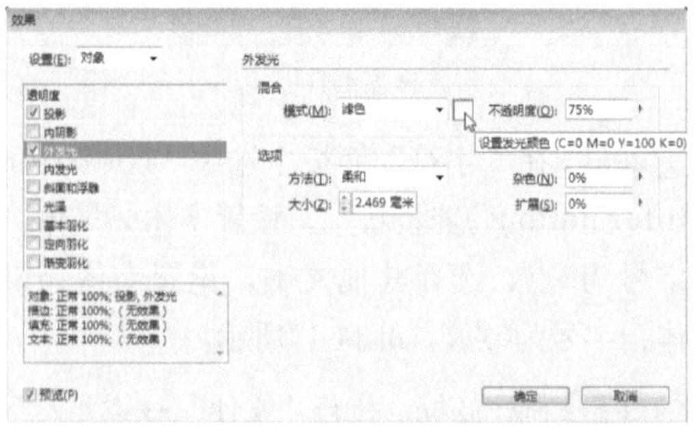

图4-25

STEP 25 单击“确定”按钮，文本效果如图4-26所示。

图4-26

STEP 26 选择文字工具，输入文本，设置字体为黑体、字号为11点，填色为白色，如图4-27所示。

图4-27

STEP 27 选择矩形工具，在第2~3条垂直参考线之间绘制矩形，设置填色为C30、M30、Y60、K0，描边为无，如图4-28所示。

图4-28

STEP 28 打开“光盘:\素材文件\模块04\任务1\配料.txt”文本素材，选中其中的文本将其复制到InDesign文档，设置字体为黑体、字号为9点、填色为白色，如图4-29所示。

图4-29

STEP 29 执行“文件”→“置入”命令，选择图像素材（“光盘:\素材文件\模块04\任务1\5.jpg和6.jpg”），单击页面，将图像置入文档中，调整大小及位置，如图4-30所示。

图4-30

STEP 30 执行“文件”→“置入”命令，将图像素材（“光盘:\素材文件\模块04\任务1\2.jpg”）置入文档中，如图4-31所示。

图4-31

STEP 31 按住Shift键选择刚才置入的商标等对象，复制选中的对象，然后将这些对象移到页面的右侧，如图4-32所示。

图4-32

STEP 32 选择文字工具，双击文本“浓香”，进入编辑状态，删除内容，然后输入“咖啡”，如图4-33所示。

图4-33

STEP 33 选择矩形工具，在页面上方绘制矩形，设置填色为C40、M50、Y65、K0，描边为无，如图4-34所示。

STEP 34 选择钢笔工具，在第3~4条垂直参考线之间的图像上方绘制形状，如图4-35所示。

STEP 35 在“色板”面板中确认填色为激活状态，单击色板中的纸色色块，为图形填充白色，如图4-36所示。

图4-34

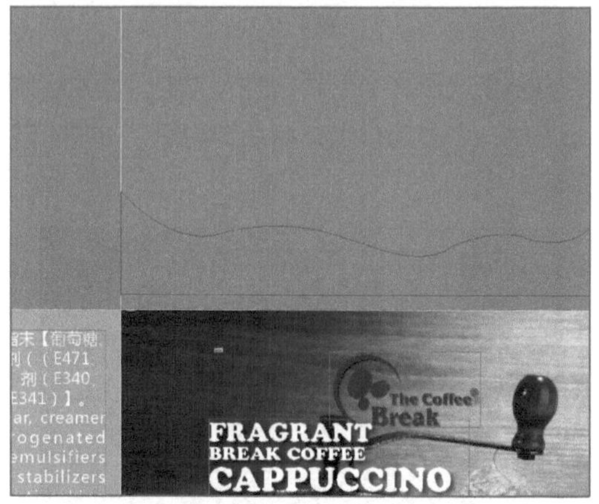

图4-35

图4-36

STEP 36 选择刚绘制的形状，复制一个，将其缩小，设置其填色为C60、M90、Y80、K40，描边为无，如图4-37所示。

STEP 37 选中商标对象，复制对象，将其移动到页面上方，如图4-38所示。

STEP 38 使用相同的方法，制作页面其他部分，效果如图4-39所示。

图4-37

图4-38

图4-39

STEP39 执行“窗口”→“图层”命令，打开“图层”面板，单击面板底部的“创建新图层”按钮，得到“图层2”，如图4-40所示。

STEP40 选择矩形工具，在两条水平参考线之间绘制矩形，设置填色为无、描边为白色，如图4-41所示。

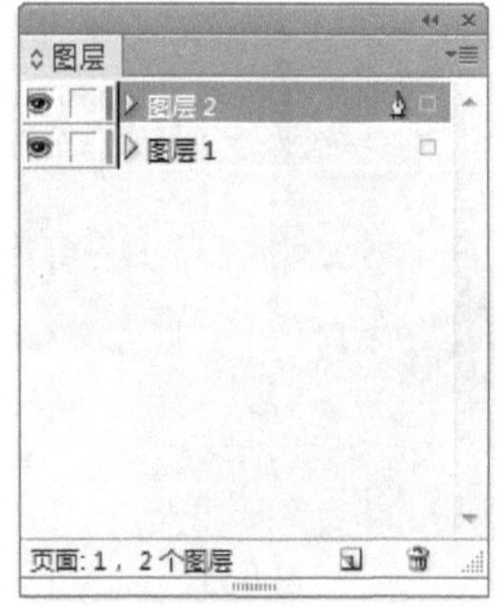

图4-40

图4-41

STEP41 打开“描边”面板，设置粗细为1点、类型为虚线，如图4-42所示。

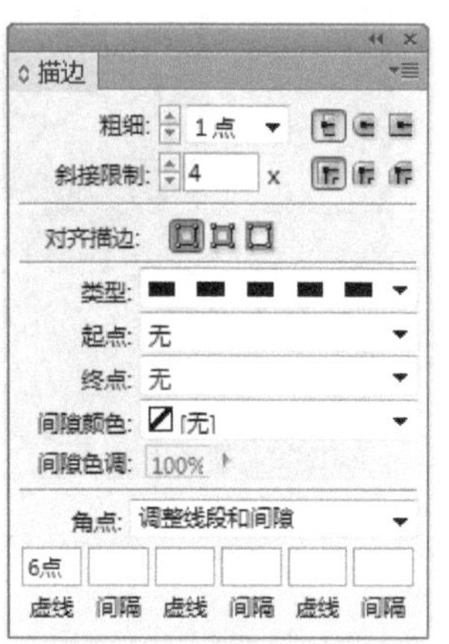

图4-42

STEP42 矩形边框线变成虚线，然后使用直线工具沿着中间墙的两侧绘制出4条直线，并设置成虚线，如图4-43所示。

图4-43

STEP 43 在横向标尺栏上按住鼠标左键不放向页面内拖拽，拖拽出一条垂直参考线，在“控制”面板中将Y设置为25毫米。使用相同的方法再设置一条Y为220毫米的水平参考线，使页面增加两条参考线，如图4-44所示。

图4-44

STEP 44 根据参考线的位置，使用直线工具绘制其他直线，并设置成虚线，预览效果如图4-45所示。

至此，完成本任务的设计。

图4-45

知识点拓展

知识点1　包装盒

包装盒是平面设计师常设计的一种产品类型，而纸箱纸盒则是目前国内外包装中使用最多、最广泛的一种形式。其原因是纸材料普遍易取、花色品种繁多、规格齐全、加工方便；另一个原因是纸箱纸盒便于销毁、容易回收并能保证成品质量稳定、价格合理、便于加工，因而受到广泛欢迎。

纸箱纸盒按几何形态可分为方形、圆形、圆柱形、三角形、菱形、梯形、球形等包装。按模拟形态可分为扇形、桃形、橘子形、金鱼形、模拟汽车和飞机等诸多自然形态的包装。按纸箱纸盒的结构形式主要可分为直线纸箱纸盒、盘状式纸箱纸盒、裱糊盒、姐妹纸箱纸盒、异形纸箱纸盒、手提纸箱纸盒、便利纸箱纸盒、展开式纸箱纸盒、具有搁板结构的纸箱纸盒。

提 示

纸箱纸盒的种类和包装设计是科学性和艺术性相结合的产物。消费对象、消费层次的不同，纸箱纸盒形态结构设计的要求也不相同。力求美观、新颖以表现出各类商品的个性特征是包装设计所要追求的。合理的结构、理想的选材是保护商品、方便携带、便于销售陈列、降低生产成本的要求。这是设计者必须要注意的问题。

知识点2　参考线的使用

参考线与网格的区别在于参考线可以在页面或粘贴板上自由定位。可以创建两种参考线，即页面参考线与跨页参考线，其中页面参考线只在页面上显示，而跨页参考线可跨越所有的页面。参考线可随其在图层同时显示或隐藏，如图4-46所示。参考线即排版设计中用于参考的线条，其用途为帮助定位，不参加打印。

图4-46

1. 新建参考线

要在当前页面、跨页的所在图层中新建参考线，可以执行下列操作之一。

在创建参考线之前，必须确保标尺和参考线处于可见状态。如果不可见，可执行“视图”→“显示标尺”命令。创建参考线的方法很简单，即选择工具箱中的选择工具，然后将鼠标指针移动到水平（或垂直）标尺上，待它变成双向箭头形状时，向下（或向右）拖拽鼠标。确定好参考线的位置，释放鼠标即可。

如果想要精确设置参考线，则可以按照以下操作方法进行设置。

STEP 01 执行“版面”→“创建参考线”命令，弹出“创建参考线”对话框，如图4-47所示。

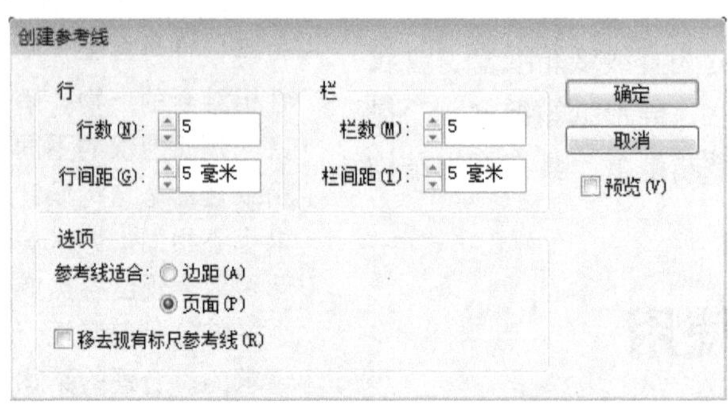

图4-47

STEP 02 在“创建参考线”对话框中进行参数的设定。设置好参数后，单击“确定”按钮，完成页面参考线的设定，如图4-48所示。

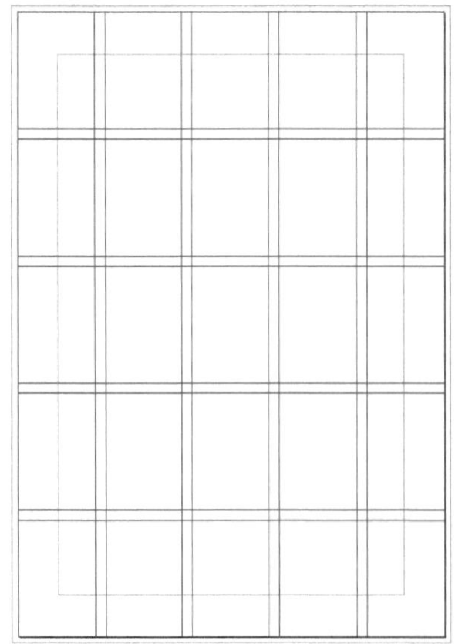

图4-48

提 示

默认状态下，页面参考线处于显示状态。可以通过执行“视图”→“网格和参考线”→“隐藏参考线”命令，将页面参考线隐藏。

其中，该对话框中各参数的含义介绍如下：

- 行数：设置参考线的行数。
- 行间距：设置参考线与参考线之间的距离。
- 栏数：设置创建参考线的栏数。
- 栏间距：设置栏与栏之间的距离。
- 参考线适合：选中“边距”单选按钮可以在页边距内的版心区域创建参考线；选中“页面”单选按钮将在页面的边缘内创建参考线。
- 移去现有标尺参考线：选中该复选框可以将版面内现有的所有参考线删除，包括锁定或隐藏图层上的参考线。
- 预览：选中该复选框可以预览页面上设置参考线的效果。

提 示

若要移动参考线位置，将其选中并拖拽即可。按住Shift键可以同时选中多条参考线。

2. 创建跨页参考线

创建跨页参考线的方法有以下3种。

（1）按住Ctrl键的同时将鼠标指针移动到水平或垂直标尺位置，按住鼠标向下或向右拖拽，到达目标位置后释放鼠标，即可创建跨页参考线。

（2）直接从水平或垂直标尺位置拖拽参考线到粘贴位置，然后再将其移动到页面目标位置，即可创建跨页参考线。

（3）在水平或垂直标尺位置双击鼠标，即可创建水平或垂直跨页参考线，如图4-49所示。

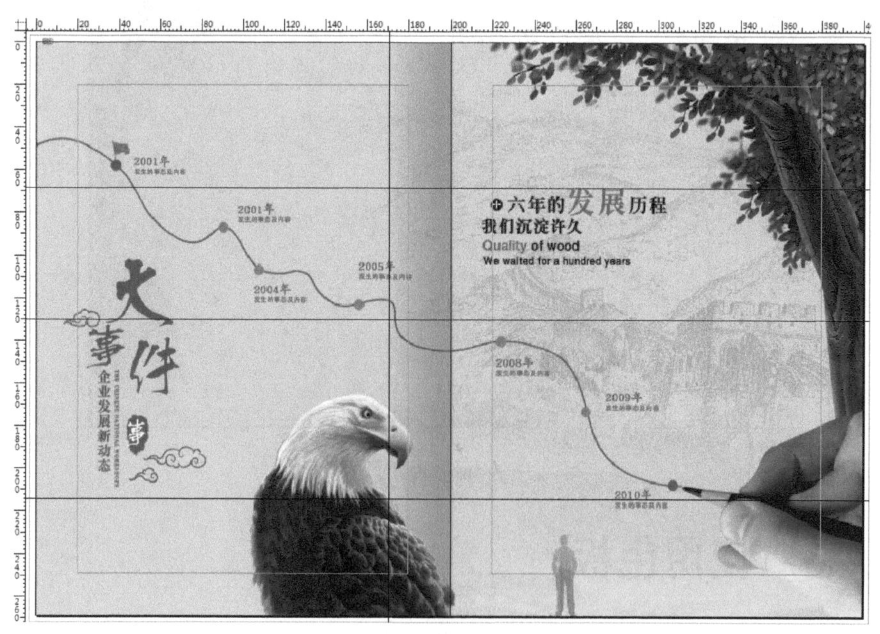

图4-49

3. 更改参考线的排列

在默认状态下，参考线位于所有对象之上，以便能更好地辅助排版对齐操作，但有时显示在对象之上，也会妨碍用户的使用，这时可以更改一下参考线的排列顺序。

执行“编辑”→“首选项”→“参考线和粘贴板”命令，弹出“首选项”对话框，选中“参考线和粘贴板”选项中的“参考线置后”复选框，如图4-50所示，即可将参考线移动到其他对象的后面，如图4-51所示。

> **提 示**
>
> 要使对象与参考线精确的靠齐，可使用“靠齐参考线”命令。当移动或是调整对象时，对象的边缘就将靠齐到最近参考线。

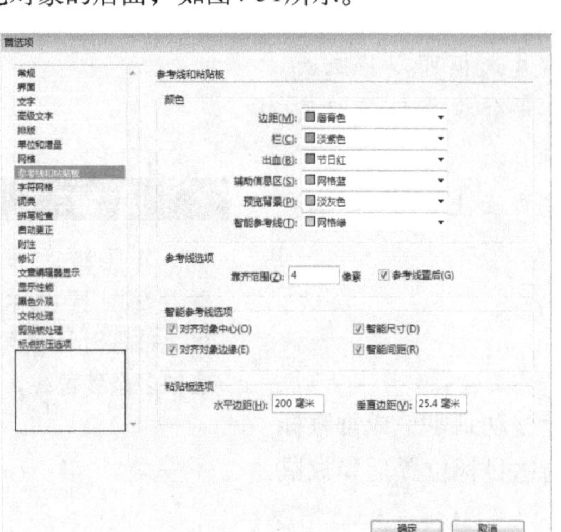

图4-50

> **提 示**
>
> 选择多个参考线，然后按Delete键进行删除。也可以一次性清除页面上的所有参考线：首先按Ctrl+Alt+G组合键，全选参考线，然后按Delete键即可全部删除。

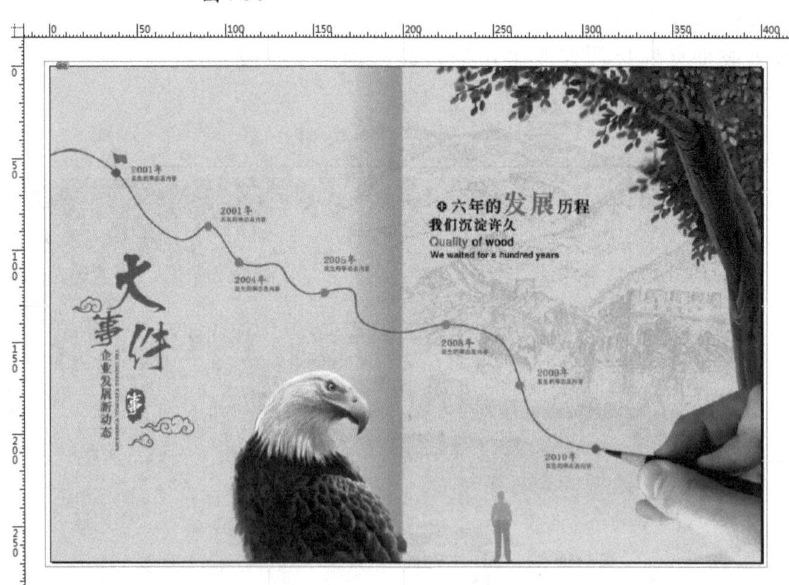

图4-51

知识点3　使用色板

在InDesign CS6中，可以将“颜色”、“渐变色”或“色板”面板中的色板快速应用于文字或对象。色板类似样式，对色板所做的任何更改都将影响应用该色板的对象。

1. 创建与编辑色板

色板可以包括专色或印刷色、混合油墨、RGB或Lab颜色、渐变或色调。置入包含专色的图像时，这些颜色将作为色板自动添加到“色板”面板中，可以继续将这些色板应用到文档中的对象上，但是不能重新定义或删除这些色板。

“色板”面板主要用来存放颜色，包括颜色、渐变和图案等。单击“色板”面板右上方的按钮，在打开的快捷菜单中执行“新建颜色色板”命令，如图4-52所示。通过此菜单，可以对色板进行详细的设置。

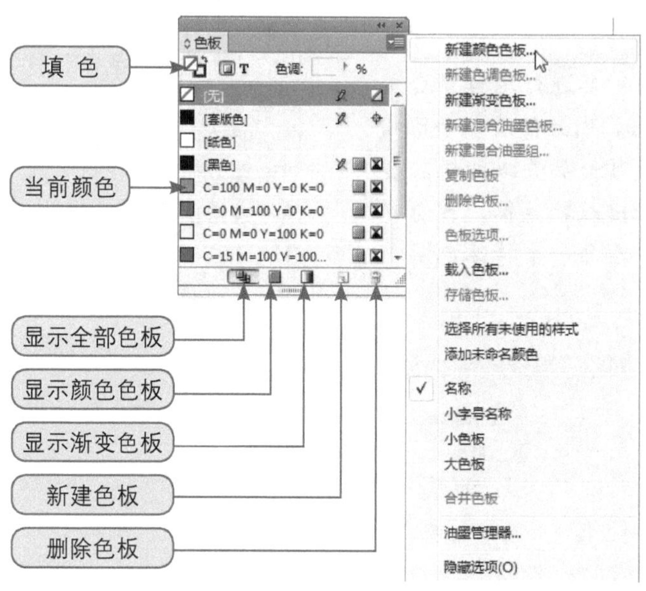

图4-52

默认情况下“色板”面板显示了所有的颜色信息，包括颜色和渐变，如果想单独显示不同的颜色信息，单击“显示颜色色板”。需要注意的是，在色板中，色块右侧带有标记的，表示不可编辑。

2. 在“色板”面板中添加颜色

色板中的前四种颜色（无色、纸色、黑色、套版色）是InDesign中内置的默认颜色，是不能被删除的。如果想在色板中添加颜色，需单击“色板”面板右上方的按钮，在打开的快捷菜单中执行“新建颜色色板”命令，弹出“新建颜色色板”对话框，对其进行参数设置，如图4-53和图4-54所示，即可建立新的颜色。

- 无色：即指删除在InDesign出版物对象中增加的任何颜色，它是一种使任意InDesign所画对象透

提 示

“色板”面板的中间区域是用来存储颜色色板的。默认的“色板”面板中显示6种用CMYK定义的颜色，分别是青色、洋红、黄色、红色、绿色、黑色。

提 示

初学者容易直接双击工具箱中的“填色”和“描边”图标，然后在弹出的“拾色器”对话框中设置颜色。这样操作的话，通常会忘记将颜色添加到“色板”中，这将给以后多次使用改颜色造成不便。

明的快速方法。对于一幅应用了InDesign颜色的输入图形而言，它也是一种将对象转换成原色的简单方法。

- 纸色：即指无油墨或让空。InDesign不将油墨应用于指定为纸色的区域或对象，包括纸色对象层叠在另一种彩色对象上的任一点。在此需要说明的是，纸色与白色不同，纸色的对象是无油墨的，而白色是上色的结果。
- 黑色：定义为设置成压印的黑色，不能对黑色进行编辑。如果要创建一个漏空的黑色，则需要复制默认黑色，并根据要求进行编辑，同时修改名字表示它是漏空的黑色。
- 套版色：同黑色一样，不能对其进行编辑。套版色也定义CMYK值都为100%，因此任意一个已指定这种颜色的对象能分色成每一层叠或印版。套版色可用于任何情况，例如出版物注释，或自定的周边十字线等那些想要印在每一个特殊色层，或印刷色分色片上的东西。

提 示

单击“色板”面板右侧的倒三角按钮，在弹出的下拉菜单中执行“新建渐变色板”命令，在弹出的“新建渐变色板”对话框中即可设置渐变颜色。此外，还可以使用“渐变”面板，这对于创建不经常使用的渐变色很有用。

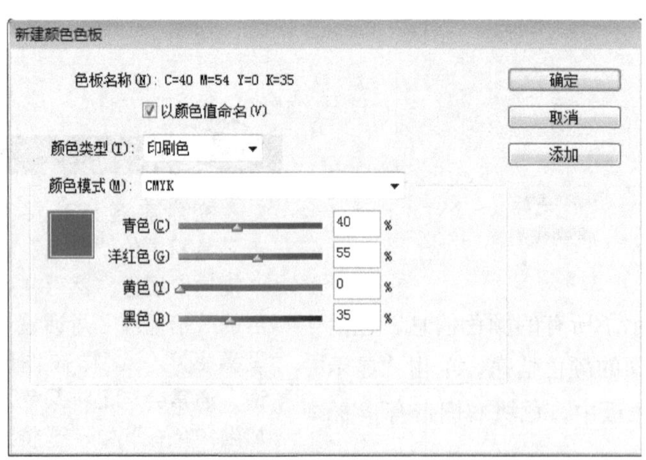

图4-53

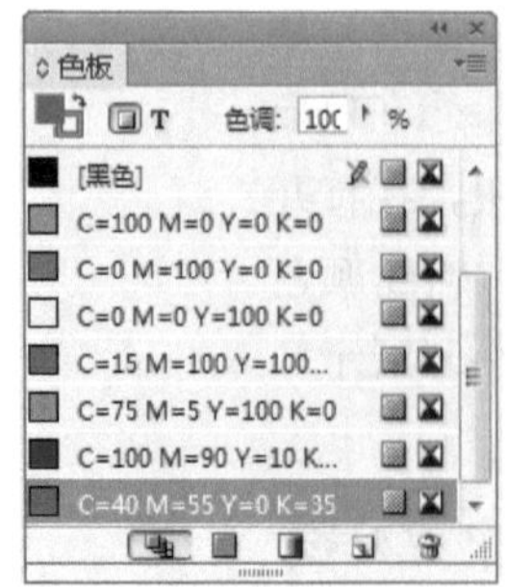

图4-54

知识点4　对象效果

在InDesign CS6中，可以通过不同的方式在作品中加入透明效果。除此以外，还可以对对象添加投影、边缘羽化或者置入其他软件中制作的带有透明属性的原始文件。

执行“对象”→“效果”命令，可以看到对象的各种效果，如图4-55所示。

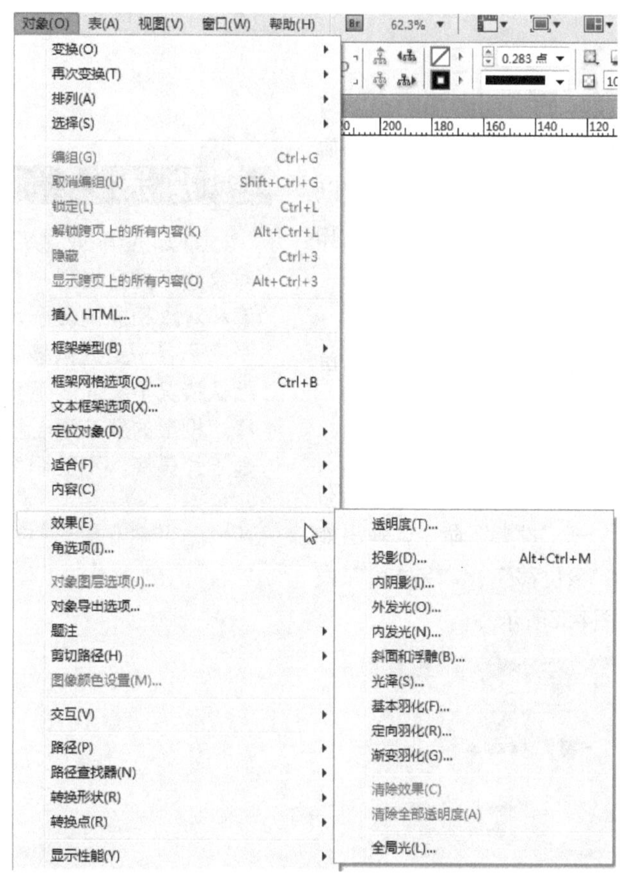

图4-55

> **提 示**
>
> 在“效果”对话框中设置不透明度的“模式”选项与在Photoshop中设置一样。在对象上应用混合模式时，其颜色会与下面的所有对象混合。如果希望将混合范围限制于特定对象，可以先对那些对象进行编组，然后对该组应用“分离混合”功能。

透明度效果

使用“透明度”，可以指定对象的不透明度以及与其下方对象的混合方式，既可以选择对特定对象执行分离混合，也可以选择让对象挖空某个组中的对象，而不是与之混合。

默认情况下，创建对象或描边、应用填色或输入文本时，这些项目显示为实底状态，即不透明度为 100%，可以通过多种方式使项目透明化。例如，可以将不透明度从 100%（完全不透明）改变到 50%（半透明），降低不透明度后，就可以透过对象、描边、填色或文本看见下方的图稿，如图4-56所示。

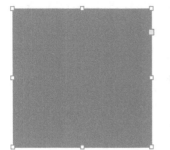

图4-56

1. 投影

投影即在对象、描边、填色或文本的后面添加阴影。可以使用投影效果创建三维阴影。可以让投影沿X轴或Y轴偏离，还可以改变混合模式、颜色、不透明度、距离、角度以及投影的大小。使用以下选项可以确定投影是如何与对象和透明效果相互作用的。

（1）对象挖空阴影：对象显示在它所投射阴影的前面。

（2）阴影接受其他效果：投影中包含其他透明效果。单击“控制”面板中的投影按钮，以将投影快速应用于对象、描边、填色或文本或将其中的投影删除。

执行“对象”→“效果”→“投影”命令，或在对象上右击，在弹出的快捷菜单上执行“效果”→“投影”命令，弹出如图4-57所示的“效果”对话框，设置“X位移”、“Y位移”或选中“使用全局光”复选框的效果如图4-58所示。

提 示

添加投影效果后，对象的下方会出现一个轮廓和对象相同的影子，这个影子有一定的偏移量，默认情况下会向右下角偏移。投影的默认混合模式是正片叠底、不透明度为75%。

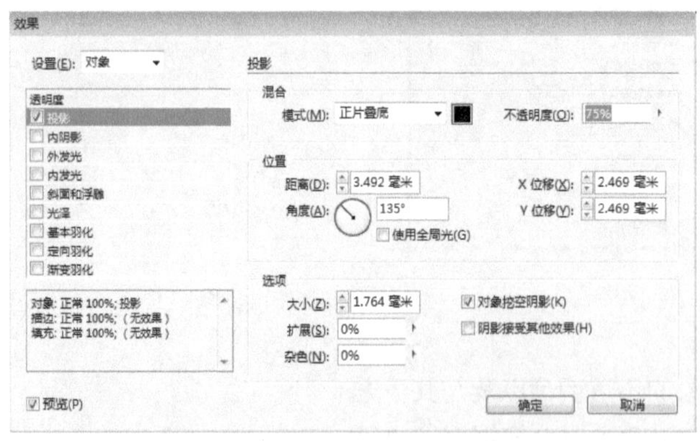

图4-57

X轴调整

Y轴调整

全局光

图4-58

2. 内阴影

在“效果”对话框中，选中左侧的“内阴影”复选框，右侧将显示出“内阴影”的属性选项，如图4-59所示，可以为紧靠在对象、描边、填色或文本的边缘内添加阴影，使其具有凹陷外观。

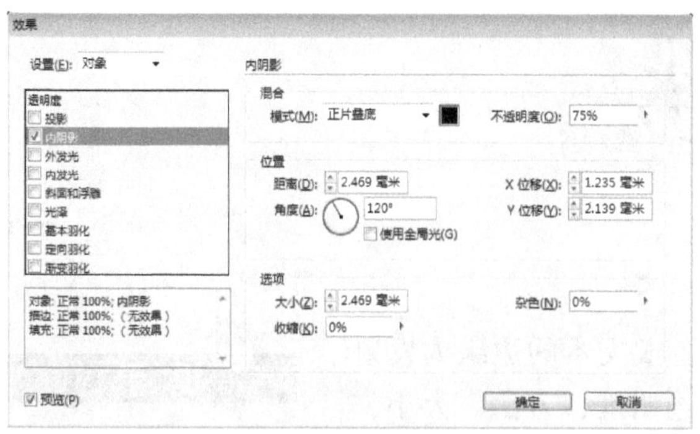

图4-59

内阴影效果将阴影置于对象内部，可以改变混合模式、不透明度、距离、角度、大小、杂色和阴影的收缩量，效果如图4-60所示。

X轴调整

Y轴调整

全局光

杂色

图4-60

3. 外发光

外发光添加从对象、描边、填色或文本的边缘外发射出来的光。外发光效果使光从对象下面发射出来。可以设置混合模式、不透明度、方法、杂色、大小和扩展。在“效果”对话框中，选中左侧的“外发光”复选框，右侧将显示出“外发光”的属性选项，如图4-61所示，单击“确定”按钮，设置了“外发光”的对象效果如图4-62所示。

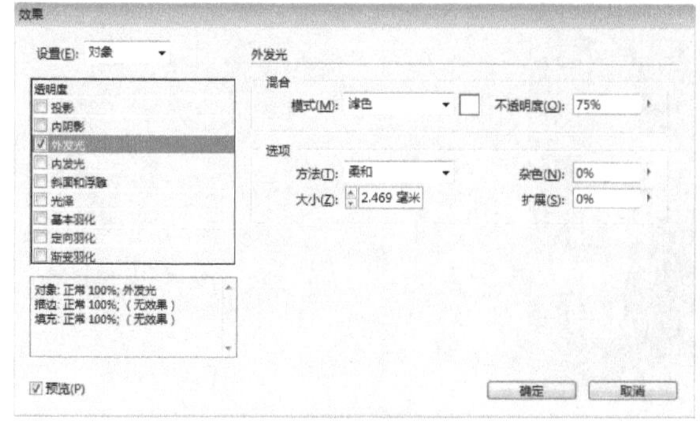

图4-61

提 示

在添加了“内阴影”的对象的上方就好像多出了一个透明的层（黑色），默认情况下混合模式是正片叠底、不透明度为75%。“内阴影”的很多选项和“投影”是一样的，“投影”效果可以理解为一个光源照射平面对象的效果，而“内阴影”则可以理解为光源照射球体的效果。

图4-62

4. 内发光

内发光添加从对象、描边、填色或文本的边缘内发射出来的光。可以选择混合模式、不透明度、方法、大小、杂色、收缩以及源设置。选中“效果”对话框左侧的“内发光”复选框；在“选项”区域的“源”文本框中指定发光源：选择“中心”使光从中间位置放射出来；选择“边缘”，使光从对象边界放射出来。当“内发光”选项如图4-63所示时，对象效果如图4-64所示。

> **提 示**
>
> “杂色”选项用来为光线部分添加随机的透明点，设置值越大，透明点越多，可以用来制作雾气缭绕或者毛玻璃的效果。

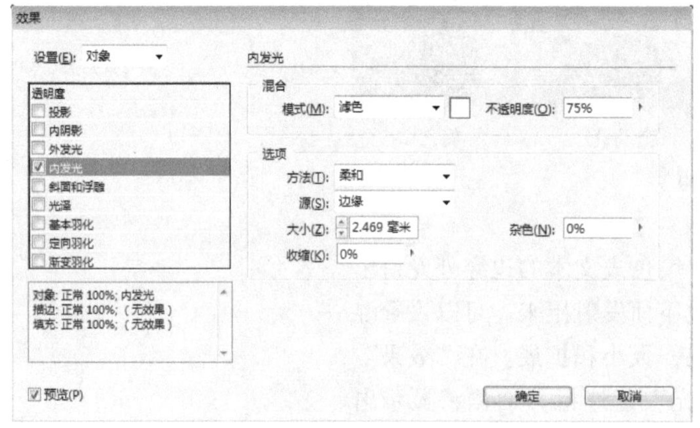

图4-63

图4-64

5. 斜面和浮雕

添加各种高亮和阴影的组合以使文本和图像具有三维外观。使用斜面和浮雕效果可以赋予对象逼真的三维外观。选中“效果”对话框左侧的“斜面和浮雕”复选框，右侧将显示出“斜面和浮雕”的属性选项，如图4-65所示。

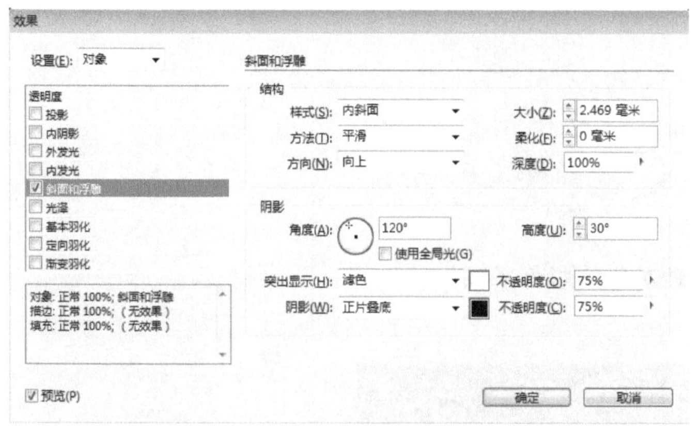

图4-65

提 示

斜面和浮雕的样式包括“内斜面”、“外斜面”、“浮雕”和“枕形浮雕”。虽然它们的选项都是一样的，但是制作出来的效果却大相径庭。

“结构”区域用于确定对象的大小和形状，可以通过设置其样式、大小、方法、柔化、方向和深度来改变效果。

样式用于指定斜面样式，例如，外斜面：在对象的外部边缘创建斜面；内斜面：在内部边缘创建斜面；浮雕：模拟在底层对象上凸饰另一对象的效果；枕状浮雕：模拟将对象的边缘压入底层对象的效果，如图4-66所示。

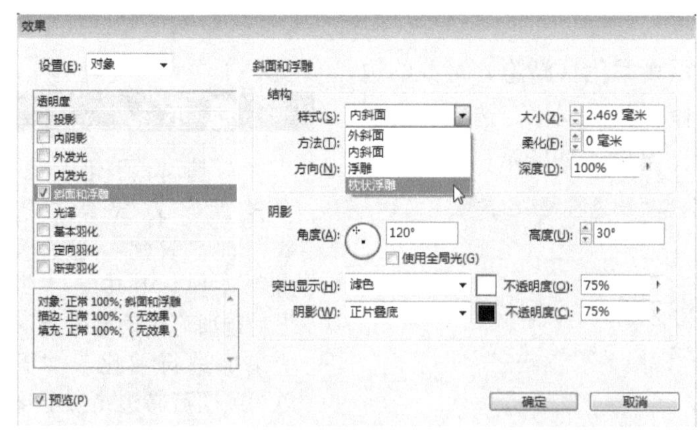

图4-66

提 示

“方法”选项包括“平滑”、“雕刻柔和”、“雕刻清晰”三种设置。其中，“平滑”是默认值，选中这个值可以对斜角的边缘进行模糊，从而制作出边缘光滑的高台效果。

6. 光泽

添加形成光滑光泽的内部阴影。使用光泽效果可以使对象具有流畅且光滑的光泽。可以选择混合模式、不透明度、角度、距离、大小设置以及是否反转颜色和透明度。在“效果”对话框左侧选中“光泽”复选框，右侧将显示出“光泽”的属性设置，如图4-67所示。

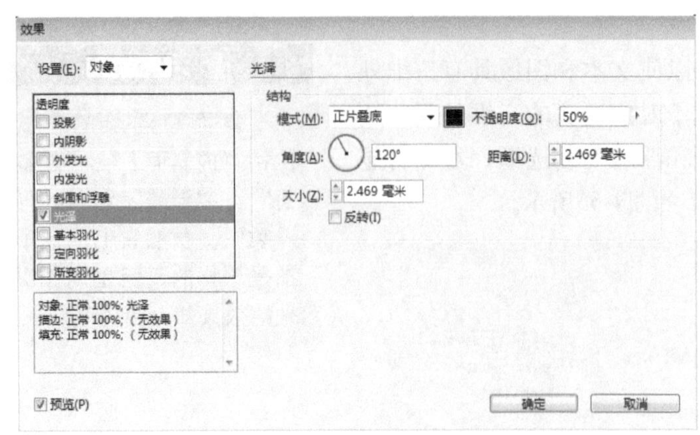

图4-67

选中“反转”复选框可以反转对象的彩色区域与透明区域，反转效果如图4-68所示。

未反转　　　　已反转

图4-68

7. 基本羽化

使用羽化效果可按照指定的距离柔化（渐隐）对象的边缘。在“效果”对话框的左侧选择“基本羽化”选项，右侧将显示出“基本羽化”的选项设置，如图4-69所示。

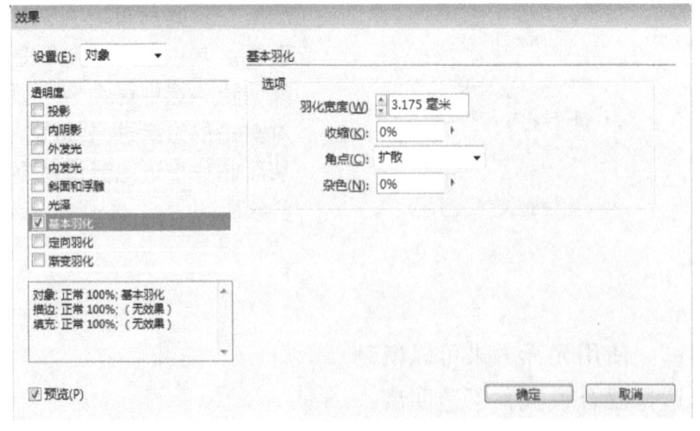

图4-69

“基本羽化”选项组中各选项中包括羽化宽度、收缩、角点和杂色。其中，杂色用于指定柔化发光中随机元素的数

提 示

“基本羽化”的“角点”方式有“扩散”、“锐化”和“圆角”三种。其中，“锐化”选项可精确地沿着形状边缘进行羽化；“圆角”选项可将边角按羽化宽度修成圆角。

量。使用此选项可以柔化发光，效果如图4-70所示。

普通羽化

运用杂色

图4-70

8. 定向羽化

定向羽化效果可使对象的边缘沿指定的方向渐隐为透明，从而实现边缘柔化。例如，可以将羽化应用于对象的上方或下方，而不是左侧或右侧。

在“效果”对话框的左侧选中“定向羽化”复选框，则在右侧显示出“定向羽化”的属性设置（如图4-71所示），设置完成后单击“确定”按钮即可，其效果如图4-72所示。

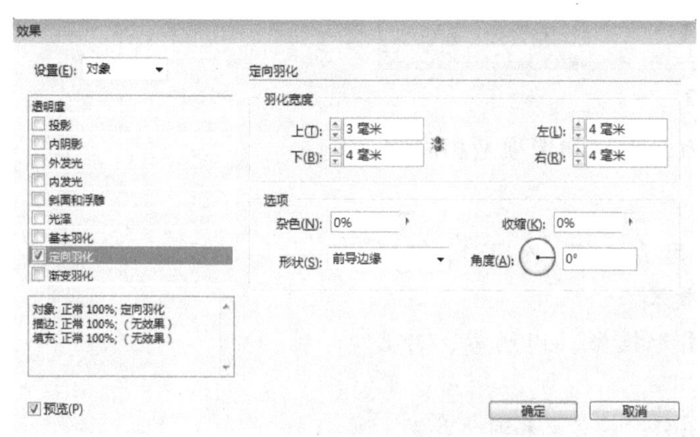

图4-71

图4-72

提 示

在“羽化宽度”选项中，分别包括上、下、左、右四个参数设置，参数值越大，虚化范围越宽；参数值越小，虚化范围越窄。

定向羽化选项区中包括羽化宽度、杂色、收缩、形状、角度。

9. 渐变羽化

渐变羽化包括渐变色标、反向渐变、不透明度、位置、类型和角度。

使用渐变羽化效果可以使对象所在区域渐隐为透明，从而实现此区域的柔化。在“效果”对话框的左侧选中“渐变羽化”复选框，右侧将显示出“渐变羽化”的属性设置，如图4-73所示。

提 示

“渐变羽化”可以使对象由一侧到另一侧创建出线性渐隐效果，也可以使对象由中心到边缘创建出径向渐隐或渐显效果。用户可以在渐变色条的下方的空白处单击来添加色标，以设置出复杂的渐变羽化效果。

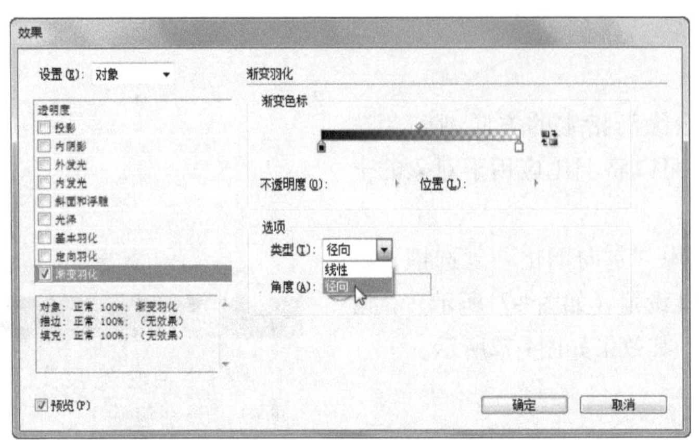

图4-73

在不同效果中，许多透明效果设置和选项是相同的。其中：

- “角度和高度”设置适用于投影、内阴影、斜面和浮雕、光泽以及羽化效果。
- “混合模式”设置适用于投影、内阴影、外发光、内发光和光泽效果。
- “收缩”设置适用于内阴影、内发光和羽化效果。
- “杂色”设置适用于投影、内阴影、外发光、内发光和羽化效果。
- “不透明度”设置适用于投影、内阴影、外发光、内发光、渐变羽化、斜面和浮雕以及光泽效果。
- “大小”设置适用于投影、内阴影、外发光、内发光和光泽效果。
- “使用全局光”设置适用于投影、斜面和浮雕以及内阴影效果。
- “X 位移和 Y 位移”设置适用于投影和内阴影效果。

混合模式

使用“透明度”中的混合模式，可在两个重叠对象间混合颜色。利用混合模式，可以更改上层对象与底层对象间颜色的混合方式。执行“对象”→“效果”→“透明度”命令，弹出“效果”对话框，选中左侧的“透明度”复选框，则右侧显示出“透明度”属性选项，如图4-74所示。使用各种模式后的效果如图4-75所示。

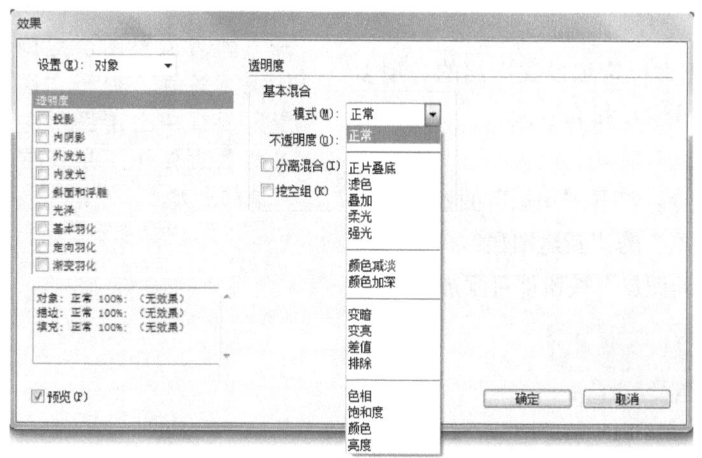

图4-74

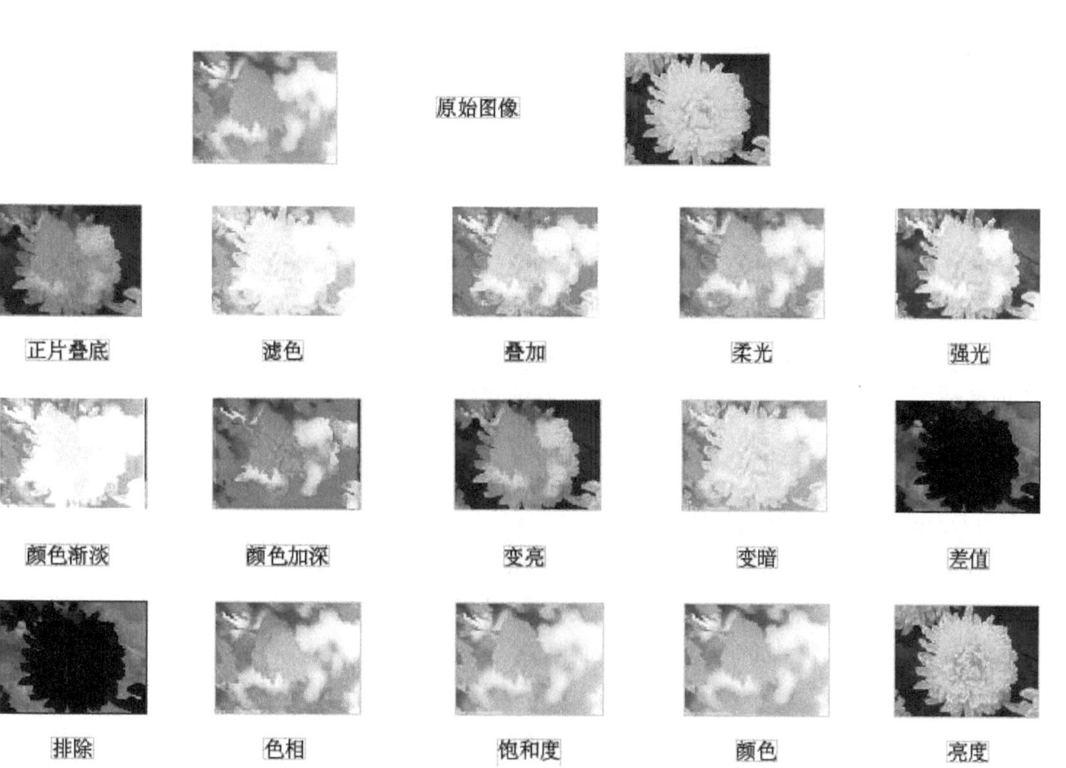

图4-75

知识点5　使用图层

每个文档都至少包含一个已命名的图层，通过使用多个图层，可以创建和编辑文档中的特定区域或各种内容，而不会影响其他区域或其他种类的内容。还可以使用图层来为同一个版面显示不同的设计思路，或者为不同的区域显示不同版本的广告。

1.“图层”面板

在“图层”面板中，可根据面板选项设置图层的各项参数。熟练运用“图层”面板有利于灵活排布版面。

2. 创建图层

执行“窗口”→“图层”命令，打开“图层”面板，如图4-76所示。使用“图层”面板菜单上的“新建图层”命令，或单击“图层”面板底部的“创建新图层”按钮都可添加图层。

图4-76

在此需要说明的是，若要在“图层”面板列表的顶部创建一个新图层，则可以单击“创建新图层”按钮。若要在选定图层上方创建一个新图层，则可在按住Ctrl键的同时单击“创建新图层”按钮。若要在所选图层下方创建新图层，则可在按住Ctrl+Alt组合键的同时单击“创建新图层”按钮。

3. 编辑图层

InDesign CS6拥有强大的图层功能，可以将页面中不同类型的对象置于不同的图层中，便于进行编辑和管理。此外，对于图层中不同类型的对象还可以设置透明、投影、羽化等多种特殊效果，使出版物的页面效果更加丰富、完美。

（1）图层选项。

在“图层”面板菜单中单击“创建新图层”按钮或双击现有的图层，如图4-77所示；弹出“图层选项”对话框，如图4-78所示。

提 示

按住图层栏上下拖拽，当到其他栏间时松开，即可调整图层之间的上下关系。处于“图层”面板中上层图层中的对象也处于下层图层对象的上方。

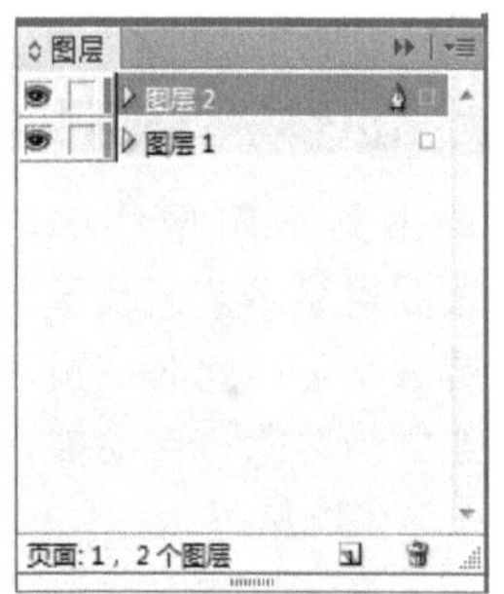

图4-77

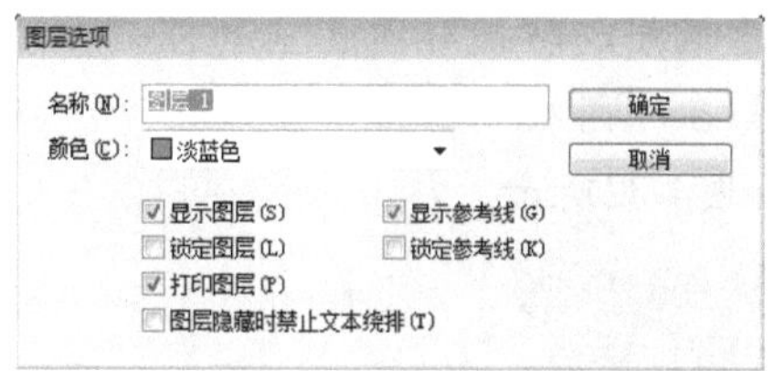

图4-78

"图层选项"对话框中各选项的含义如下：

- 颜色：指定颜色以标识该图层上的对象，在"图层选项"对话框中单击"颜色"文本框右侧的下拉按钮，在其下拉列表中可以为图层指定一种颜色，如图4-79所示。

提 示

在"图层"面板中，显示钢笔图标的图层为当前目标图层，在页面中创建或置入的任何对象都处在当前图层中。用户不能在隐藏的图层上绘制或置入新对象，也不能对隐藏图层中的对象进行打印输出。

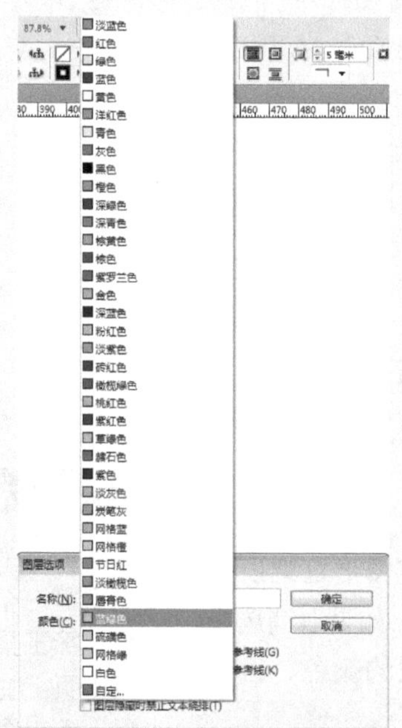

图4-79

- 显示图层：选中此复选框可以使图层可见，如图4-80所示。其与在"图层"面板中使眼睛图标可见的效果相同，如图4-81所示。

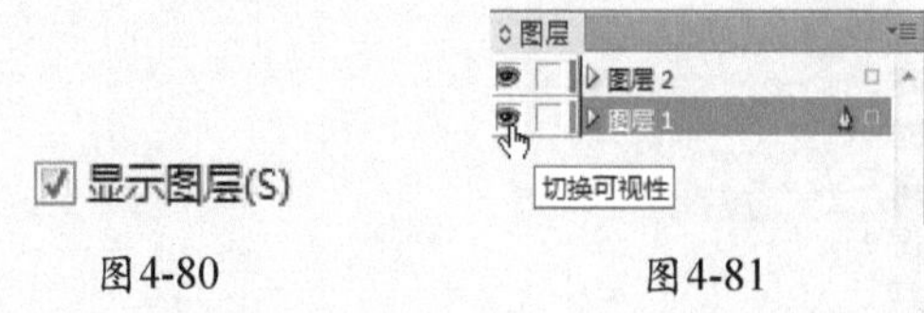

图4-80　　图4-81

- 显示参考线：选中此复选框可以使图层上的参考线可见。若没有为图层选中此复选框，即使执行"视图”→“网格和参考线”→“显示参考线”命令，参考线也不可见。

- 锁定图层：选中此复选框可以防止对图层上的任何对象进行更改。其与在“图层”面板中使锁图标可见的效果相同，如图4-82所示。

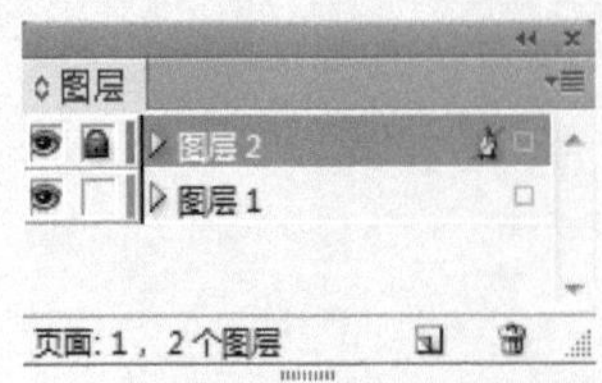

图4-82

- 锁定参考线：选中此复选框可以防止对图层上的所有标尺参考线进行更改。
- 打印图层：选中此复选框可允许图层被打印。当打印或导出PDF时，可以决定是否打印隐藏图层和非打印图层。
- 图层隐藏时禁止文本绕排：在图层处于隐藏状态并且该图层包含应用了文本绕排的文本时，如果要使其他图层上的文本正常排列，则选中此复选框。

提 示

单击某个图层栏名称，该图层显示蓝色表示该图层被激活，此时在页面中建立的对象将自动被放置在这个图层中。

（2）图层颜色。

指定图层颜色便于区分不同选定对象的图层。对于包含选定对象的每个图层，“图层”面板都将以该图层的颜色显示一个点，如图4-83所示。

在页面上，每个对象的选择手柄、外框、文本端口、文本绕排边界（如果使用）、框架边缘（包括空图形框架所显示的X）和隐藏字符中都将显示其图层的颜色。如果取消选择的框架的边缘是隐藏的，则该框架不显示图层的颜色。设置图层颜色的方法如下：

①在“图层”面板中，双击一个图层或者选择一个图层并在图层上右击，在弹出的快捷菜单中执行“‘图层n’的图层选项”（n为图层号，如图层1）命令。

②在“颜色”面板中，选择一种颜色，或选择“自定义”在系统拾色器中指定一种颜色。

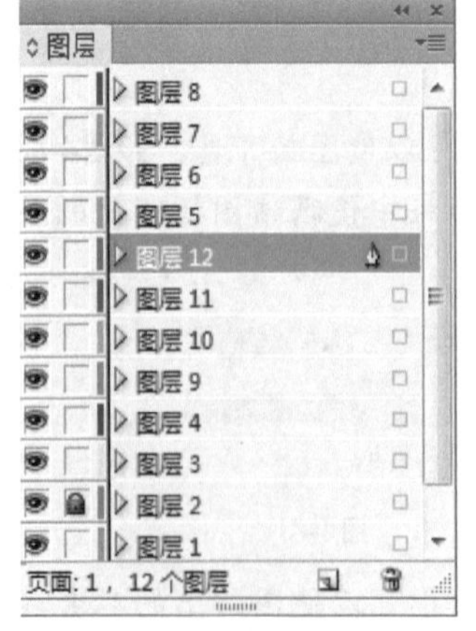

图4-83

提 示

要将对象移动或复制到另一个图层中，可使用选择工具选择文档页面或主页上的一个或多个对象，单击图层列表右侧的“指定选定的项目”的彩色点，并拖拽到另一个图层的彩色点上即可。

Id 独立实践任务

任务2　设计制作蛋糕包装盒

任务背景和要求

此任务是为某蛋糕店设计一款蛋糕包装盒，包装盒将彩色精美印刷。

任务分析

首先计算尺寸，然后将图片文字对应放在包装盒的相应位置，最后参照实物绘制模切板。

任务素材

包装盒底纹及所需图案（“光盘:\素材文件\模块04\任务2”目录中）。

任务参考效果图

本任务的最终效果文件在“光盘:\素材文件\模块04\任务2”目录中。

Id 职业技能考核

一、选择题

1. 设定渐变色时，在渐变色条下方单击鼠标，可增加一个表示新颜色的三角形滑块，同时也增加一个表示中间色的菱形滑块，三角形滑块和菱形滑块数量的关系是（　）。

A. 三角形滑块的数量始终比菱形滑块的数量多

B. 三角形滑块的数量始终比菱形滑块的数量少

C. 三角形滑块的数量和菱形滑块的数量一样多

D. 三角形滑块的数量和菱形滑块的数量是倍数关系

2. InDesign CS6可以直接打开（　）软件版本产生的文件。

A. Word 2003

B. QuarkXpress 4.0

C. Photoshop

D. PageMaker 6.5

3. 下列（　）操作可以把浮动面板从面板组中分离出来。

A. 从“窗口”菜单中选择要分离面的名称

B. 从面右上角的弹出菜单中执行合适的命令

C. 单击面标签，并按住鼠标将其拖拽到新位置

D. 按键盘上Tab键

4. 在设计制作过程中，对于标志等矢量图形，应优先使用（　）格式。

A. AI　　　　B. JPEG

C. BMP　　　　D. GIF

二、填空题

1. __________是指颜色的基本相貌，是颜色彼此区别的最主要、最基本的特征。

2. __________是指颜色的纯洁性。

3. 在InDesign CS6中，可以将印刷色指定为__________。

4. __________是指一种预先混合好的特定彩色油墨，如荧光黄色、珍珠蓝色、金属金银色油墨等。

5. __________专色色库中的颜色色域很宽，超过了 RGB的表现色域。

6. 在同一文档中，同时使用__________油墨和__________油墨是可行的。

模块 05 设计制作光盘和盘套

本任务效果图：

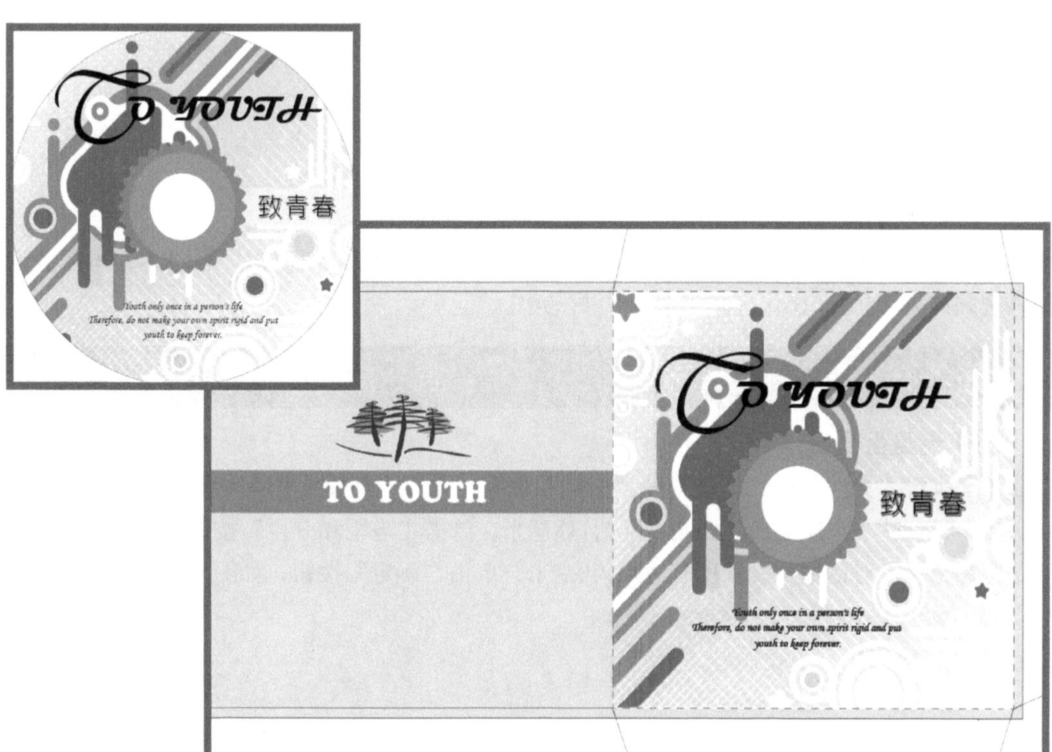

软件知识目标：

1. 掌握图形绘制工具的使用方法
2. 掌握对齐和路径查找器的使用方法
3. 掌握“描边”面板的使用方法

专业知识目标：

1. 了解光盘的设计常识
2. 了解专色印刷

建议课时安排：4课时（讲课2课时，实践2课时）

Id 模拟制作任务

任务1　设计制作光盘和盘套

任务背景

上海蓝海乐团需要设计一款光盘盘面和光盘的封套。光盘盘面需要采用丝网彩色印刷，封套需要采用彩色印刷。

任务要求

客户提供了图片和文字，光盘为标准的DVD光盘，设计风格可以由设计师自由发挥。

尺寸要求：光盘尺寸直径118mm，封套尺寸为260mm×160mm。

任务分析

设计师在设计之前一定要将尺寸计算好。

最终效果

本任务素材文件和最终效果文件在“光盘:\素材文件\模块05\任务1”目录中，本任务的操作视频详见“光盘:\操作视频\模块05”目录中。

任务详解

制作光盘盘面

STEP 01 执行“文件”→“新建”→“文档”命令，弹出“新建文档”对话框，在该对话框中设置 “宽度”为118毫米、“高度”为118毫米，单击“边距和分栏”按钮，在弹出的“新建边距和分栏”对话框中设置所有边距为0毫米，单击“确定”按钮，如图5-1所示。

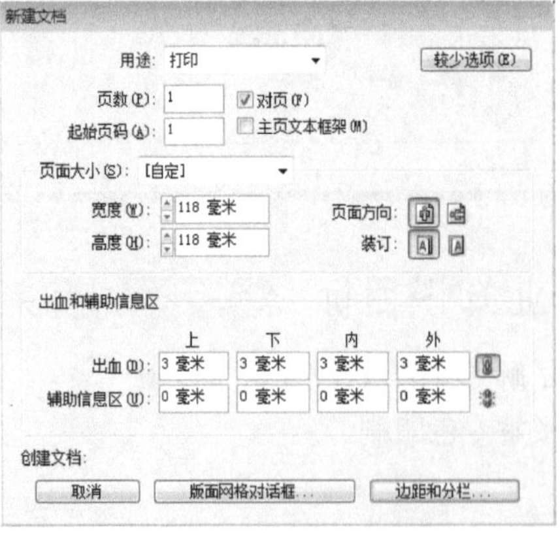

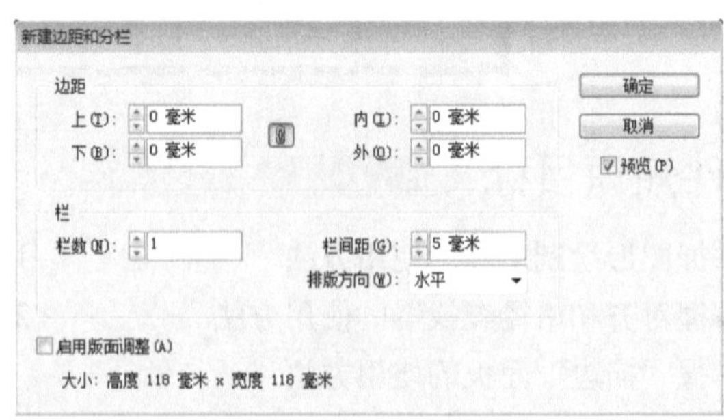

图5-1

STEP 02 此时新建立的空白文档显示效果如图5-2所示。

STEP 03 单击工具箱中的椭圆工具，在页面内单击，在弹出“椭圆”对话框中设置宽度、高度均为118毫米，单击“确定”按钮，如图5-3所示。

图5-2

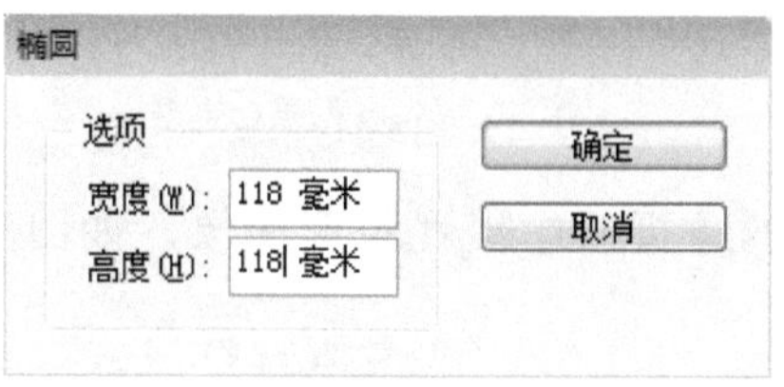

图5-3

STEP 04 页面中出现一个圆形，使用选择工具选中圆形并移动到页面的中心位置，如图5-4所示。

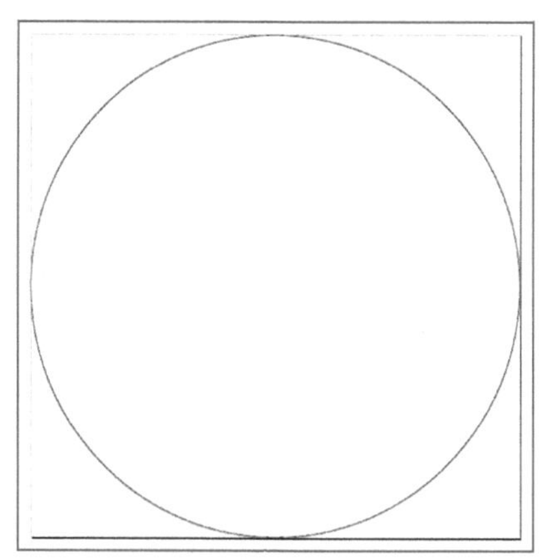

图5-4

STEP 05 执行“文件”→“置入”命令，打开“置入”对话框，选择图像素材（“光盘:\素材文件\模块05\任务1\2.jpg”），单击“打开”按钮，如图5-5所示。

STEP 06 此时图像置入圆形中，使用选择工具选中图像，右击，在弹出的快捷菜单中执行“适合”→“使内容适合框架”命令，如图5-6所示。

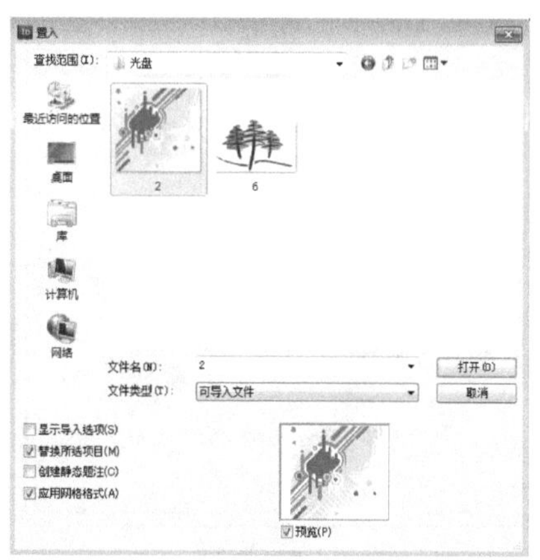

图5-5

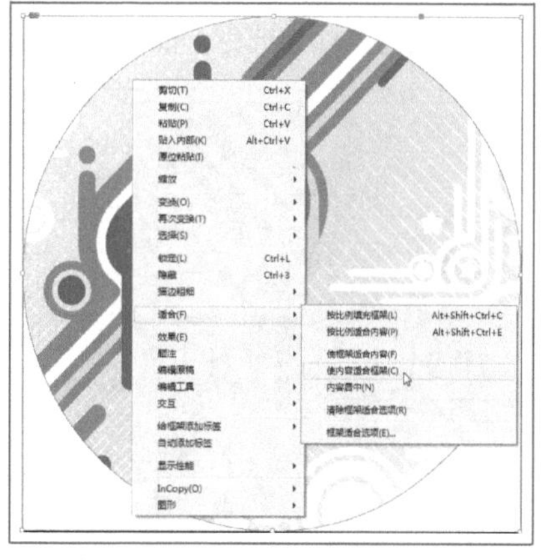

图5-6

STEP 07 此时置入的图像将根据形状调整大小，如图5-7所示。

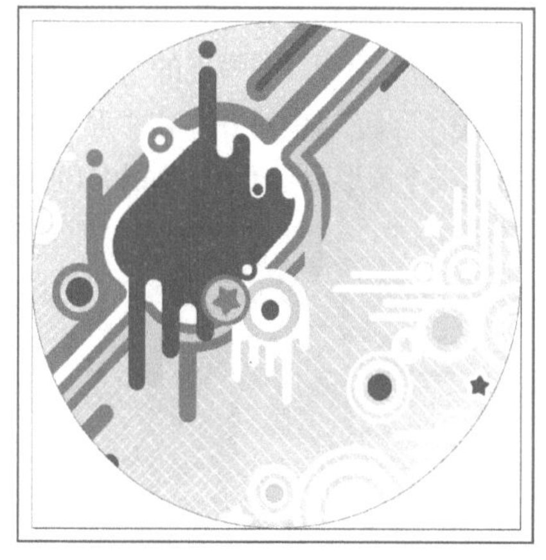

图5-7

STEP 08 使用同样的方法，绘制一个直径36毫米的圆形，将描边设置为无，填色设置为C0、M0、Y0、K50，如图5-8所示。

01 02 03 04 05 06 07 08 09 10 11 12

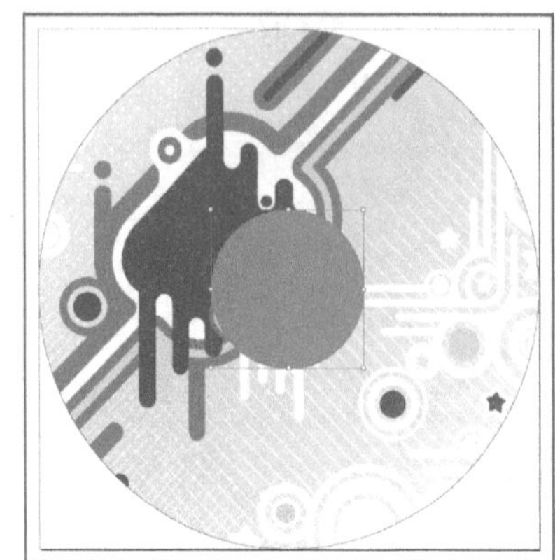

图5-8

STEP 09 绘制一个直径22毫米的圆形，将描边设置为无，填色设置为纸色，如图5-9所示。

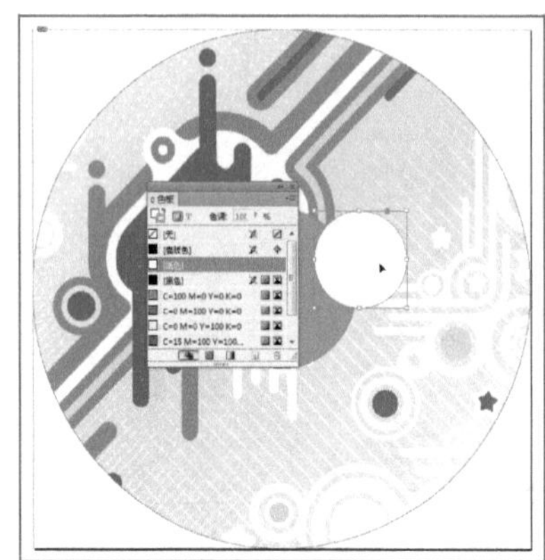

图5-9

STEP 10 单击选择工具，按住Shift键的同时选中3个圆形，执行“窗口”→“对象和版面”→“对齐”命令，在弹出的“对齐”面板中依次单击“水平居中对齐”和“垂直居中对齐”按钮，3个圆形圆心重合，如图5-10所示。

图5-10

STEP 11 选择工具箱中的多边形工具，在页面中单击，在弹出的“多边形”对话框中设置多边形的宽度和高度为45毫米、边数为30、星形内陷为10%，单击“确定”按钮，如图5-11所示。

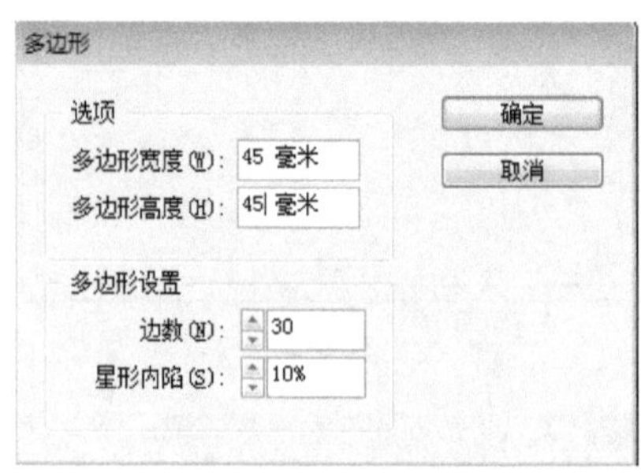

图5-11

STEP 12 页面中出现星形图像，如图5-12所示。

图5-12

STEP 13 选择工具箱中的椭圆工具，绘制一个宽度和高度为44毫米的圆形，如图5-13所示。

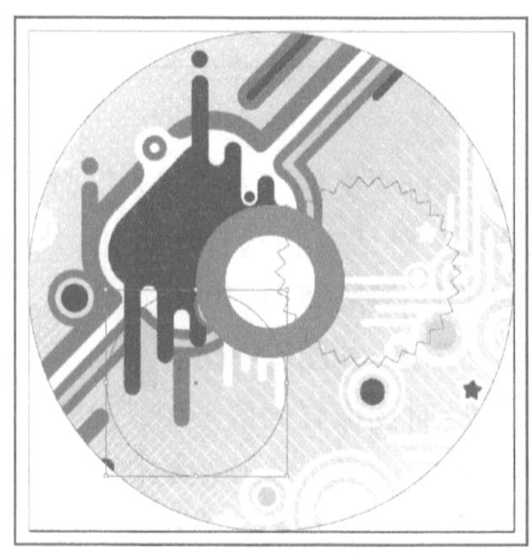

图5-13

STEP 14 按住Shift键选择圆形和星形，依次单击“对齐”面板中的“水平居中对齐”和“垂直居中对齐”按钮，使星形和圆形的圆心重合，如图5-14所示。

图5-14

STEP 15 执行“窗口”→“对象和版面”→“路径查找器”命令，弹出“路径查找器”面板，在该面板中单击“交叉”按钮，如图5-15所示。

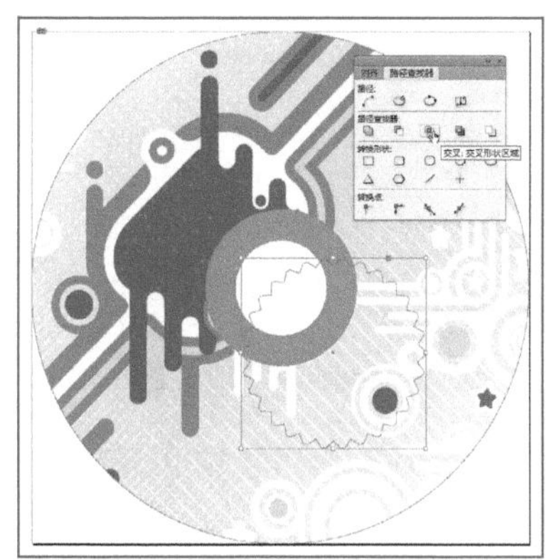

图5-15

STEP 16 将多边形的描边设置为无，填色设置为C60、M35、Y30、K0，然后调整位置使其与圆形圆心重合，如图5-16所示。

STEP 17 选中多边形，连续按Ctrl+[组合键，将多边形放置在两个小圆的后面，如图5-17所示。

STEP 18 选择矩形工具，绘制一个矩形，设置填色为C0、M0、Y100、K0，描边为无，连续按Ctrl+[组合键，将矩形放置在多边形的后面，如图5-18所示。

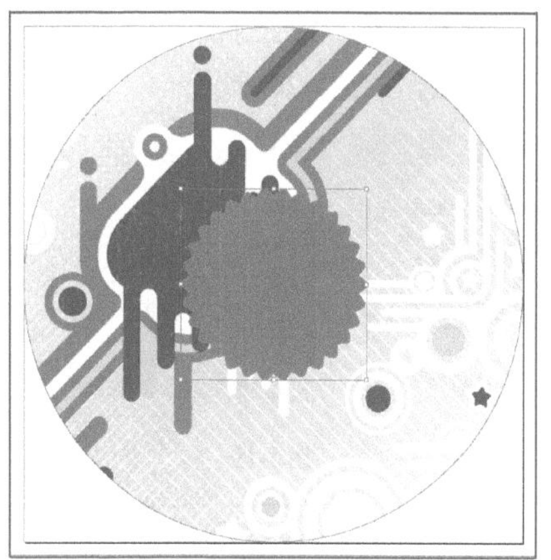

图5-16

图5-17

图5-18

STEP 19 执行“对象”→“角选项”命令，在弹出的“角选项”对话框中设置右上角和右下角的形状为圆角，单击“确定”按钮，如图5-19所示。

STEP 20 此时图形应用了角效果，选择文字工具，输入文本，设置字体为迷你简圆立、字号为26点，如图5-20所示。

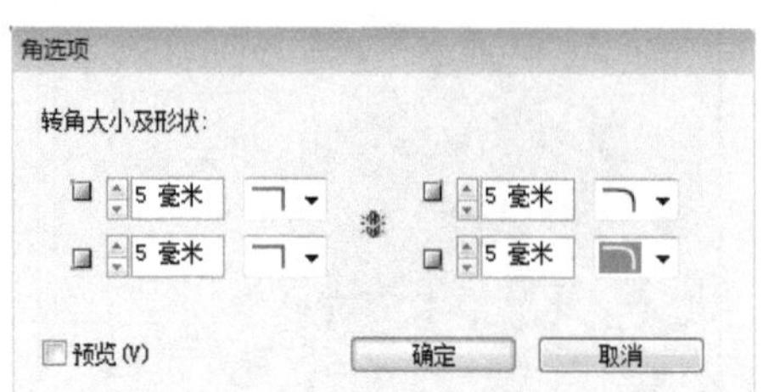

图5-19

图5-20

STEP 21 选择文字工具，输入文本，可以根据自己的喜好设置不同的艺术字效果，这里使用Magneto字体，如图5-21所示。

图5-21

STEP 22 选择文字工具，输入文本，在“控制”面板中设置文本为居中对齐，如图5-22所示。

图5-22

制作盘套

STEP 23 按Ctrl+N组合键新建文档，在弹出的“新建文档”对话框中设置宽度为260毫米、高度为160毫米，单击“边距和分栏”按钮，在弹出的“新建边距和分栏”对话框中设置所有边距为0毫米，单击“确定”按钮，如图5-23所示。

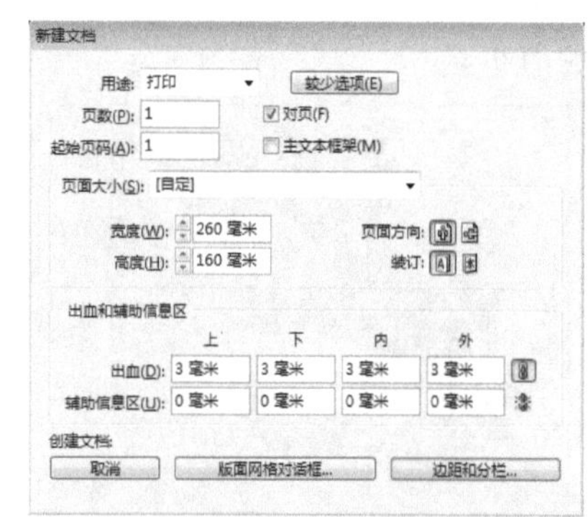

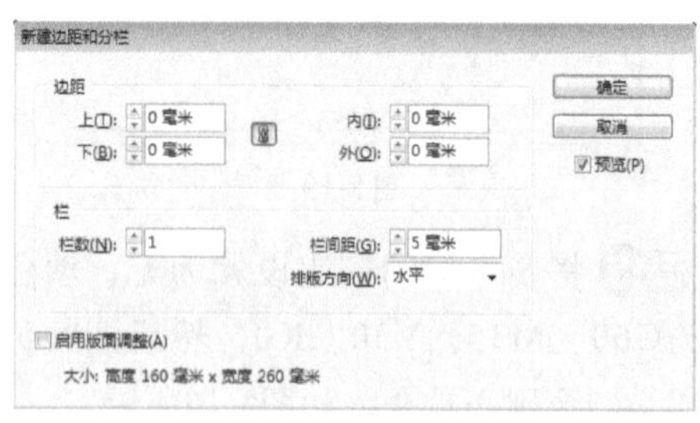

图5-23

STEP 24 此时新建立的空白文档显示效果如图5-24所示。

STEP 25 在纵向标尺栏上按住鼠标左键不放向页面内拖拽，拖拽出两条垂直参考线，在控制面板中将X分别设置为125毫米、250毫米，利用同样的方法拖拽出两条水平参考线，将Y分别设置为20毫米、145毫米，如图5-25所示。

图5-24

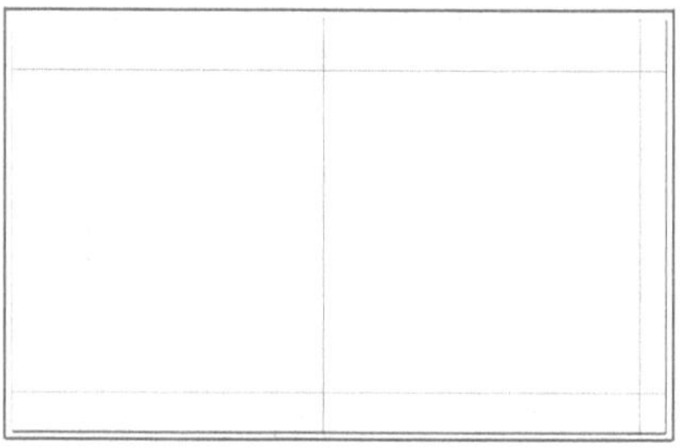

图5-25

STEP 26 使用矩形工具绘制一个宽度和高度分别为256毫米、131毫米的矩形，然后在控制面板中单击左上角的参考点，设置X、Y分别为-3毫米、17毫米，如图5-26所示。

图5-26

STEP 27 选中矩形，设置填色为C14、M12、Y14、K0，描边为无，如图5-27所示。

图5-27

STEP 28 执行“文件”→“置入”命令，选择图片素材（“光盘:\素材文件\模块05\任务1\2.jpg”），单击页面，将图像置入文档中，使图像放置在页面右侧，如图5-28所示。

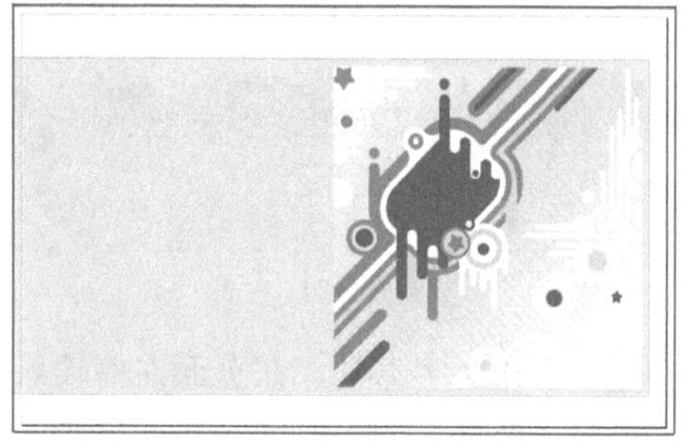

图5-28

STEP 29 切换到光盘文档，选择对象，按Ctrl+C组合键复制对象，回到盘套文档，按Ctrl+V组合键粘贴对象内容，移动到页面右侧居中放置，如图5-29所示。

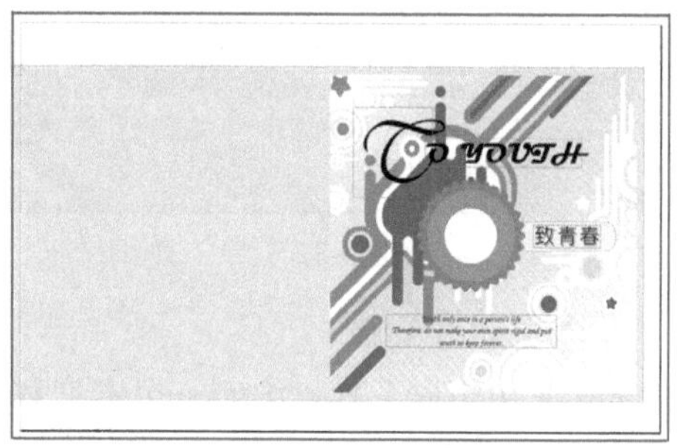

图5-29

STEP 30 选择矩形工具，绘制矩形，设置填色为C60、M35、Y30、K0，描边为无，移动到页面左侧居中放置，如图5-30所示。

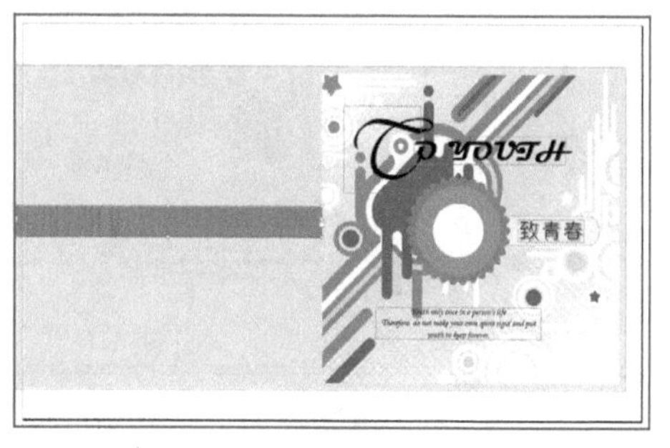

图5-30

STEP 31 按Ctrl+D组合键，将素材图像（“光盘:\素材文件\模块05\任务1\6.png”）置入文档中，适当缩小图像，放置在页面左侧，如图5-31所示。

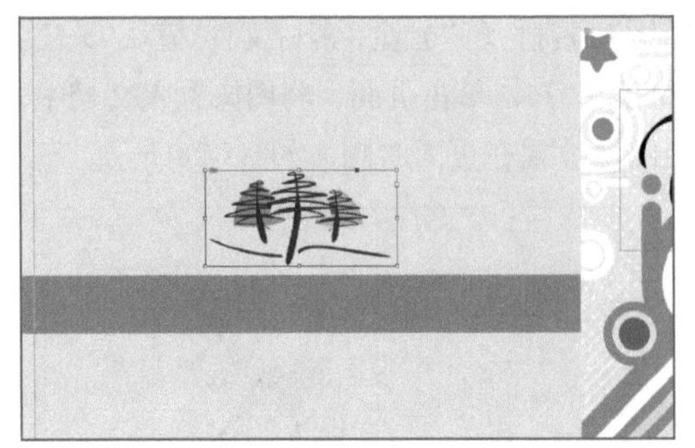

图5-31

STEP 32 选择文字工具，在页面左侧输入文本，设置字号24点，字体为Cooper，如图5-32所示。

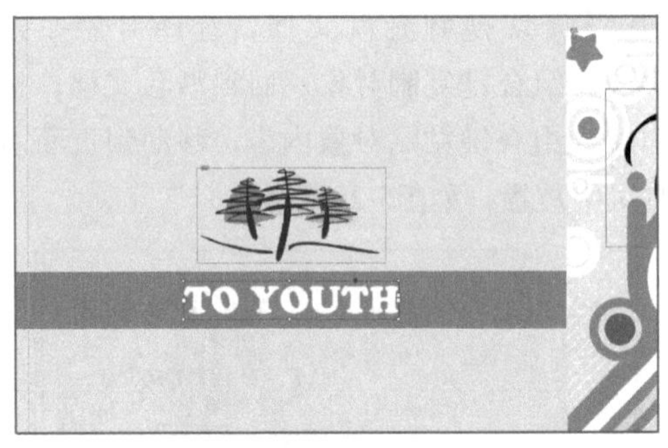

图5-32

设计盘套模切板

STEP 33 使用矩形工具，绘制一个宽度和高度分别为250毫米和125毫米的矩形，调整其位置，使左侧与左边界重合，上面与第一条水平参考线重合，如图5-33所示。

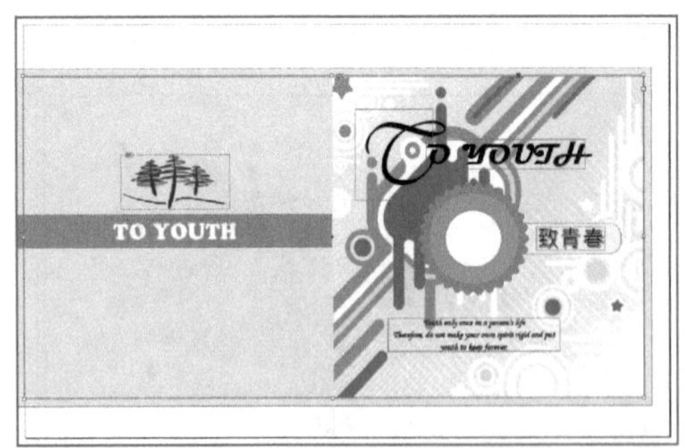

图5-33

STEP 34 再绘制一个宽度和高度分别为135毫米和160毫米的矩形，调整位置，使其左侧与第一条垂直参考线重合，上面与页面边缘重合，如图5-34所示。

图5-34

STEP 35 选中绘制好的两个矩形，单击“路径查找器”面板中的“相加”按钮，如图5-35所示。

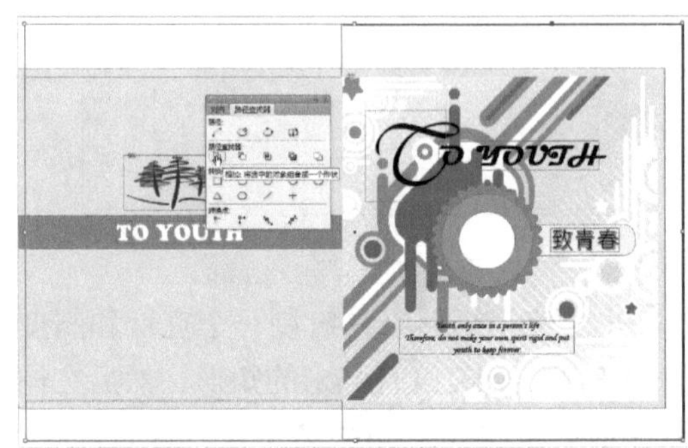

图5-35

STEP 36 选择钢笔工具，移动到线框右上方，在第二条垂直参考线的左侧建立一个锚点，在第一条水平参考线的下方建立锚点，如图5-36所示。

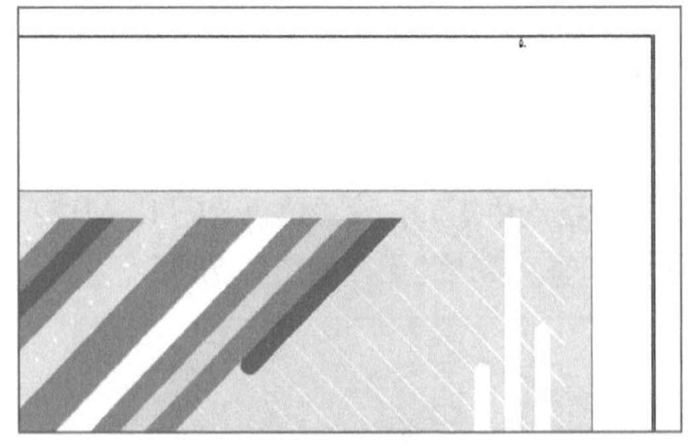

图5-36

STEP 37 选择直接选择工具，单击右上角的锚点，按住鼠标左键不放并向页面内拖拽，一直到水平与垂直参考线交点处松开鼠标，如图5-37所示。

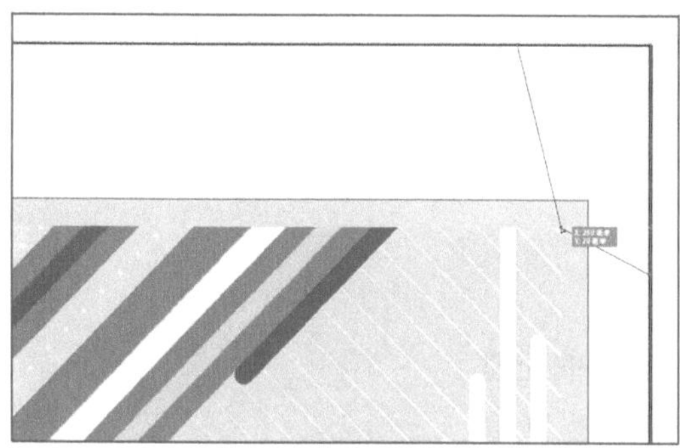

图5-37

STEP 38 利用同样的方法建立其他锚点，并拖拽到合适的位置，如图5-38所示。

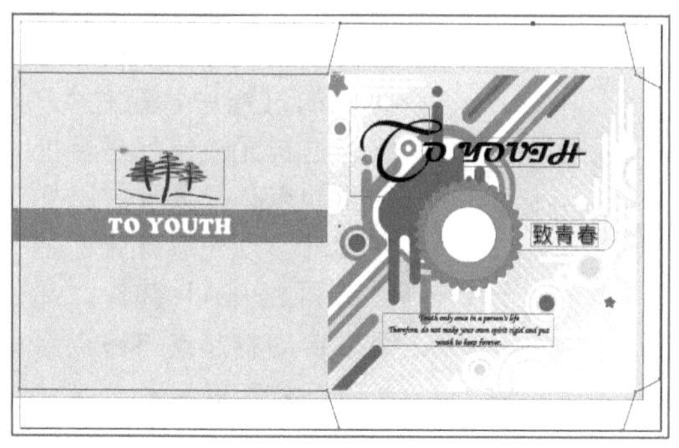

图5-38

STEP 39 绘制一个125毫米的正方形，放置在页面右侧，在“描边”面板中设置其类型为虚线，如图5-39所示。

图5-39

STEP 40 打开“色板”面板，在该面板中设置一个专色命名为切板，如图5-40所示。

STEP 41 选中绘制的矩形框，在“色板”面板中激活“描边”图标，在“切板”色块上单击，如图5-41所示。

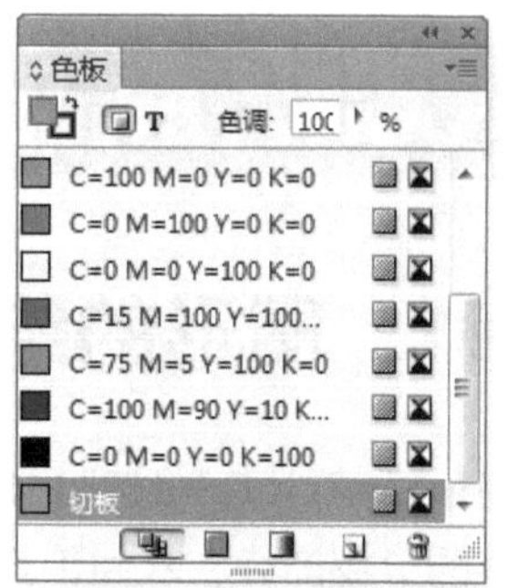

图5-40

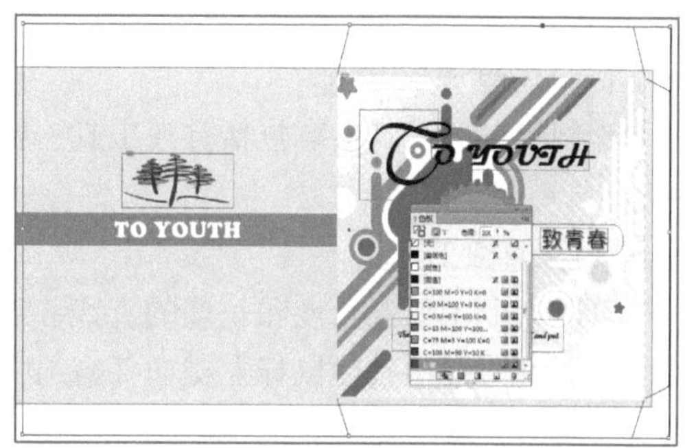

图5-41

STEP 42 执行“窗口”→“输出”→“属性”命令，在弹出的“属性”面板中选中“叠印描边”复选框，如图5-42所示。

图5-42

STEP 43 将实线框和虚线框选中，在“描边”面板中设置粗细为0.25，预览效果如图5-43所示。

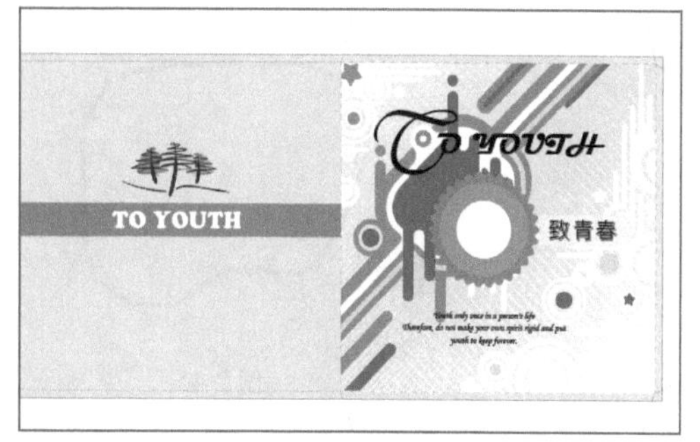

图5-43

至此，完成本案例的设计。

Id 知识点拓展

知识点1　图形的绘制

在使用InDesign CS6编排出版物的过程中，图形的处理是一个重要的组成部分。本知识点将介绍在InDesign CS6中利用不同的工具绘制直线、矩形、曲线和多边形等基本形状和图形。

1. 绘制线条和路径

绘制线条的工具主要包括直线工具、铅笔工具、钢笔工具等。

（1）直线工具。

可以绘制出任意角度和长度的直线。选择工具箱中的直线工具，在页面中按住鼠标左键向任意方向拖拽，松开鼠标即可绘制出一条直线，如图5-44所示。

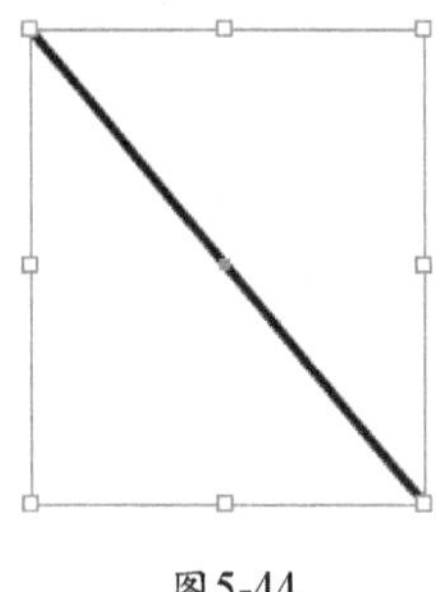

图5-44

（2）铅笔工具。

使用铅笔工具可以绘制出比较随意的线条。选择工具箱中的铅笔工具后，在页面中按住鼠标左键任意拖拽，松开鼠标绘制完成，如图5-45所示。

图5-45

（3）钢笔工具。

钢笔工具是最重要的绘制图形的工具，使用钢笔工具来绘制曲线和线框可以精确控制每个锚点的走向，如图5-46所示。

提 示

如果需要创建起点与终点不相同，但自动闭合的图形，则可以在拖动鼠标的过程中，按住Alt键，这样无论鼠标是否拖回至起点，只要释放鼠标左键（必须先放开鼠标左键，再放开Alt键），都可以自动将起点与终点用一条直线连接起来。

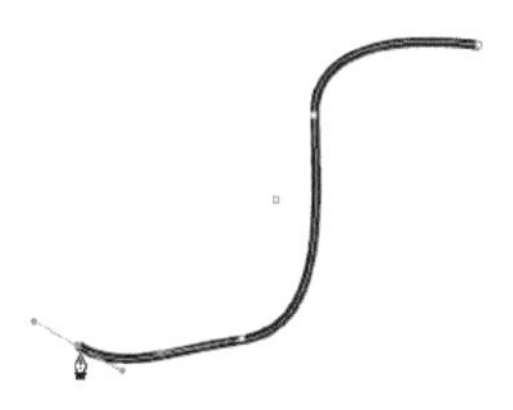

图5-46

2. 选择工具

（1）选择工具。

在工具箱中选择该工具，然后在对象上单击，此时会出现对象的定界框表示选中该对象，如图5-47所示。

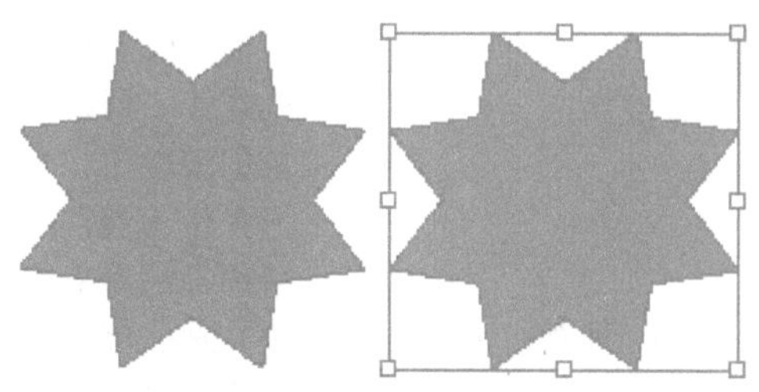

图5-47

（2）直接选择工具。

在工具箱中选择该工具，在图形上的锚点单击，可以选中图形上的锚点，如图5-48所示。

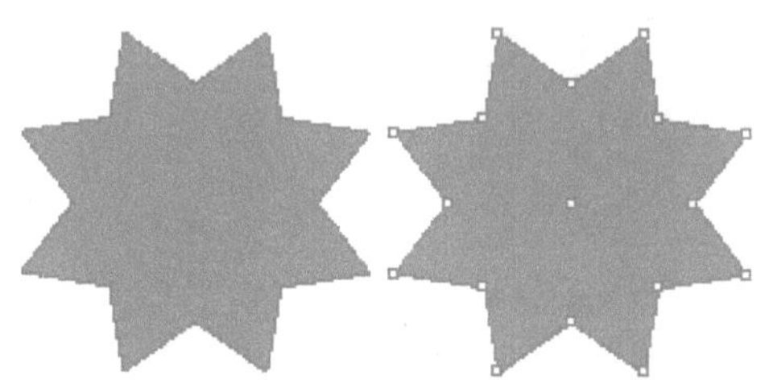

图5-48

（3）切变工具。

在工具箱中选择该工具，在图形上按住鼠标左键不放并拖拽，松开鼠标后图形即会发生改变，如图5-49所示。

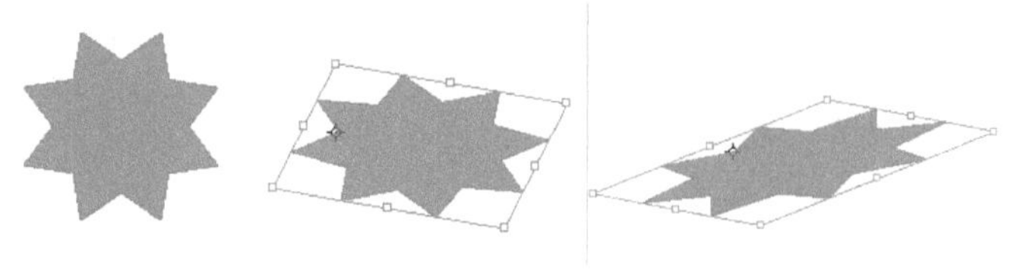

图5-49

提 示

使用钢笔工具也可以将两条开放路径连接起来，具体步骤为：首先使用直接选择工具，同时选中两条独立的路径；然后选择钢笔工具，将鼠标放置于其中一条路径的端点单击；然后再将光标放置于另一条路径的端点处单击，即可合并两条独立的路径。

知识点2 “对齐”面板

执行“窗口”→“对象和版面”→“对齐”命令，打开“对齐”面板，如图5-50所示。通过“对齐”面板进行对齐图形、分布图形以及分布图形的间距设置。

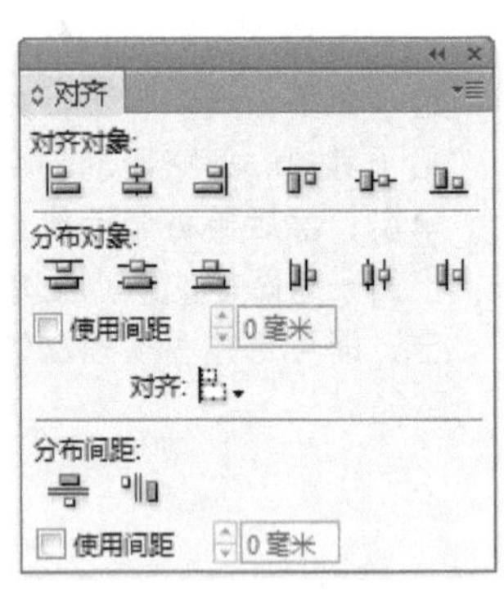

图5-50

1. 对齐对象

图5-51所示为左对齐，图5-52所示为水平居中对齐，图5-53所示为右对齐，图5-54所示为顶对齐，图5-55所示为垂直居中对齐，图5-56所示为底对齐。

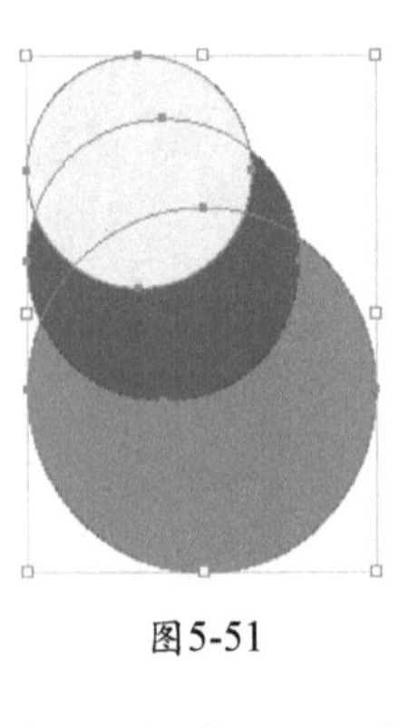

图5-51

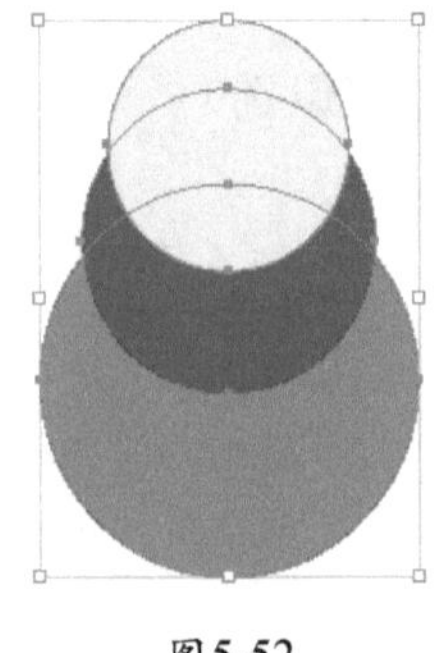

图5-52

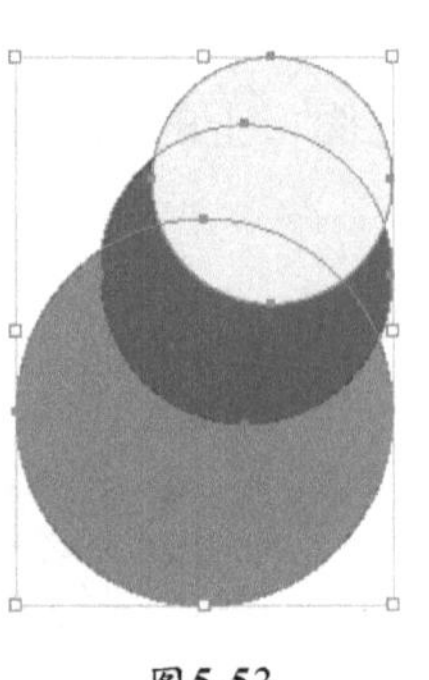

图5-53

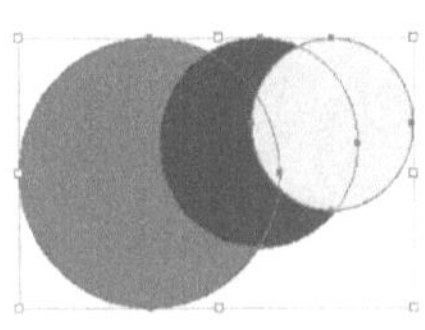

图5-54

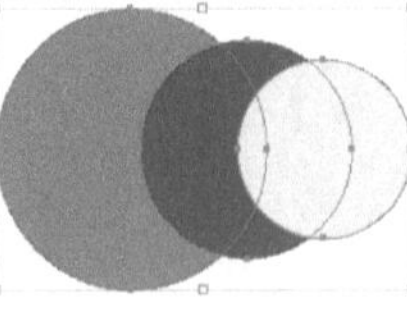

图5-55

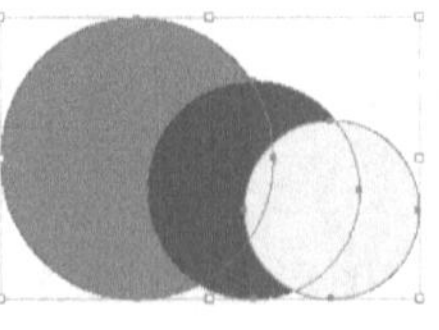

图5-56

2. 分布对象

图5-57所示为按顶分布，图5-58所示为垂直居中分布，图5-59所示为按底分布，图5-60所示为按左分布，图5-61所示为水平居中分布，图5-62所示为按右分布。

提 示

对齐的作用是使对象之间的位置产生一定的排列规律。同时选择多个对象的情况下，顶对齐就以原先位于最顶部（仅限于所选择的对象中）的对象为基准。底对齐就是以原先位于最底部的对象为基准。垂直居中对齐则两个（或多个）对象同时向中心位置移动，其他的对齐也是一样的。

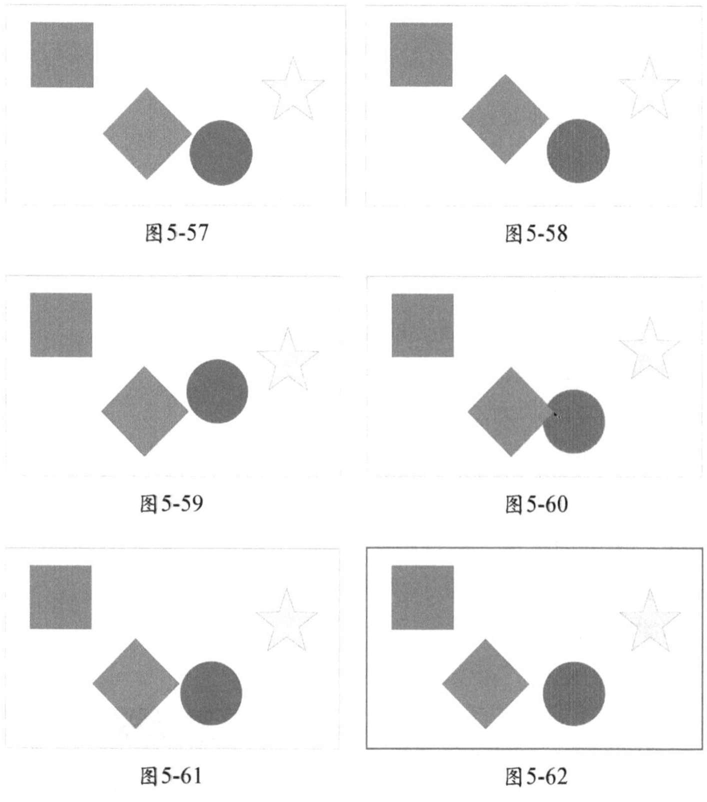

图5-57　图5-58

图5-59　图5-60

图5-61　图5-62

提 示

分布的作用是使对象的分布布局有一定的规律排列，调整各对象之间垂直或水平距离相等。水平分布以最左、最右两个对象为基准操作；垂直分布以最上、最下两个对象为基准操作。

3. 分布间距

图5-63所示为垂直分布间距，图5-64所示为水平分布间距。

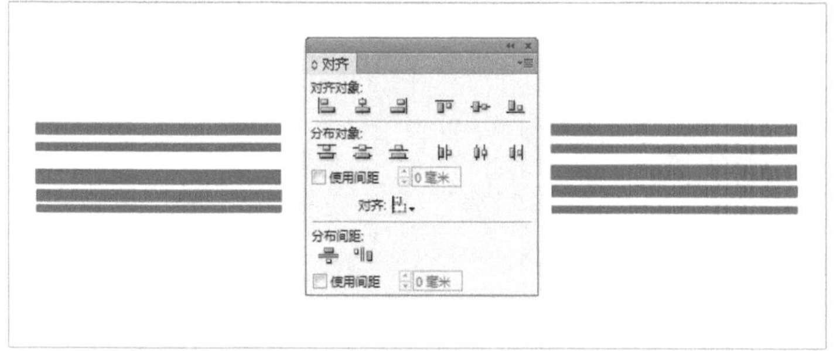

图5-63

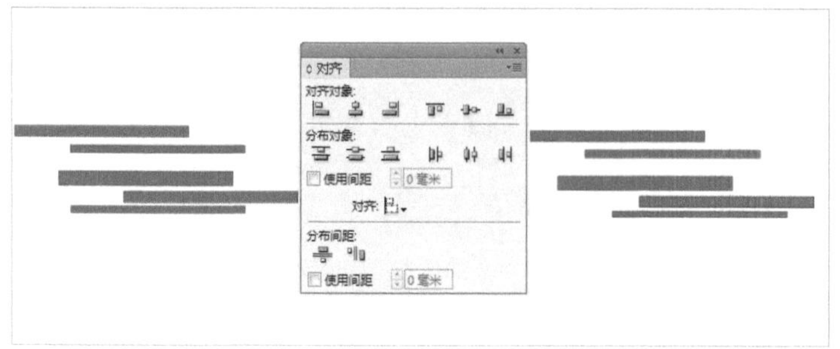

图5-64

知识点3　设置专色

专色是指在印刷中基于成本或者特殊效果的考虑而使用的专门的油墨。由于印刷的后期工艺和专色的设置方法一样，因此本书也将后期工艺归为专色，并且将专色分为两种：一种称为印刷专色，如金色、银色、潘通色（国际标准色卡，主要应用于广告、纺织、印刷等行业）等；另一种称为工艺专色，如烫金、烫银、模切等。颜色是设计专色重要的要素之一，专色在计算机中无法正确显示，因此只需要为每一种专门的油墨或者工艺设置一种专色，每一种专色都只能得到一张菲林片。在开始设计专色版之前，一定要了解客户的意图，客户想要做什么专色，在哪里做，做成什么形状，做多大面积，只有确认好这些信息之后，才能开始设计。

首先在“色板”面板中设置专色并添加到对象上，确定并绘制好需要制作专色的对象并将其选中，单击“色板”面板右上角的下拉按钮，在下拉菜单中选择“新建颜色色板”，如图5-65 所示，在弹出的对话框中设置“颜色类型”为“专色”，“色板名称”可以任意命名，“颜色模式”为CMYK，在色值参数栏中任意设置数字，单击“确定”按钮，如图5-66所示。专色出现在色板中。选中对象，然后单击刚才设置好的专色色板即可为对象添加填充色。如果页面中有多个对象使用此专色，就将它们选中，然后都填充同一个专色。

提 示

模切板要设置成线条，虚线表示压痕，实线表示刀版。

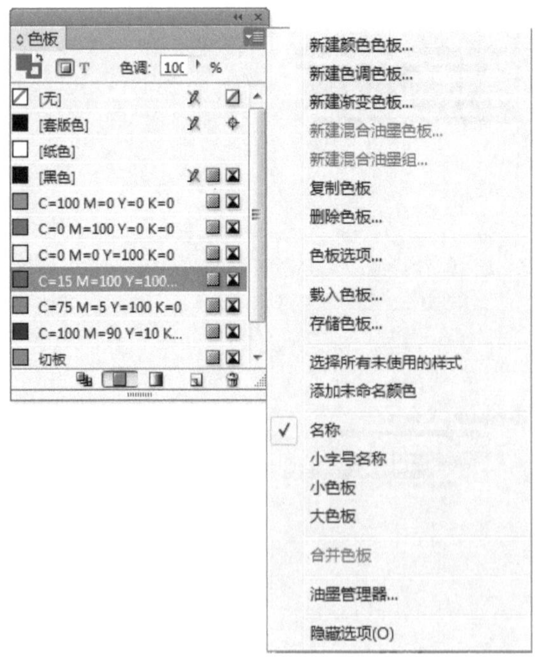

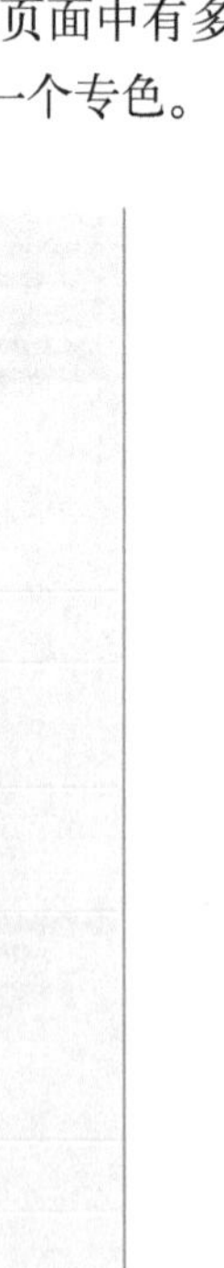

图5-65

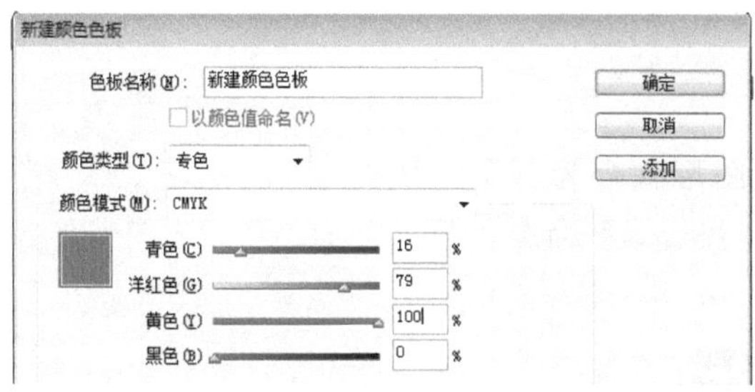

图5-66

需要注意的是，此时应保证“色板”面板中的色调为“100%”，“效果”面板中的不透明度为“100%”，如图5-67所示。

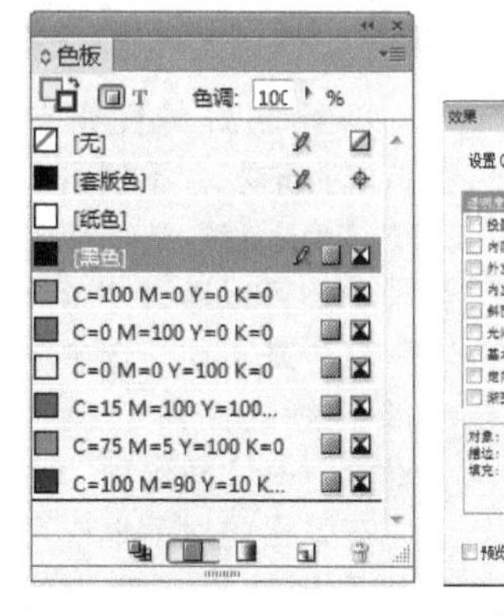

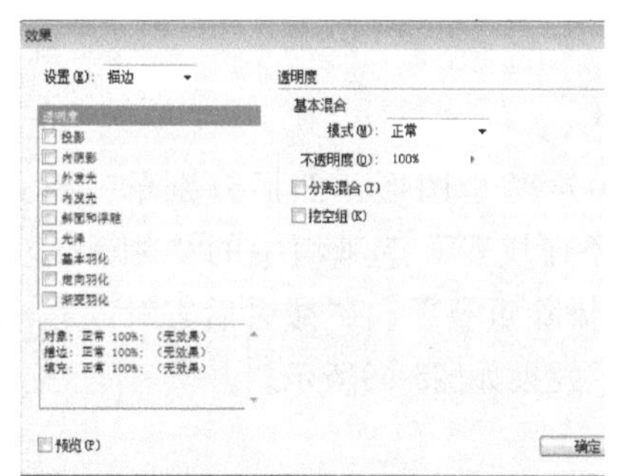

图5-67

修改渐变的颜色，还可以使用增加渐变颜色的方法，选中渐变对象，调出“渐变”面板和“色板”面板，在“色板”面板中的色板上按住鼠标左键不放拖拽该色板到渐变条上。若想修改终点色颜色，将色板拖拽到终点色色块上即可。

设置专色、设置色调、设置叠印是设置专色的三法则，也可以称为“颜色”、“虚实”、“叠套”。

- 颜色。在“色板”面板中需要为每一个不同的专色设置一个专色色板。虚实专色色板设置完成并添加到对象上，此时需要保证其色调和不透明度为“100%”，也就是需要颜色很实地添加在对象上（尤其是工艺专色必须是实色；印刷专色可以出现虚色，但是通常都以实色出现）。
- 叠套。在排版软件中一个对象叠放在另一个对象上时，默认是对下层对象镂空处理，对象被镂空之后就会出现套版的“露白”问题。通常情况下，专色都是不透明的颜色或者工艺原料，因此不需要对下层对象进行镂空，选中“叠印填充”或者“叠印描边”复选框就是为了不镂空下层对象。

提 示

在哪里做、做成什么形状、做多大面积可以简称为“位置”、“形状”、“大小”，它们是设计专色的三要素。在实际生产中，这三个要素是客户意图或者是设计师与客户沟通得到的结果。位置、形状、大小不是随意确定的，实际设计印刷生产中都有其规律。在什么位置做能提高印刷品档次；做成什么样的形状才能美观，工艺能实现；多大的面积既能控制成本又能保证质量，多小的字号、多细的线条不能设置烫金版，这些都需要设计师给出专业的建议，以供客户参考。

提 示

执行“窗口”→“输出”→“属性”命令，打开“属性”面板，在该面板中勾选“叠印填充”或“叠印描边”复选框。

知识点4　路径查找器

使用路径查找器功能可以将两个图形融合为一个。执行“窗口”→“对象和版面”→“路径查找器”命令，弹出“路径查找器”面板，如图5-68所示。

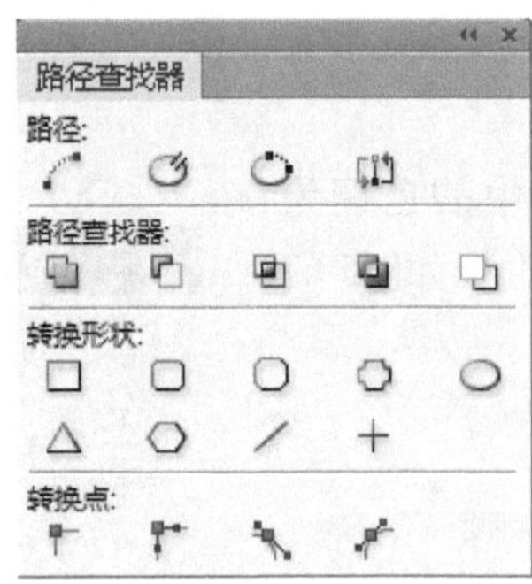

图5-68

任意绘制两个图形，并选中这两个图形，然后分别单击“路径查找器”面板中“路径查找器”选项组中的“相加”、“减去”、“交叉”、“排除重叠”、“减去后方对象”图标，图形会发生相应变化，效果如图5-69所示。

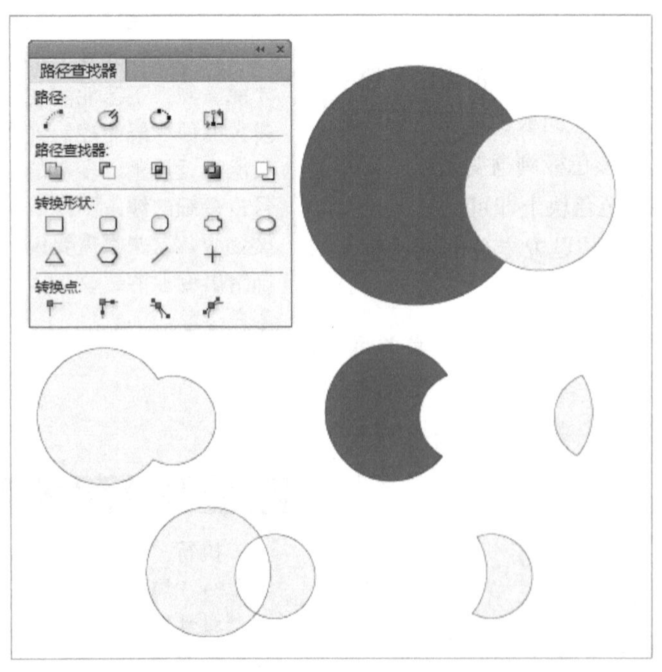

图5-69

面板下方是“转换形状”选项组，绘制并选中一个已经绘制好的图形，单击其中的图标即可将图形转换成相应的形状，效果如图5-70所示。

提 示

将绘制好的图形转换成其他形状，不仅可以在“转换形状”选项组中实现，还可以通过“角选项”命令来实现。选中一个绘制好的图形，执行“对象”→“角选项”命令，在弹出的对话框中可以将图形转换成对应的形状。

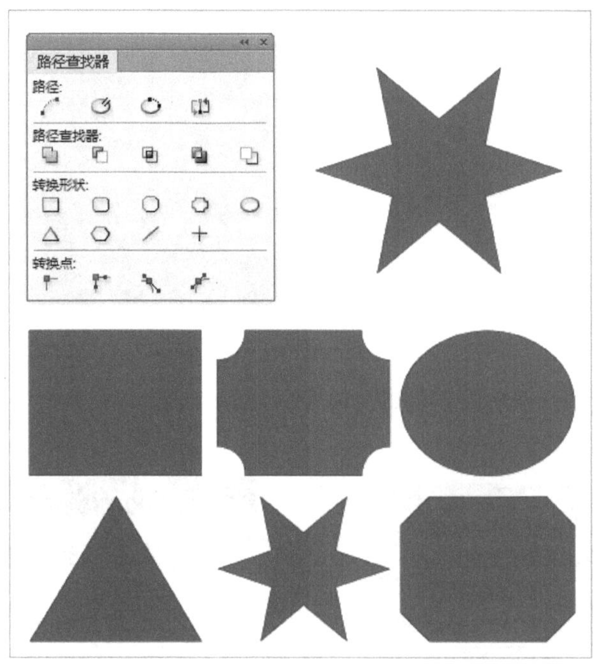

图5-70

知识点5　应用复合路径

用复合路径将多个图形组合成一个图形，复合路径与编组的功能相似，但两者又有区别。编组能将多个图形组合在一起并且保持它们原来的属性（如颜色、描边和渐变等），而复合路径是将多个路径融合为一个路径，最后创建的路径属性被用到其他路径中。通过应用复合路径可向路径添加透明孔以及文字与图形结合并使某些文字中有透明孔。

提　示

通过复合路径可向路径添加透明孔以及文字与图形结合，使某些文字中有透明孔。

多个图形创建复合路径的操作步骤如下：

STEP 01 将两个图形放在一起，如图5-71所示。

图5-71

STEP 02 用选择工具选择这两个图形，然后执行“对象”→“路径”→“建立复合路径”命令，得到效果如图5-72所示。

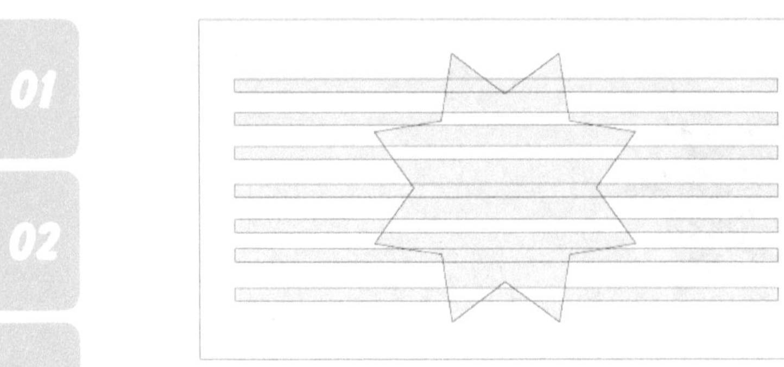

图5-72

STEP03 将建立了复合路径的图形放到一个实底背景里，可看到白色部分能透出背景颜色，如图5-73所示。

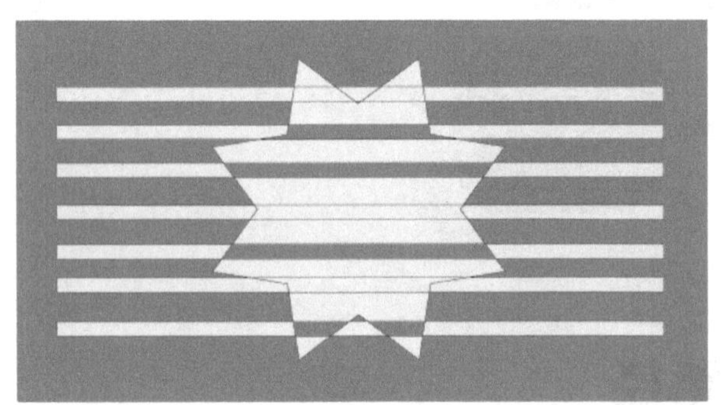

图5-73

STEP04 执行“对象”→“路径”→“释放复合路径”命令，则完成复合路径的取消操作，如图5-74所示。

图5-74

提 示

用复合路径将多个图形组合成一个图形，复合路径与编组的功能相似，但两者又有区别。编组能将多个图形组合在一起并保持它们原来的属性（如描边、颜色等），而复合路径是将多个路径融合为一个路径，最后创建的路径属性被用到其他路径中。

Id 独立实践任务

任务2　设计制作T恤及手提袋

任务背景和要求

学校举行集体春游活动，要求同学们着装统一，以防走散。现要求大家设计一款T恤图案和用于包装衣服的手提袋，可用于印刷。

任务分析

首先算好服装和需要绘制图形的尺寸，在软件中使用图形绘制工具绘制出图形。

任务素材

T恤图案和手提袋图案共一张。其他素材自行收集。本任务的所有素材文件在“光盘:\素材文件\模块05\任务2”目录中。

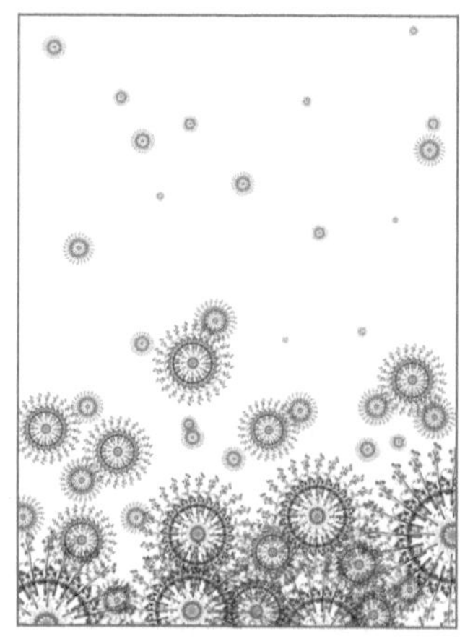

任务参考效果图

本任务的最终效果文件在“光盘:\素材文件\模块05\任务2”目录中。

Id 职业技能考核

一、选择题

1. 在设计制作32页样本的过程中，对于排版设计，可以使用（　　）软件进行设计。

   A. Illustrator

   B. InDesign

   C. Photoshp

   D. Acrobat

2. 在“页边和分栏”对话框中，不可以设置的是（　　）。

   A. 页边距

   B. 分栏数

   C. 栏间距

   D. 出血宽度和标志宽度

3. 以下（　　）色彩模式是最适用于跨媒体出版。

   A. CMYK

   B. RGB

   C. Lab

   D. 以上全部

4. 下列关于描边的说法，错误的是（　　）。

   A. 颜色设置为无时，描边宽度为0

   B. 描边宽度只能均匀分布在路径的两侧

   C. 描边不能用渐变颜色

   D. 同一条路径上描边的宽度处处相等

二、填空题

1. __________由一个或多个直线或曲线线段组成，每个线段的起点和终点由锚点标记。

2. 路径可以是闭合的，也可以是开放的并具有__________。

3. 在InDesign CS6中，不包含任何文本或图形的线框或色块框称为__________。

4. 简单路径是复合路径和__________的基本构造块。

5. __________由两个或多个相互交叉或相互截断的简单路径组成。

6. 在InDesign CS6中，__________工具可以创建比手绘工具更为精确的直线和对称流畅的曲线。

7. 选择旋转工具，可以围绕某个指定点旋转操作对象，通常默认的旋转中心点是__________，但可以改变此点位置。

模块06 设计制作画册

本任务效果图：

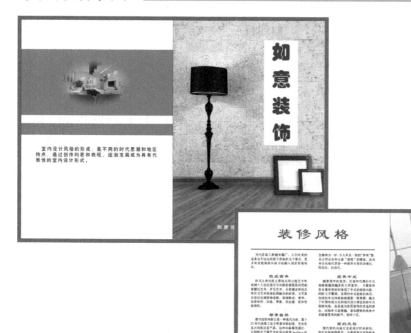

软件知识目标：

1. 掌握筛选图片的基本要求
2. 掌握置入图片的操作方法
3. 掌握对象库的使用方法

专业知识目标：

1. 了解画册设计常识
2. 了解印刷常识

建议课时安排：

4课时（讲课2课时，实践2课时）

Id 模拟制作任务

任务1　设计制作画册

任务背景

上海万华建材有限公司为了参加一个展会，需要设计印刷一本骑马订的企业彩色宣传册，现委托维度视觉设计公司负责画册的整体设计。

任务要求

客户需要推广的产品为两大类，共30款，希望每款占据一个页码，宣传画册的用纸、页码和尺寸由设计公司本着合理、经济的原则自行安排。由于时间关系，客户要求一天内完成设计初稿。

尺寸要求：成品尺寸为210mm×297mm。

任务分析

在设计之前需要确认好开本和页数，同时一定要做好客户素材的整理和甄别工作。使用Photoshop判断图片的清晰度，如果发现客户提供的素材大部分不能达到印刷质量的要求，经与客户沟通，设计师可以自行安排相应的图片。将客户提供的文字图片和设计师自选的图片规范名称，整理好后分别放到相应的文件夹。最后设计完成图片和文字的排版工作。

最终效果

本任务素材文件和最终效果文件在“光盘:\素材文件\模块06\任务1”目录中，本任务的操作视频详见“光盘:\操作视频\模块06”目录中。

任务详解

STEP 01 执行“文件”→“新建”→“文档”命令，弹出“新建文档”对话框，如图6-1所示。在该对话框中设置页数为6、“宽度”为210毫米、“高度”为297毫米，单击“边距和分栏”按钮，在弹出的“新建边距和分栏”对话框中设置所有边距为0毫米，单击“确定”按钮，如图6-2所示。

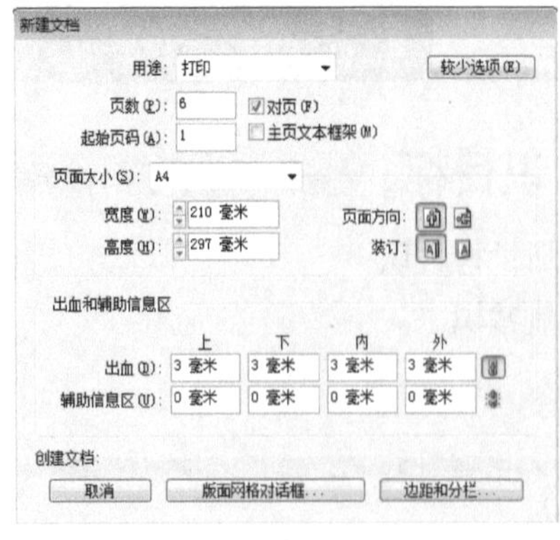

图6-1

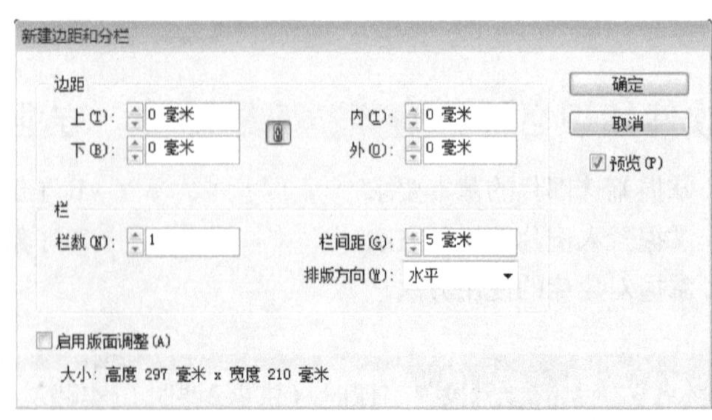

图6-2

STEP02 执行“窗口”→“页面”命令，打开“页面”面板，右击“页面1”，弹出页面属性菜单，如图6-3所示。

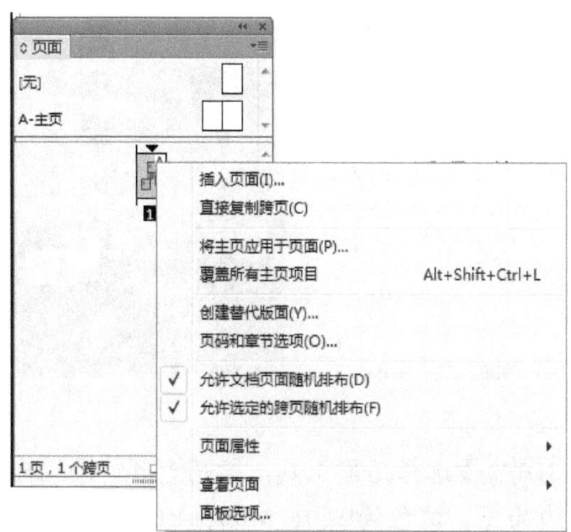

图6-3

STEP03 取消“允许文档页面随机排布”和“允许选定的跨页随机排布”两项的勾选状态，如图6-4所示。

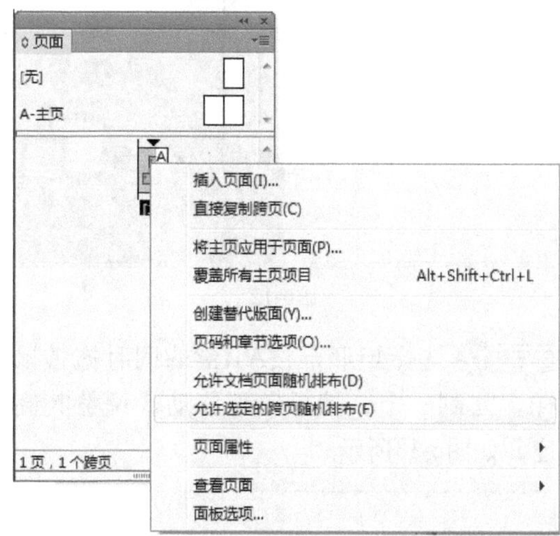

图6-4

STEP04 调整页面，使两页面横向并列排布，如图6-5所示。

STEP05 此时新建立的空白文档显示效果如图6-6所示。

STEP06 执行“文件”→“置入”命令，打开“置入”对话框，选择图片素材（“光盘:\素材文件\模块06\任务1\1.jpg”），单击“打开”按钮，如图6-7所示。

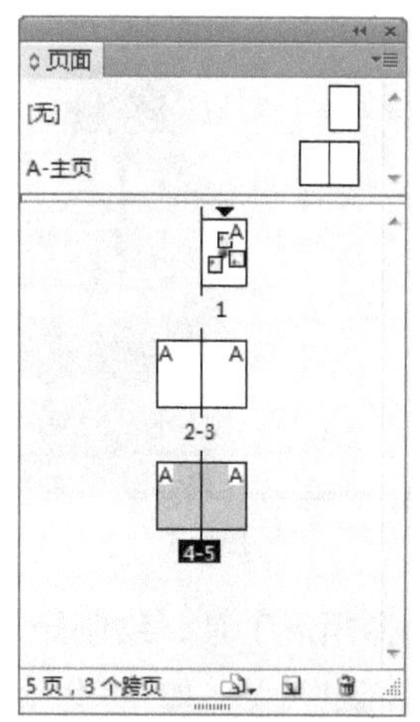

图6-5

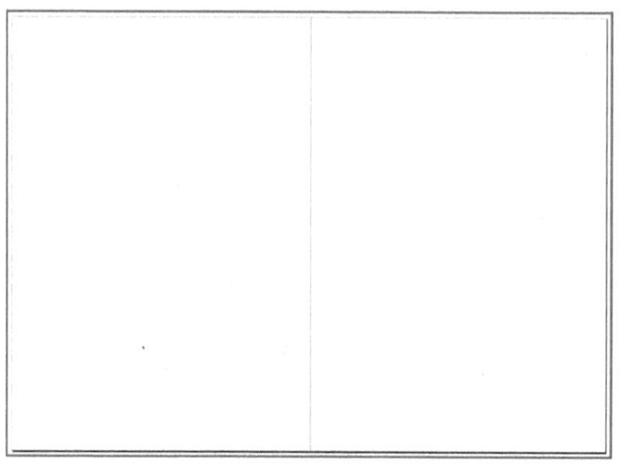

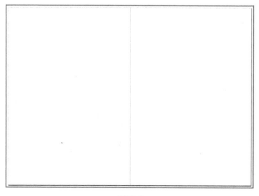

图6-6

图6-7

STEP07 在页面中单击，图片素材置入文档中，将图片移动到合适位置，如图6-8所示。

图6-8

STEP 08 选择矩形工具，绘制矩形，设置填色为纸色、描边为无，如图6-9所示。

图6-9

STEP 09 选择文字工具，输入文本，设置字体为华文琥珀，字号为72点，描边为无，填色为C55、M100、Y100、K40，如图6-10所示。

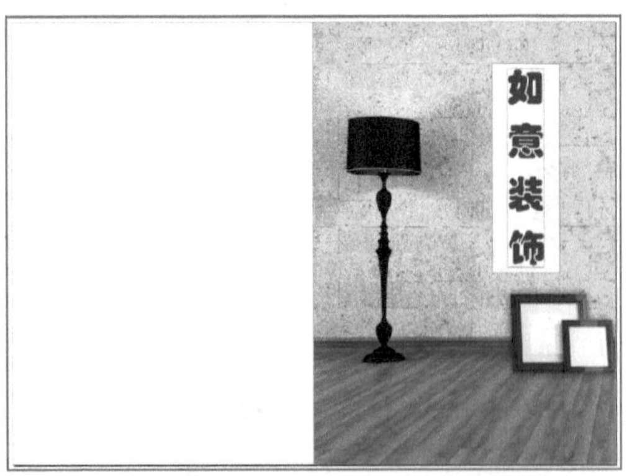

图6-10

STEP 10 选择文字工具，在页面的下方输入公司名称，在“字符”面板中设置字体为黑体，字号为18点，字符间距为400点，填色为纸色，描边为无，如图6-11所示。

图6-11

STEP 11 选择矩形工具，绘制矩形，设置描边为无，填色为C50、M60、Y60、K0，移到左侧页面中，如图6-12所示。

图6-12

STEP 12 选择矩形，按Alt键的同时拖拽鼠标，复制一个，然后向下移动，调整其高度，如图6-13所示。

图6-13

STEP 13 执行“文件”→“置入”命令，选择图像素材（“光盘:\素材文件\模块06\任务1\3.png”），将图片置入文档中，调整大小及位置，如图6-14所示。

图6-14

STEP 14 选择文字工具，输入文本，设置文本填色为C65、M70、Y75、K30，在“字符”面板中设置字体为汉仪秀英字体，字号为18点，字符间距为200，如图6-15所示。

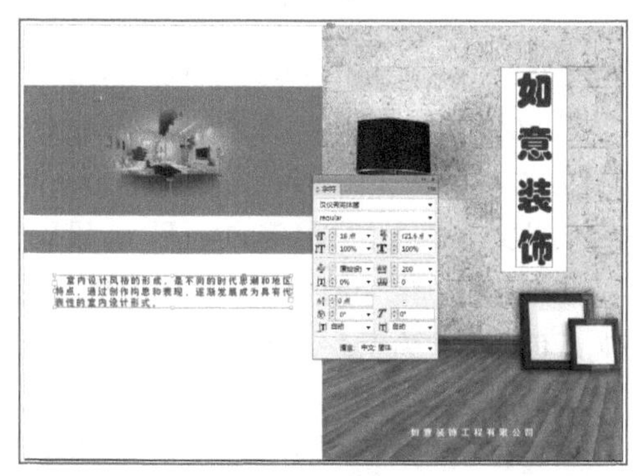

图6-15

STEP 15 打开“页面”面板，在面板中的“页面3”上双击，文档的页面跳转到页面3-4，如图6-16所示。

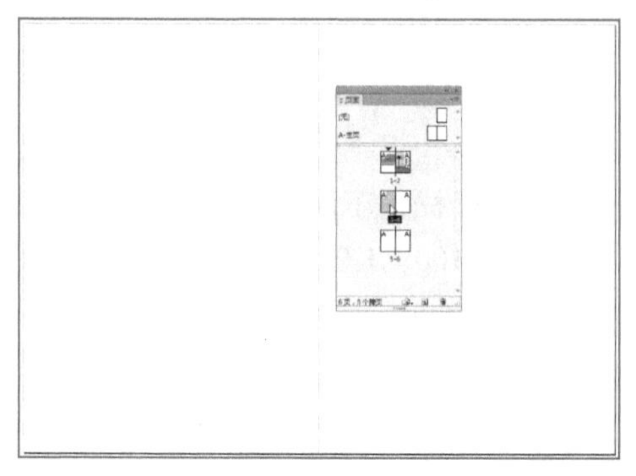
图6-16

STEP 16 选择矩形工具，绘制一个宽度和高度分别为420毫米和60毫米的矩形，设置描边为无，填色为C50、M50、Y60、K0，移至页面的上方，如图6-17所示。

图6-17

STEP 17 选择矩形框架工具，单击页面，在弹出的“矩形”对话框中设置宽度和高度均为60毫米，单击“确定”按钮，如图6-18所示。

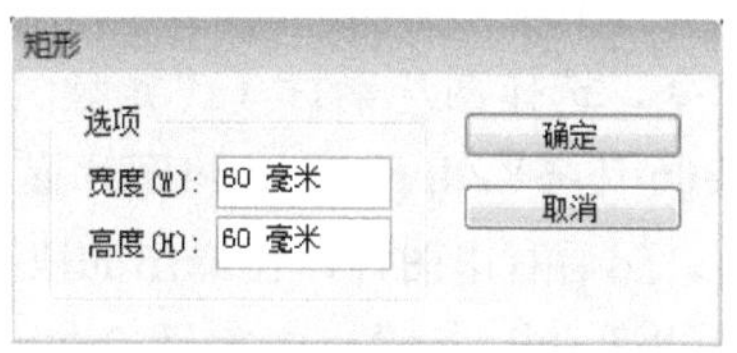

图6-18

STEP 18 页面出现一个矩形框，将其移至页面上方的靠近中间线的位置，如图6-19所示。

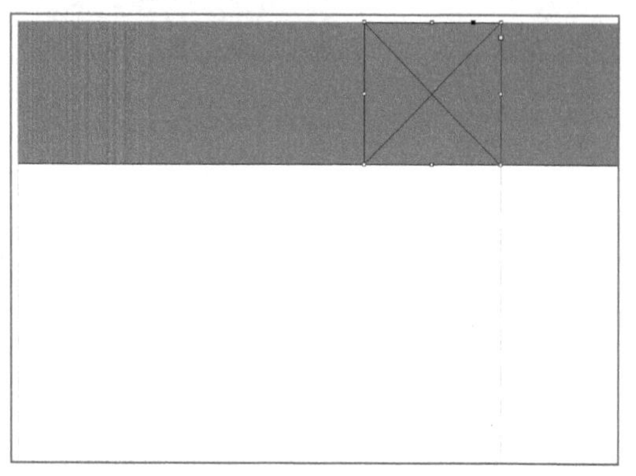
图6-19

STEP 19 选中矩形框，执行“编辑”→“多重复制”命令，在弹出的“多重复制”对话框中设置计数为3，垂直位移为0毫米，水平位置为60毫米，如图6-20所示。

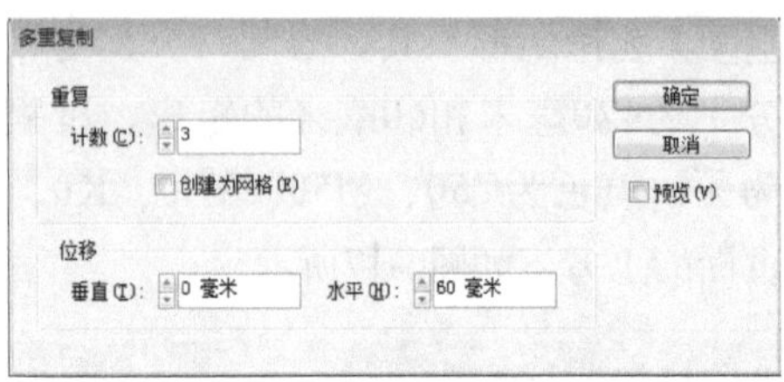

图6-20

STEP 20 此时右侧页面出现3个复制的矩形框，如图6-21所示。

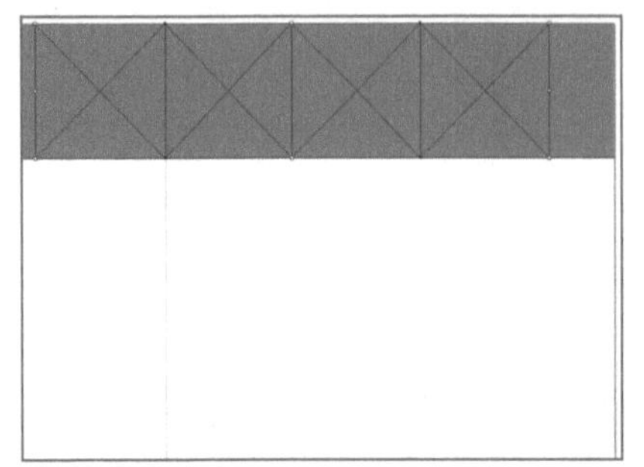

图6-21

STEP 21 选中矩形，执行“文件”→“置入”命令，选择图片素材（“光盘:\素材文件\模块06\任务1\2.jpg”），将图片置入矩形框架中，然后右击图片，在弹出的快捷菜单中执行“适合”→“使内容适合框架”命令，如图6-22所示。

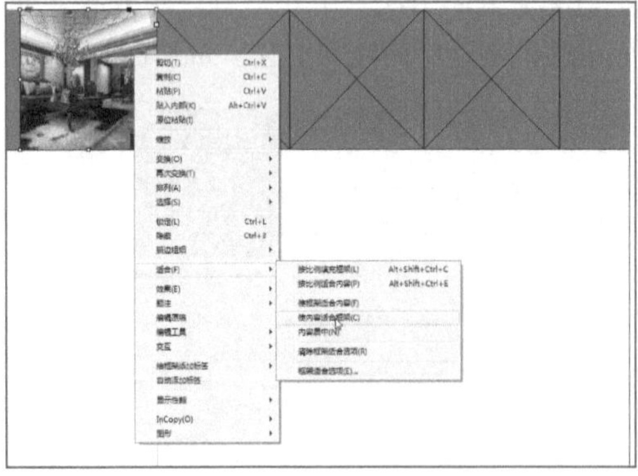

图6-22

STEP 22 使用相同的方法，在其他框架中置入图片（“光盘:\素材文件\模块06\任务1”目录下），如图6-23所示。

STEP 23 选择矩形工具，绘制矩形，设置填色为黑色，描边为无，放置在“页面4”中，如图6-24所示。

图6-23

图6-24

STEP 24 打开“光盘:\素材文件\模块06\任务1\家.txt”文档，全选文本，然后按Ctrl+C组合键复制文本，切换到InDesign文档，按Ctrl+V组合键粘贴文本，选中“温馨的生活”，设置字体为华文行楷，字号为48点，倾斜为10°，填色为纸色，描边为无，效果如图6-25所示。

图6-25

STEP 25 选择标题下面的文字，设置填色为C0、M0、Y100、K0，描边为无，字体为楷体，字号为24点，在“段落”面板中设置首行缩进为10，效果如图6-26所示。

STEP 26 选择矩形框架工具，绘制三个矩形框，如图6-27所示。

图6-26

图6-27

STEP 27 选中矩形框，将素材图像（“光盘:\素材文件\模块06\任务1”目录中）置入页面中，调整其大小，如图6-28所示。

图6-28

STEP 28 执行“文件”→“置入”命令，打开“置入”对话框，选择“光盘:\素材文件\模块06\任务1\简介.txt”文本，单击页面将文本置入文档中，如图6-29所示。

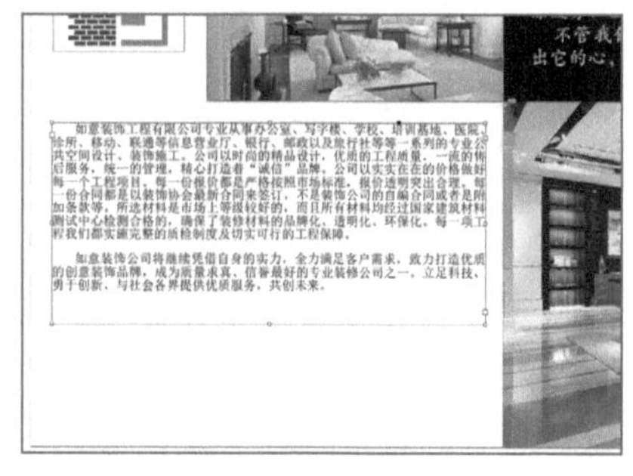

图6-29

STEP 29 打开“字符”面板，设置字体为宋体，字号为16点，行距为18点，如图6-30所示。

STEP 30 打开“段落”面板，设置首行缩进10毫米，段前间距5毫米，如图6-31所示。

图6-30　　图6-31

STEP 31 将文本放置在合适位置，如图6-32所示。

图6-32

STEP 32 单击“页面”面板中的“页面5”，选中“页面5”，执行“版面”→“边距和分栏”命令，在弹出的“边距和分栏”对话框中，设置所有边距为20毫米、栏数为2、栏间距为15毫米，如图6-33所示。

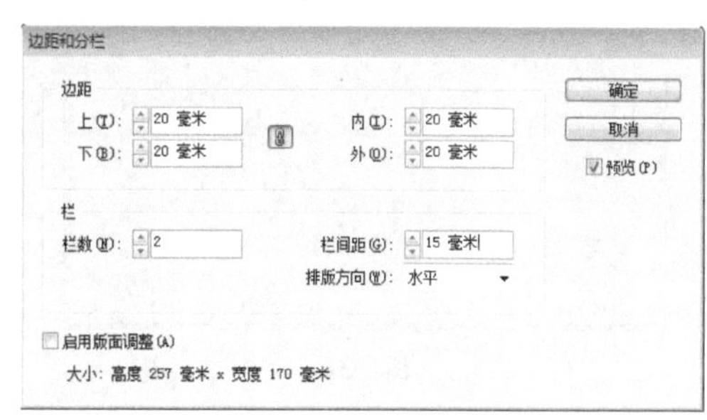

图6-33

STEP33 单击“确定”按钮，此时页面显示如图6-34所示。

图6-34

STEP34 选择文字工具，输入文本，设置文本描边为无，填色为C50、M85、Y100、K20，在“字符”面板中，设置字体为隶书，字号为60点，字符间距为200，如图6-35所示。

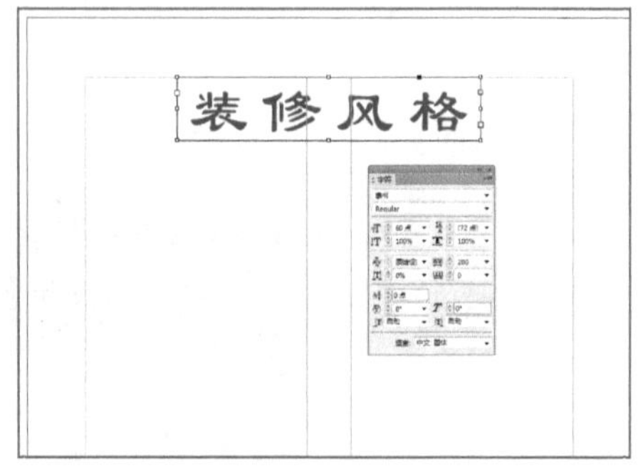

图6-35

STEP35 选择直线工具，按住Shift键的同时拖拽鼠标，绘制一条水平线，设置描边为C50、M85、Y100、K20，在“描边”面板中设置粗细为3点，将其移至标题文字下方，如图6-36所示。

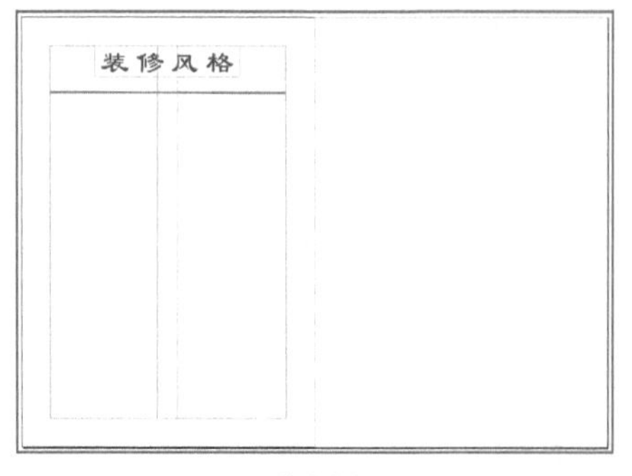

图6-36

STEP36 选择文字工具，绘制文本框，打开“光盘:\素材文件\模块06\任务1\装饰风格.txt”文档，全选文档，按Ctrl+C组合键复制文本，切换到InDesign文档，按Ctrl+V组合键粘贴文档，如图6-37所示。

图6-37

STEP37 单击文本框右下角的红色⊞号，当鼠标指针变为时，在文本框的右侧按住鼠标左键拖拽，绘制一个新的文本框，内容将显示在新的文本框中，如图6-38所示。

图6-38

STEP38 执行“窗口”→“样式”→“段落样式”命令，打开“段落样式”面板，单击面板底部的“创建新样式”按钮，创建“段落样式1”，如图6-39所示。

图6-39

STEP39 双击“段落样式1”选项，弹出“段落样式选项”对话框，在该对话框中将样式名称改为“正文”，如图6-40所示。

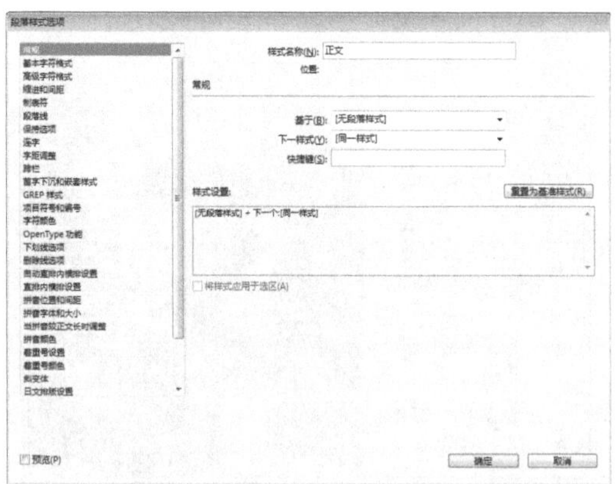

图6-40

STEP 40 单击左侧选项栏中的“基本字符格式”，将面板右侧的“字体系列”设为宋体，大小为12点，行距为16点，如图6-41所示。

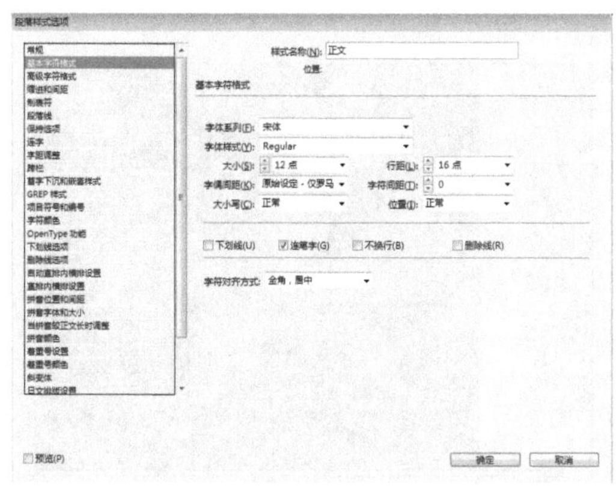

图6-41

STEP 41 单击左侧选项栏中的“缩进和间距”，将面板右侧的“首行缩进”设置为6毫米，单击“确定”按钮，如图6-42所示。

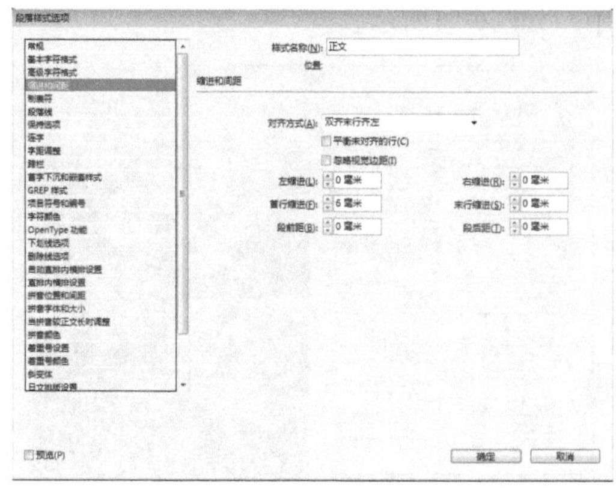

图6-42

STEP 42 执行“窗口”→“样式”→“字符样式”命令，打开“字符样式”面板，单击面板底部的“创建新样式”按钮，如图6-43所示。

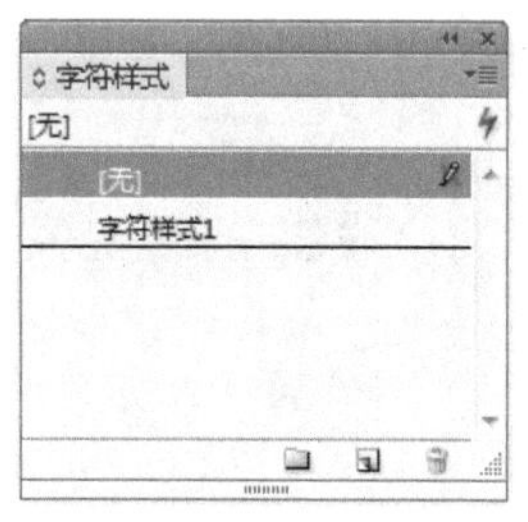

图6-43

STEP 43 双击新创建的“字符样式1”，弹出“字符样式选项”对话框，在该对话框中将“样式名称”改为“标题”，如图6-44所示。

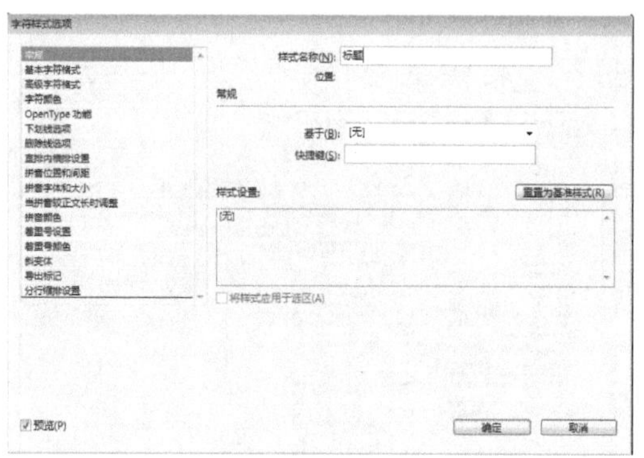

图6-44

STEP 44 单击左侧选项栏中的“基本字符格式”，将面板右侧的“字体系列”设置为隶书，大小为18点，行距为20点，如图6-45所示。

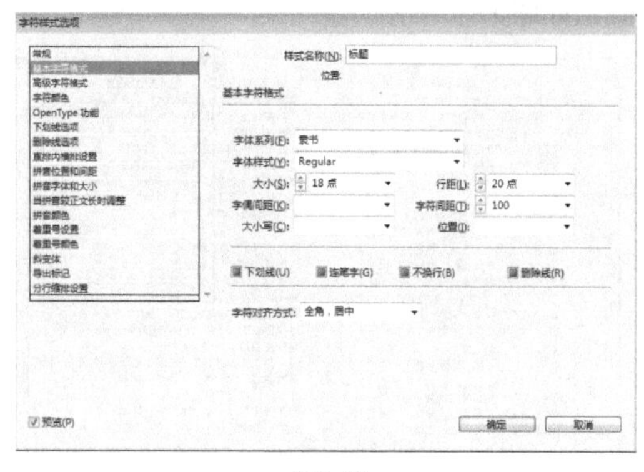

图6-45

STEP 45 单击左侧选项栏中的“字符颜色”，在右侧面板中创建C55、M100、Y100、K45的色块，在“填色”图标激活的状态下，单击该色块，单击“确定”按钮，如图6-46所示。

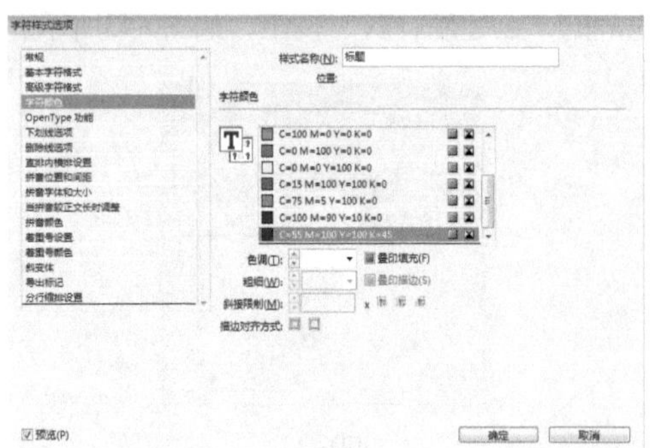

图6-46

STEP 46 选择正文文字，在“段落样式”面板中单击“正文”选项，此时全文应用此样式，如图6-47所示。

图6-47

STEP 47 选择所有小标题，在“字符样式”面板中单击“标题”选项，然后将其居中对齐，如图6-48所示。

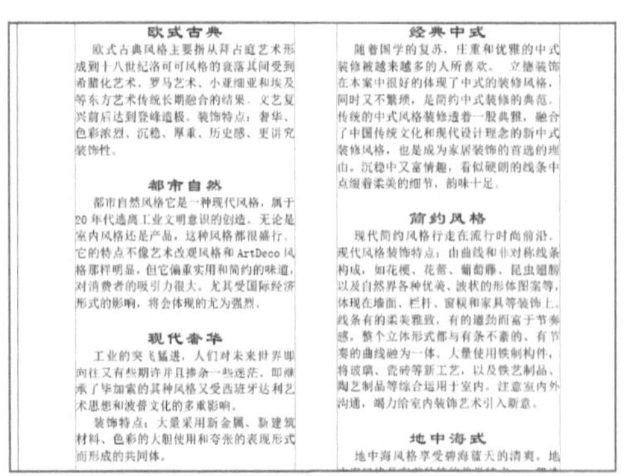

图6-48

STEP 48 执行“文件”→“置入”命令，选择图像素材（“光盘:\素材文件\模块06\任务1\9.jpg”），单击页面将图像置入到文档中，调整位置及大小，如图6-49所示。

图6-49

STEP 49 选择矩形框架工具，绘制宽度和高度分别为70毫米和55毫米的矩形框架，然后将其复制两个，并排放置在“页面6”中，如图6-50所示。

图6-50

STEP 50 选中矩形框架，执行“文件”→“置入”命令，将图像素材（“光盘:\素材文件\模块06\任务1”目录中）置入到页面中，如图6-51所示。

图6-51

Id 知识点拓展

知识点1　置入图像到页面中

InDesign CS6是一款优秀的排版软件，但它只能简单地编辑图像，因此，更多的是使用Photoshop处理完图像之后置入到InDesign CS6文档页面中，并且InDesign CS6可以接受多种格式的图像文档，如PSD、JPG、TIF、PDF、EPS等。执行“文件”→“置入”命令，在弹出的“置入”对话框中的“查找范围”下拉列表框中选择图像存放的路径，然后在文件夹中选择需要置入的图像，单击“打开”按钮，如图6-52所示。

图6-52

在页面中单击，图像被置入页面中，如图6-53所示。

图6-53

提 示

可将文件夹中的图像文件直接向InDesign页面内拖拽，也可以将图像放置到页面中。除此之外，还可以将其他文档或软件中的图像复制粘贴到当前文档中。

需要说明的是，置入InDesign页面中的图像是一个缩略图，只用于显示，因此在输出印刷之前一定不能将原始图片删除。

InDesign可以置入多种格式类型的图像，在“置入”对话框中选中“显示导入选项”复选框，将针对不同格式的图像文档弹出不同的选项对话框，在选项对话框中可以控制更多的设置内容，以使置入的图像更符合设计要求。

1. TIF 格式

在“查找范围”下拉列表框中选择一个格式为TIF格式的图片，并选中“显示导入选项”复选框，单击“打开”按钮，如图6-54所示。

图6-54

弹出选项对话框，如果在Photoshop中为这个TIF图像设置了剪贴路径和Alpha通道，在“图像”选项卡中选中“应用Photoshop剪切路径”复选框则可以将图像路径外的图像部分隐藏，在“Alpha通道”下拉列表框中可以选择一个通道作为蒙版，如图6-55所示。

提 示

“置入”对话框中的“应用网格格式”复选框只针对文字；选中“替换所选项目”复选框可用置入的图片替换页面中当前选择的图片。

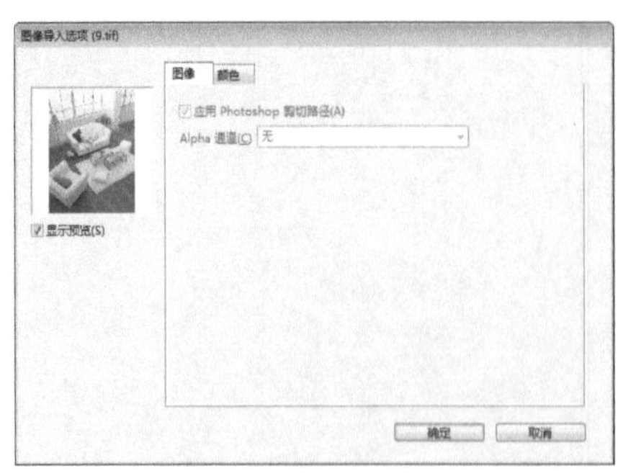

图6-55

2. PSD 格式

选择一张PSD格式图像之后，将弹出PSD的选项对话框。

在该对话框中选择“图层”选项卡，在“显示图层”选项组中可以通过单击图层的眼睛图标来调整图层的可视性，单击“确定”按钮则可以将图片置入页面中，如图6-56所示。

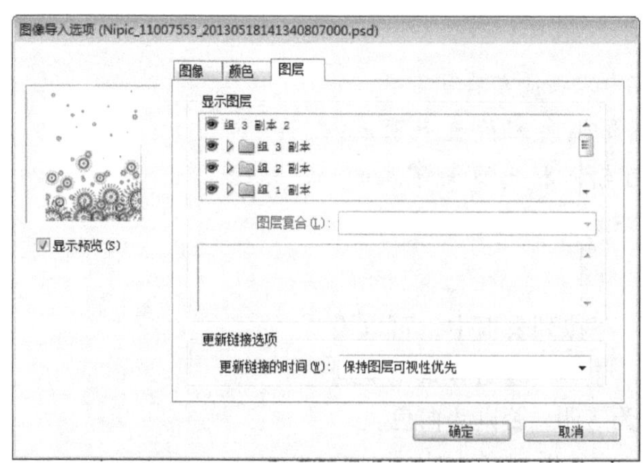

图6-56

3. EPS 格式

在“EPS导入选项”对话框中选中“应用Photoshop剪切路径”复选框，可以得到只保留路径部分而路径外的部分被遮住的效果，如图6-57所示。

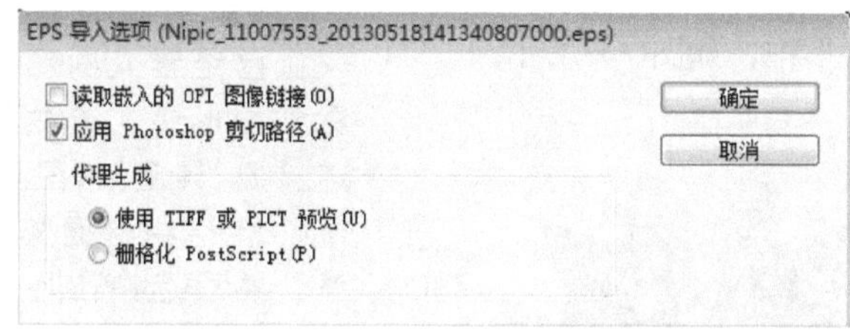

图6-57

4. PDF 格式

在“置入PDF”对话框的“常规”选项卡中，选中“范围”单选按钮，可在“范围”文本框中输入置入的页面范围。然后在“选项”选项组的“裁切到”下拉列表框中选择“定界框”选项，选中“透明背景”复选框，如图6-58所示。

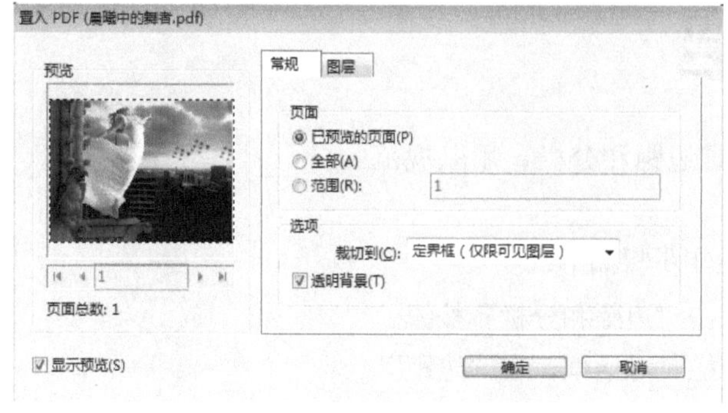

图6-58

提 示

选择“颜色”选项卡，包括“配置文件”和“渲染方法”两个选项。配置文件：设置与导入文件色域匹配的颜色源配置。渲染方法：选择将图像的颜色范围调整为输出设备的颜色范围时要使用的方法。

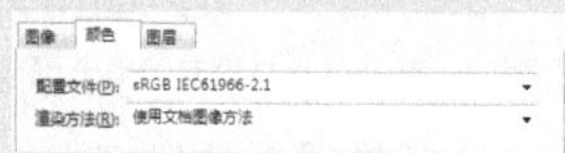

可以置入一个包含多个页码的PDF文件到InDesign页面中。“常规”选项卡下的“页面”项目中包含3个项目，其中：

- “已预览的页面”表示当前预览区中显示的页码内容将被置入页面中。
- “全部”表示PDF的所有页码内容将被置入页面中。
- “范围”可以指定某几个页码内容被置入页面中。在“范围”文本框中可输入指定页面导入的范围，比如“2,5-7”，需要注意的是导入不连续的页面要用英文逗号隔开。

在“选项”选项组的“裁切到”下拉列表框中，可以设置置入页面中PDF文件的边界大小。选中“透明背景”复选框，可以将置入的PDF文件背景设置为透明，否则为白色。

知识点2　置入图像到框架中

在页面中绘制一个图形，可以将图像直接置入该图形中。使用多边形工具绘制一个图形，按Ctrl+D组合键，在打开的“置入”对话框中选择一张图像，单击“打开”按钮，将光标移动到图形中，单击，图像将被置入图形中，如图6-59所示。

提 示

如果需要将页面中一张已经置入的图像放置到图形中，首先使用选择工具选中图像，按Ctrl+X组合键剪切图像，然后选中图形，执行“编辑”→“贴入内部”命令，即图像被放置到图形中。

图6-59

知识点3　边距和分栏

进行书刊内文的排版设计可设置边距和分栏，用以规范内文的版式。

为新建文档设置边距与分栏的操作步骤如下：

STEP 01 在“新建文档”对话框中单击“边距和分栏”按钮，打开如图6-60所示的“新建边距和分栏”对话框，在“边距”选项区域可设置上、下、内、外边距。

STEP 02 在“栏”选项区域的“栏数”文本框中设置分栏数；在“栏间距”文本框中设置栏间宽度；在“排版方向”下拉列表中可以选择排版方向为水平或垂直。

STEP 03 设置完成后单击“确定”按钮，效果如图6-61所示。

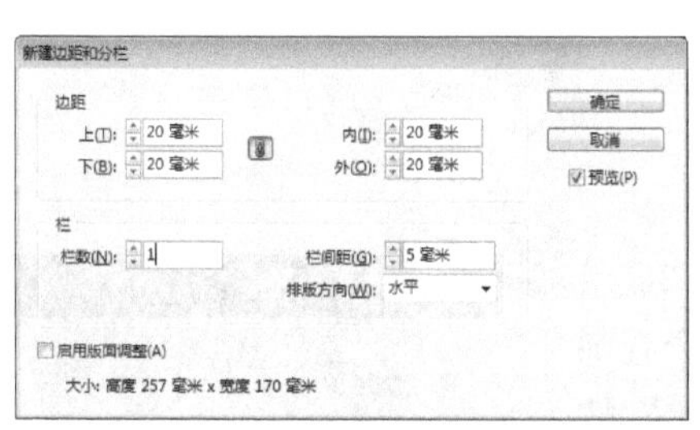

图6-60

图6-61

> **提 示**
>
> 在当前文档中置入另一个InDesign文档时，被置入文档的链接图像也被置入。若图片数量巨大，规范图像名称是非常必要的。当图像丢失或者需要被替换，单击“重新链接”按钮，在弹出的对话框中重新对该图像进行链接。

知识点4 管理图像

置入InDesign中的图像可能是几百张，也可能是几千张，要管理如此多的图像是一个非常艰巨的工作，比如需要对置入的图像重新在Photoshop中进行修改，需要替换某些不合格的图片等。使用“链接”面板可以非常方便地管理页面内的所有图片。执行“窗口”→“链接”命令，弹出“链接”面板，在面板中列出了置入文档的所有图片，如图6-62所示。

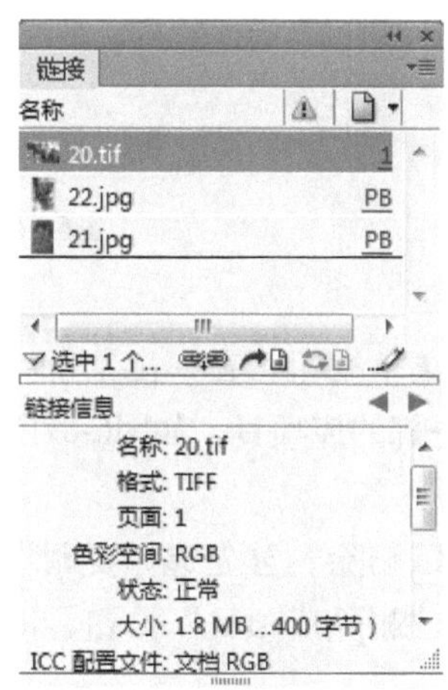

图6-62

知识点5 对象库

对象库在磁盘上是以命名文件的形式存在的。创建对象库时，可指定其存储位置。库在打开后将显示为面板形式，可以与任何其他面板编组，对象库的文件名显示在其面板选项卡中。

1. 显示或修改“库项目信息”

选择一个库项目，单击“库”面板底部的“库项目信息”按钮，如图6-63所示。打开“项目信息”对话框，在此可查看或修改库项目，如图6-64所示。

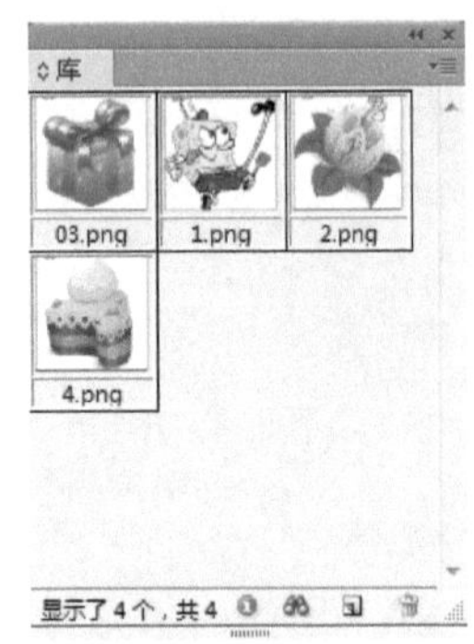

图6-63

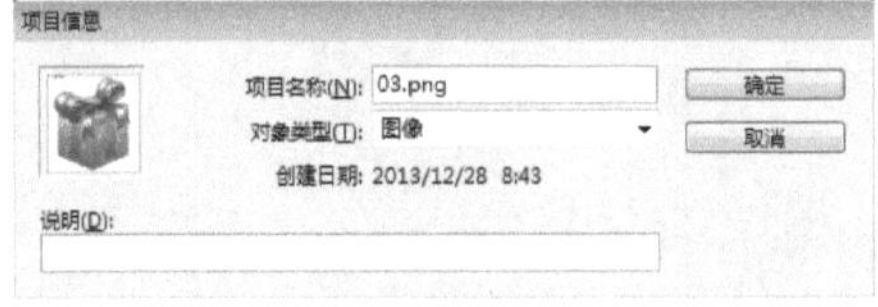

图6-64

2. 显示库子集

单击“库”面板底部的“显示库子集”按钮，打开“显示子集”对话框，从中单击“更多选择”按钮可以增加一个查询条件，如图6-65所示。随后输入查询条件，并单击“确定”按钮，“库”面板将会显示出符合条件的项目，如图6-66所示。

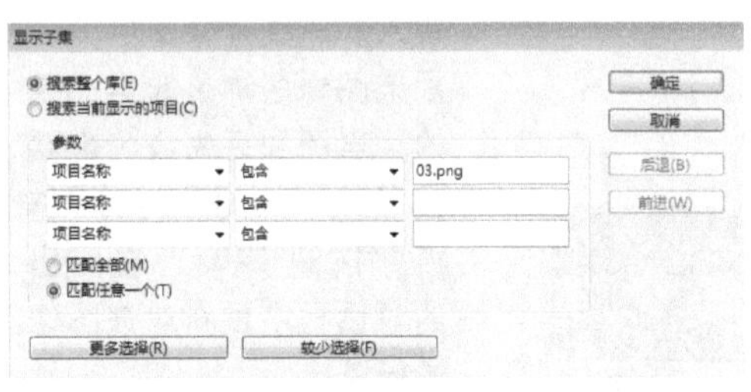

图6-65

图6-66

3. 显示全部

单击“库”面板右上角的菜单按钮，在弹出菜单中执行“显示全部”命令，即可显示全部的库项目，如图6-67所示。

4. 删除库项目

对于不需要的库项目，可以删除。首先选择要删除的库项目，单击“库”面板底部的“删除库项目”按钮，即可删除库项目，如图6-68所示。

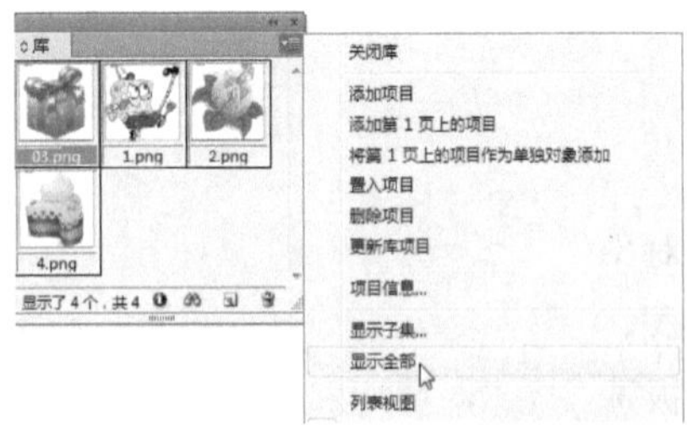

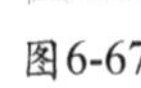

图6-67

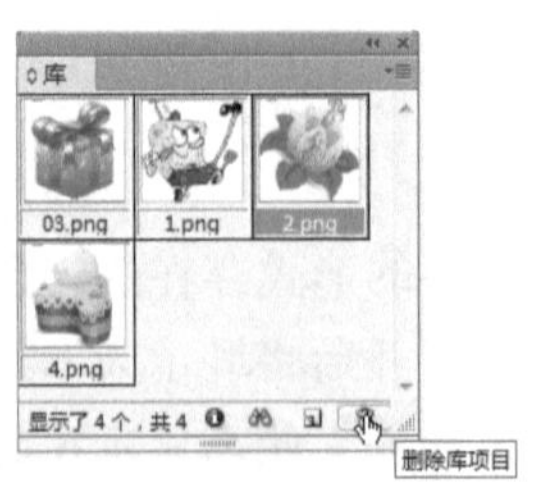

图6-68

> **提 示**
>
> 执行“文件”→“新建”→“库”命令，打开“新建库”对话框，选择新建库的保存路径，单击“确定”按钮即可创建“库”面板。选择页面上的图像，单击“库”面板底部的“新建库项目”按钮，即可将选择的图像添加到库面板中。

Id 独立实践任务

任务2　设计制作家具宣传画册

任务背景和要求

完成品诺家具宣传画册内页排版设计，尺寸和设计要求可以参考书中的任务要求。

任务分析

将图像分类排版，将图像置入文档中，与文字进行组合完成排版。

任务素材

企业提供用图，设计师自行安排配图。本任务的所有素材文件在“光盘:\素材文件\模块06\任务2”目录中。

任务参考效果图

本任务的最终效果文件在“光盘:\素材文件\模块06\任务2”目录中。

01
02
03
04
05
06
07
08
09
10
11
12

Id 职业技能考核

一、选择题

1. 在InDesign中，不能缩放显示页面的方法有（　　）。

A. 可以使用工具箱中的缩放显示工具

B. 可以使用视图菜单下的放大和缩小命令

C. 可以使用“信息”面板

D. 可以使用“变换”面板

2. 在“字符”面板中包含了多种文字规格的设定，下列（　　）选项不可以在“字符”面板中设定。

A. 字符大小

B. 字符行距

C. 缩排

D. 字间距

3. 关于淡印色的叙述中，正确的是（　　）。

A. 创建淡印色时需要指定源色

B. 创建淡印色时不需要指定源色

C. 淡印色和印刷色属于同一类别

D. 淡印色和专色属于同一类别

4. InDesign CS6有一整套措施设定物体颜色和维护文档色彩设定，下列叙述不正确的有（　　）。

A. 通过“颜色”面板可以管理所有文档（包括置入的文件）中出现的颜色

B. 通过“色板”面板可以管理所有文档（包括置入的文件）中出现的颜色

C. 只能通过“色彩设置”命令在InDesign中为所有置入的图像进行色彩设置

D. 在置入图片时就可以为图片设置颜色管理

二、填空题

1. __________工具的作用范围包括文本框、图文框以及各种多边形。

2. 在使用__________工具改变对象大小时，若按住键盘上的Shift键，则可以等比例放大或缩小对象。

3. 在InDesign CS6中，__________是文档版面的基本构造块。

4. 框架可以包含__________。

5. 单击工具箱中的框架工具按钮，可以看到三种形状框架工具，分别是矩形框架工具、椭圆框架工具和__________。

模块 07 设计制作挂历

本任务效果图：

软件知识目标：

1. 掌握矢量图形的处理方法
2. 掌握不同类型日历的制作方法
3. 了解软件之间的文件交换

专业知识目标：

1. 了解挂历的不同开本及装订方法
2. 了解不同装订方法对版面设计的要求

建议课时安排：4课时（讲课2课时，实践2课时）

Id 模拟制作任务

任务1　设计制作挂历

任务背景

为迎接新年到来，在2012年底要制作一批挂历，投入市场。由于2013年是蛇年，因此在挂历上要体现蛇的元素和新年元素。

任务要求

客户已经提供相关用图，设计师可自行设计配图。客户要求版面喜庆而又生动，体现欢度新年的主题。

尺寸要求：成品尺寸为420mm×550mm。

任务分析

注意排版以及构图。

最终效果

本任务素材文件和最终效果文件在“光盘:\素材文件\模块07\任务1”目录中，本任务的操作视频详见“光盘:\操作视频\模块07”目录中。

任务详解

STEP 01 执行“文件”→“新建”→“文档”命令，弹出“新建文档”对话框。在该对话框中设置“宽度”为420毫米、“高度”为550毫米，如图7-1所示。单击“边距和分栏”按钮，在弹出的“新建边距和分栏”对话框中设置所有边距为5毫米，单击“确定”按钮，如图7-2所示。

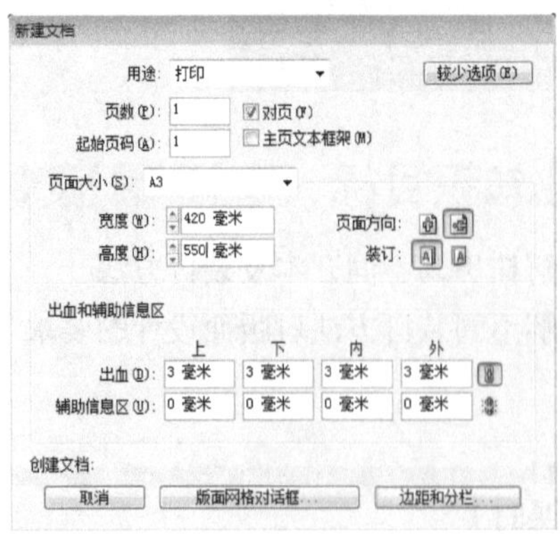

图7-1

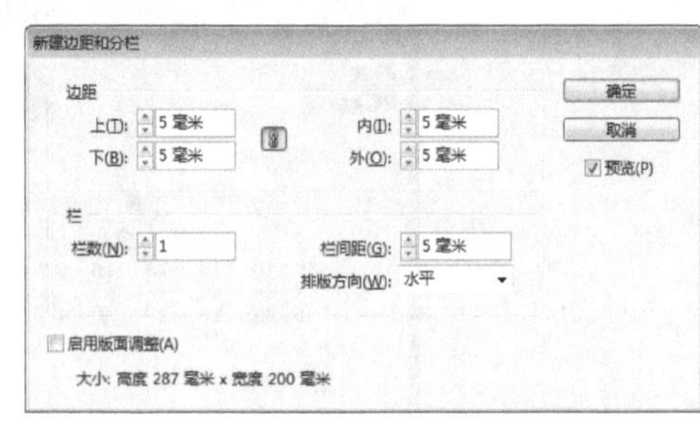

图7-2

STEP 02 新建的空白文档会显示在桌面上，如图7-3所示。

STEP 03 执行“文件”→“置入”命令，弹出“置入”对话框，选择图像文件（“光盘:\素材文件\模块07\任务1\1.jpg”），单击“打开”按钮，如图7-4所示。

STEP 04 在页面中单击，此时背景图片置入到文档中，调整其大小与页面对齐，如图7-5所示。

图7-3

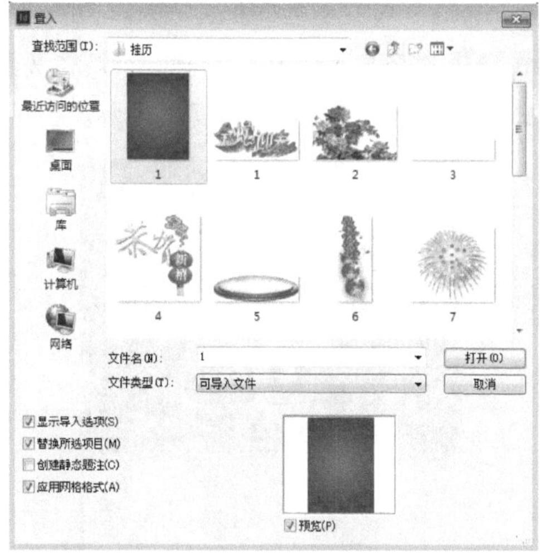

图7-4

图7-5

STEP05 执行“文件”→“置入”命令，将礼花图像素材（“光盘:\素材文件\模块07\任务1\3.png”）置入页面中，调整位置及大小，如图7-6所示。

图7-6

STEP06 执行“文件”→“置入”命令，将鞭炮图像素材（“光盘:\素材文件\模块07\任务1\6.png”）置入页面中，调整位置及大小，如图7-7所示。

图7-7

STEP07 选择图像，按Alt键拖拽鼠标，复制一个，然后将其移至页面的右侧，执行“对象”→“变换”→“水平翻转”命令，如图7-8所示。

STEP08 使用相同的方法，将其他的图像素材（“光盘:\素材文件\模块07\任务1”目录中）置入页面中，如图7-9所示。

图7-8

图7-9

STEP 09 选择矩形工具，绘制矩形，执行“窗口”→“颜色”→“渐变”命令，打开“渐变”面板，类型选择径向渐变，设置渐变颜色由黄色（C10、M0、Y85、K0）到橙色（C5、M55、Y90、K0）渐变，如图7-10所示。

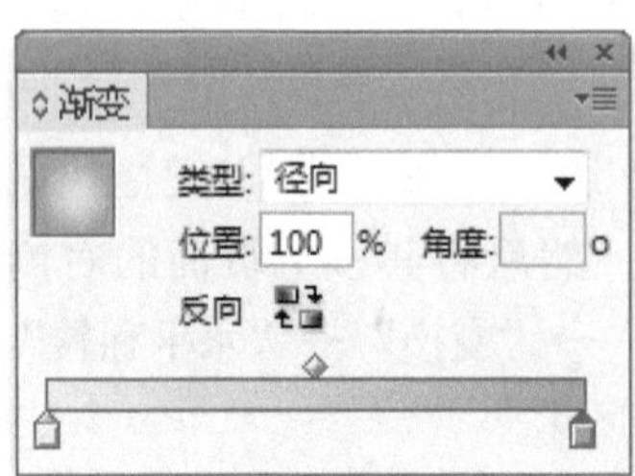

图7-10

STEP 10 矩形应用渐变颜色，调整其位置及大小，如图7-11所示。

图7-11

STEP 11 选择矩形工具，绘制一个填色为纸色、描边为无的矩形，如图7-12所示。

图7-12

STEP 12 选中渐变矩形，复制一个，将其移动到页面下方，如图7-13所示。

STEP 13 执行“文件”→“置入”命令，在弹出的“置入”对话框中，选择“光盘:\素材文件\模块07\任务1\日历.txt”文档，单击“打开”按钮，单击页面，将文档置入页面中，效果如图7-14所示。

STEP 14 使用选择工具选中日历对象，右击，在弹出的快捷菜单中执行“框架类型”→“文本框架”命令，此时框架线被隐藏，如图7-15所示。

图7-13

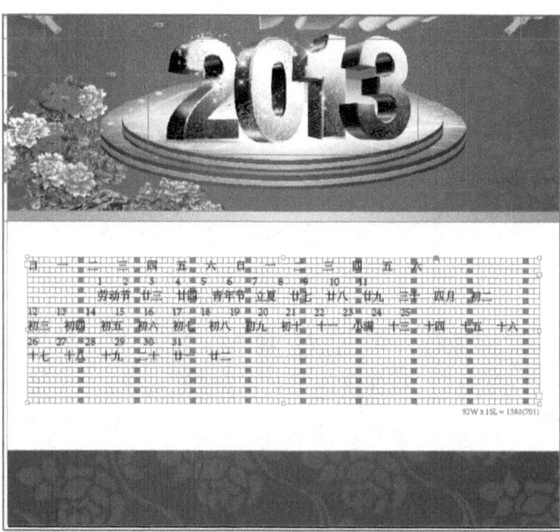

图7-14

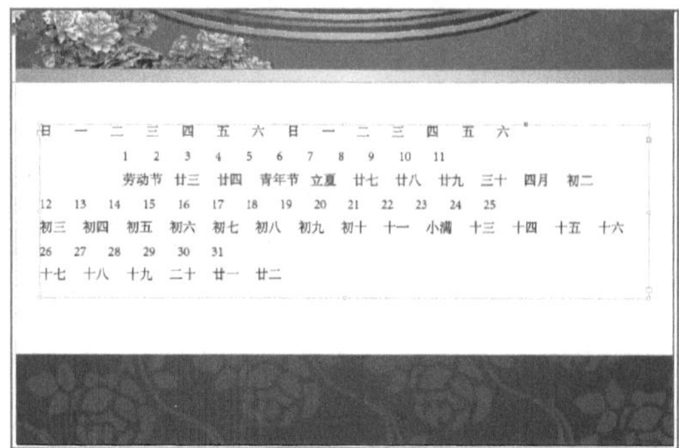

图7-15

STEP 15 执行“文字”→“制表符”命令，弹出“制表符”面板，单击面板中的“将面板放在文本框架上方”按钮，调整面板，如图7-16所示。

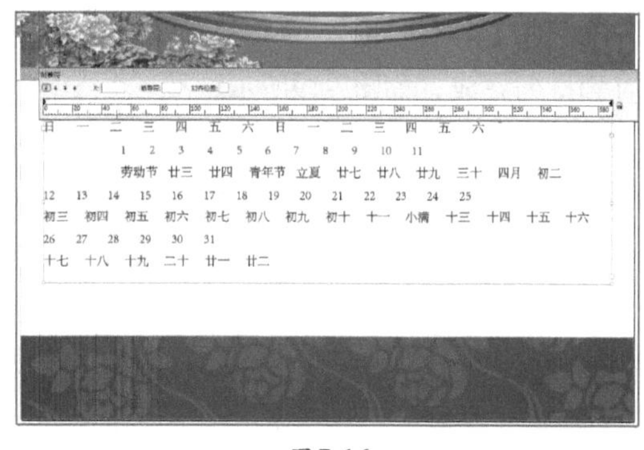

图7-16

STEP 16 选中文本，执行“文字”→“显示隐含的字符”命令，此时隐藏的字符显示出来，如图7-17所示。

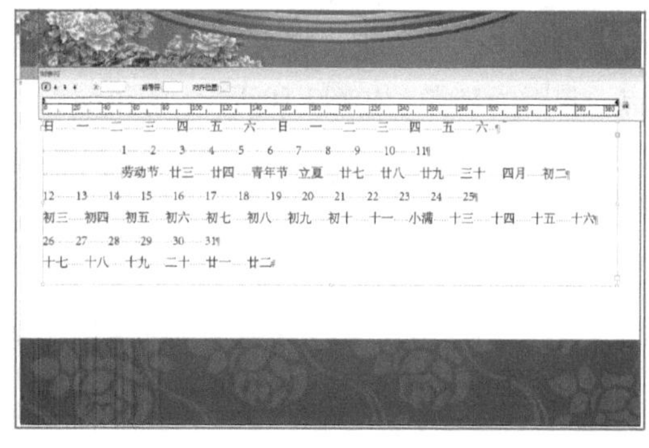

图7-17

STEP 17 删除所有的隐藏字符，然后在字符之间按Tab键输入制表符号，如图7-18所示。

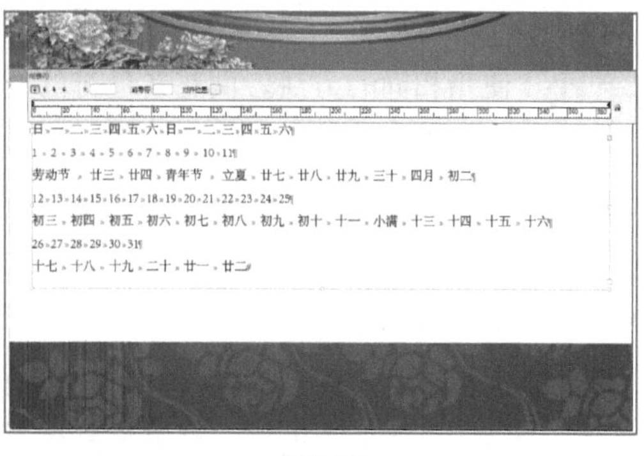

图7-18

STEP 18 按Ctrl+A组合键将文本全部选中，

单击“制表符”面板中的“居中对齐制表符”按钮，在X文本框中输入25毫米，然后单击定位标尺上的某一位置，在X文本中输入50毫米，再次单击定位标尺上的某一位置，在X文本框中输入75毫米，以此类推，直到排列完成，如图7-19所示。

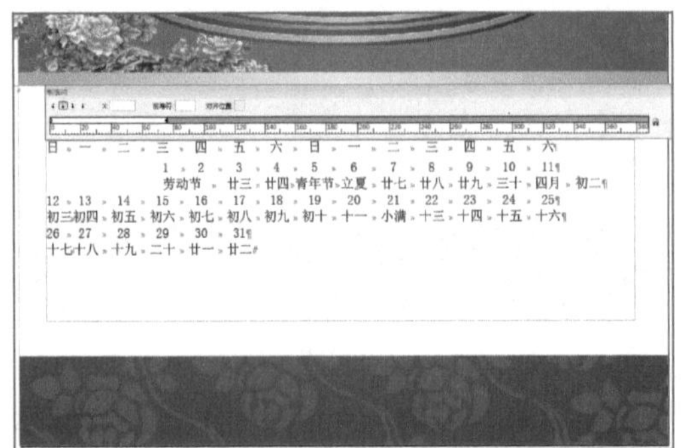

图7-19

STEP 19 选中第一行文字，打开“字符”面板，设置字体为方正大标宋简体，字号为18点，行距为36点，如图7-20所示。

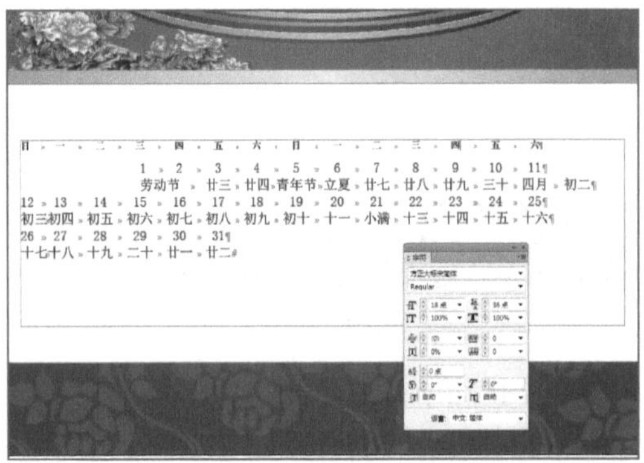

图7-20

STEP 20 使用相同的方法，调整其他行的文字，如图7-21所示。

STEP 21 选择文本中的节假日，在色板中设置填色为红色（C15、M100、Y100、K0），如图7-22所示。

STEP 22 选择矩形工具，绘制一个宽度为332毫米、高度为7毫米的矩形，设置矩形填色为灰色（C0、M0、Y0、K30），描边为无，移动到合适位置，如图7-23所示。

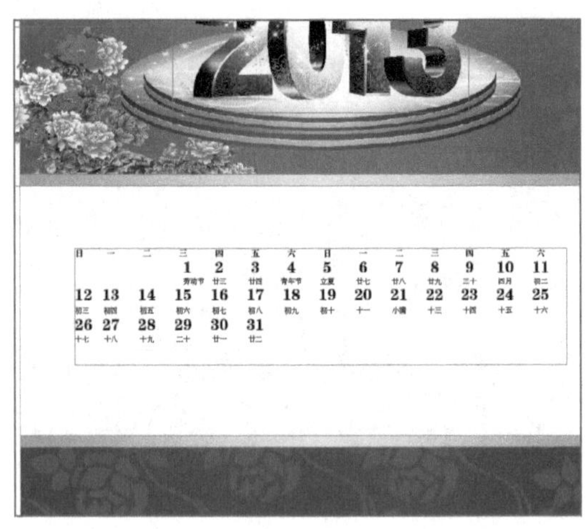

图7-21

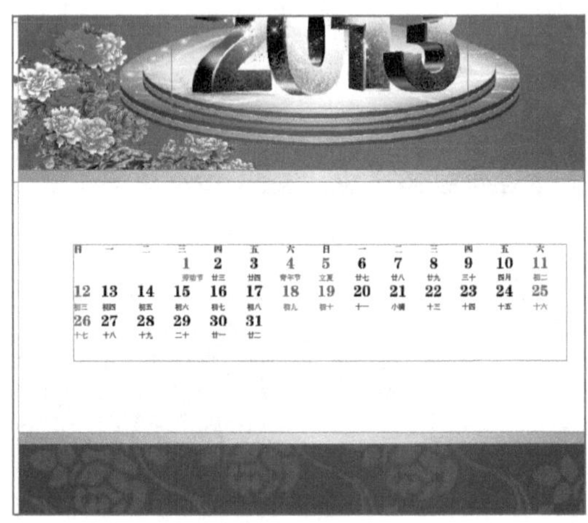

图7-22

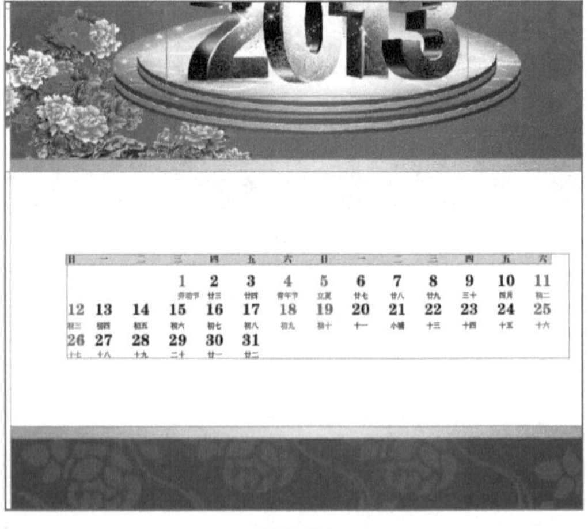

图7-23

STEP 23 选择文字工具，输入文本，设置字体为Impact，字号为72点，移动到合适位置，如图7-24所示。

图7-24

STEP 24 执行“文件”→“置入”命令，将图片素材（“光盘:\素材文件\模块07\任务1\11.png”）置入文档中，然后设置图片的不透明度为25%，调整其位置和大小，如图7-25所示。

图7-25

STEP 25 执行“文件”→“置入”命令，将其他图片素材（“光盘:\素材文件\模块07\任务1”目录中）置入页面中，调整其位置与大小，如图7-26所示。

STEP 26 选择文字工具，在页面底部输入文本，设置字体为华文琥珀，字号为48点，填色为黄色（C0、M0、Y100、K0），描边为无，调整位置及大小，最终效果如图7-27所示。

图7-26

图7-27

知识点拓展

知识点1　台历和挂历

根据史料显示，我国在4000多年以前就有了比较成熟的历法。史书记载，1200年前的唐顺宗永贞元年皇宫中就在使用日历了，当时称为皇历，不仅记录着日期，还是编修国史的重要资料。以后，由于日历给生活带来许多方便，就逐渐进入到朝廷大官的家庭。近代，日历向着大众化、家庭化发展，逐渐发展成现代的挂历、台历。挂历或台历的最直接用途是查看日历，从日历性质上可分为年历、双年历、多年历、季历、月历、双月历、半月历、周历、日历等。挂历的页数和挂历成本有着密切的关系，每页有一个月的日期，就是12页，半月的就需要24页，月历每页印上两个月的日期就是6页，周历就需要是54页等。

挂历或台历按形状分类，可分为中堂型、条幅型、横幅型、正方形、圆形、三角形等。挂历之所以有各种形状，首先是因为设计者要迎合消费者的心理，适应不同人和不同场合的需要，其次是从审美观点，变换花样也能激发消费者的购买兴趣。图7-28所示即为一种普通的挂历。

图7-28

提 示

专版台历挂历是相对于通用内容的台历挂历而言，可根据特殊要求进行单独的设计、制作，其内容、款式、风格等都是专一的。整个过程都是专门围绕着客户的需求而开展的，其制作工序有：设计风格小样→设计印刷稿→出菲林片并打印刷样→制版→印刷→裁切→裱板→分页→修边→打孔→穿环压环→质检→包装→交付。此外还有复膜、烫金银、起鼓、过油、模切等工艺工序将根据产品要求按需加入。

挂历的尺寸设计比较随意，常见的尺寸有32开、16开、8开、4开、对开、全开等。而台历一般放在桌面上，所以尺寸较小，以32开居多。任务1中的挂历为大4开，即420mm×550mm。

知识点2　矢量图形与位图图像

在计算机中显示图像的格式有两种：矢量图（Vector）和位图（Bitmap）。在印前制版工作中，常用的两种软件非常具有代表性，即Photoshop和Illustrator。前者是处理位图图像的鼻祖，后者是矢量图形领域的佼佼者。

矢量图也称为向量图。矢量图是通过多个对象的组合生成的，对其中的每一个对象的记录方式都是以数学函数来实现的。也就是说，矢量图实际上并不是像位图那样记录画面上每一点的信息，而是记录了元素形状及颜色的算法，当打开一幅矢量图时，软件对图形对应的函数进行运算，将运算结果（图形的形状和颜色）显示出来。无论显示画面是大还是小，画面上的对象对应的算法是不变的，所以，即使对画面进行倍数相当大的缩放，其显示效果仍然相同（不失真）。图7-29所示为矢量图放大前后的效果对比。

> **提 示**
>
> 矢量图可以在维持它原有清晰度和弯曲度的同时，多次移动和改变它的属性，而不会影响图例中的其他对象。基于矢量的绘图同分辨率无关。矢量图最大的缺点是难以表现色彩层次丰富的逼真图像效果。

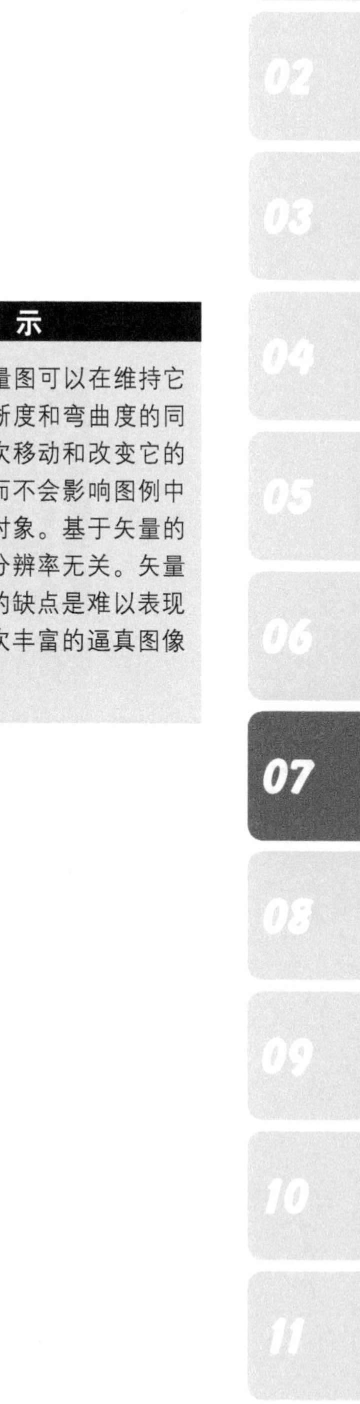

图7-29

位图也称点阵图、栅格图像或像素图。构成位图的最小单位是像素，位图就是由像素阵列的排列来实现其显示效果的，每个像素都有自己的颜色信息，在对位图图像进行编辑操作时，可操作的对象是每个像素，可以通过改变图像的色相、饱和度和明度，改变图像的显示效果。位图图像一般是指反映景物、人物等的连续密度的影像，其主要特点在于反映真实的面貌。通常，图像信息是用数字扫描设备（扫描仪）或数字摄影设备（数码照相机）采集到计算机中，成为数字图像。图7-30所示为位图放大前后的效果对比。

图7-30

通过比较不难发现，矢量图形经过放大后，图像的品质没有受到影响，图像的边缘依然清晰如初。位图则不然，图像的边缘放大后会呈现出锯齿或“马赛克”形状。这主要是因为位图具有自身固有的分辨率，过度放大会导致马赛克现象或使图像变得不够清晰，缩小则会丢失一些采样点的信息。矢量图形使用线段和曲线描述图像，所以称为矢量，同时图形也包含了色彩和位置信息。

提 示

通常，由于印刷需要C、M、Y、K四色油墨复制色彩，所以需要将RGB模式的图像分色转换成CMYK模式的图像。经分色后，CMYK模式图像的每个像素包含4个数据。所谓“分色”，就是将原始图像每个像素的色彩（一般是RGB或Lab模式的3个数据）分解转换成适合印刷的、按油墨色彩区分的数据（对CMYK模式而言是4个数据）。常用的Photoshop软件带有分色模块，用来完成点阵图的印刷分色。

知识点3　认识图层

与Photoshop的图层相似，InDesign的图层功能也是用来放置不同的对象以便更好地操作这些对象。InDesign的图层通过“图层”面板来管理。

执行“窗口”→“图层”命令可以弹出“图层”面板，如图7-31所示。

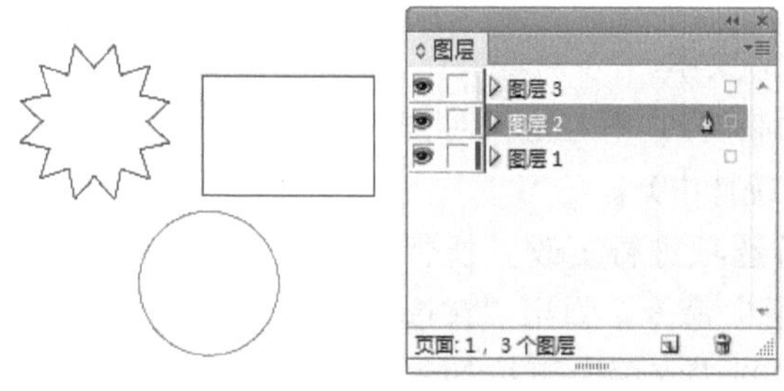

图7-31

单击某个图层名称栏，该图层蓝显表示该图层被激活，此时在页面中建立的对象将自动被放置到这个图层中，双击图层名称栏，弹出“图层选项”对话框，在“名称”文本框中可以自定义图层的名称，“颜色”用来设置图层中对象的框架颜色，如图7-32所示。

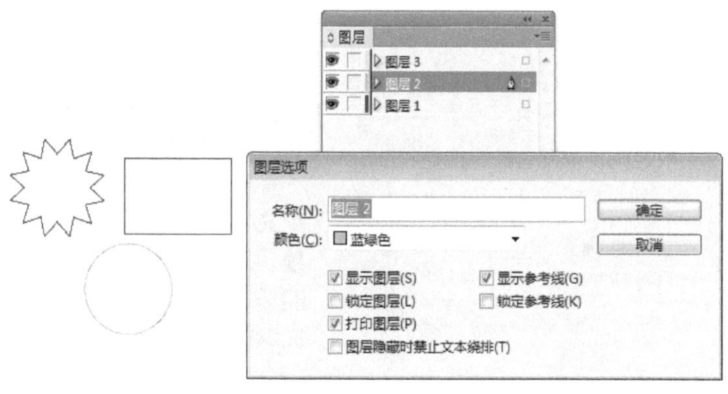

图7-32

知识点4　制表符

制表符可以将文本定位在文本框中特定的水平位置，使用户能够自定义对齐文本。

(1) 执行“文字”→“制表符”命令，打开“制表符”面板，如图7-35所示。

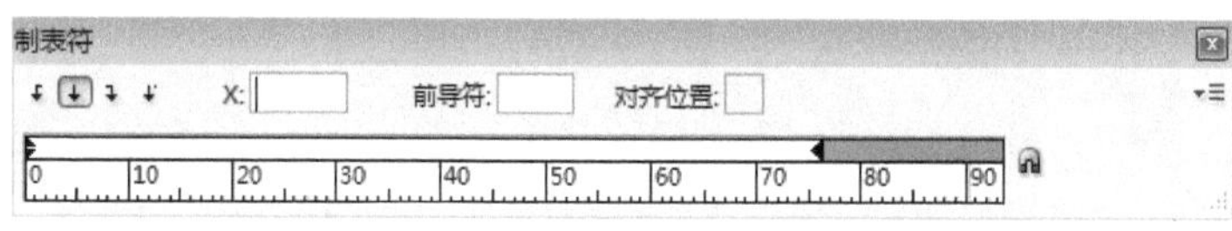

图7-35

提 示

按住图层栏拖拽到“创建新图层”图标可以复制该图层，如图7-33所示。

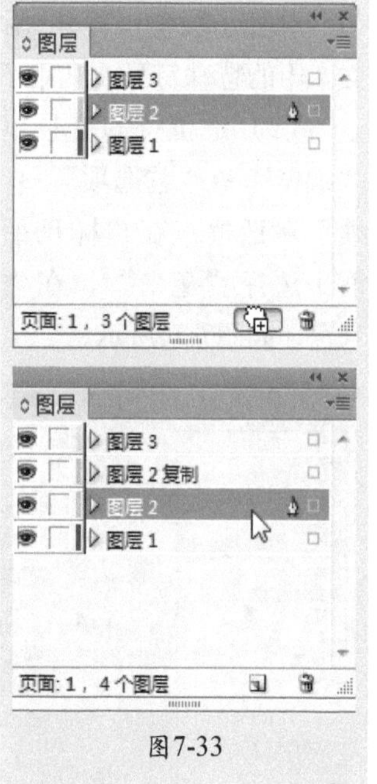

图7-33

提 示

按住Shift键单击“图层”面板中的其他图层，将选中它们之间的所有图层；按住Ctrl键单击图层栏可以逐一选中这些图层，如图7-34所示。

图7-34

制表符中定位文本的4种不同定位符如下：

左对齐制表符：用定位符进行左对齐文本（默认的对齐方式，最常用）。

居中对齐制表符：用定位符进行中心对齐文本（常用于标题）。

右对齐制表符：用定位符进行右对齐文本。

对齐小数位（或其他指定字符）制表符：用定位符对齐文本中的特殊符号（常用于大量的数据统计中）。

（2）定位符的度量单位可通过首选项进行更改。执行“编辑”→“首选项”→“单位和增量”命令，弹出“首选项”对话框。在“标尺单位”选项组的“水平”下拉列表框中选择“毫米”，在“垂直”的下拉列表框中选择“毫米”，如图7-36所示。

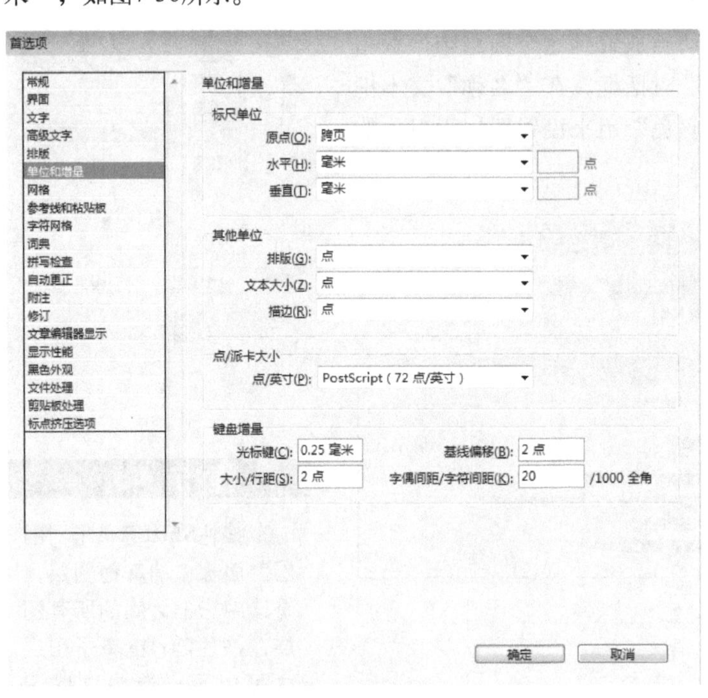

图7-36

（3）单击“确定”按钮，然后执行“文字”→“制表符”命令，打开“制表符”面板，可以看到制表符位置是以毫米为度量单位。

提 示

制表符与段落对齐作用相似，但是制表符不仅可以控制整个段落的水平位置，还可以单独控制段落内的部分文字使其对齐。

提 示

在目录中会使用或填充制表符空白位置的实线、虚线或点划线，这些实线、虚线或点划线就是文章的前导符。

Id 独立实践任务

任务2　设计制作日历

任务背景和要求

现因客户需求，制作一批日历，尺寸可参考任务1。

任务分析

主要考查初学者的排版能力及图形变换应用。

任务素材

背景配图三张，设计师自行排版设计。本任务的所有素材文件在“光盘:\素材文件\模块07\任务2”目录中。

任务参考效果图

本任务的最终效果文件在“光盘:\素材文件\模块07\任务2”目录中。

Id 职业技能考核

一、选择题

1. 以下（　）变形操作可以通过InDesing CS6中的选择工具或变换工具直接完成。

   A. 旋转图片　　B. 缩放文本框

   C. 倾斜图片　　D. 镜像图片

2. 下列有关主版页描述，不正确的是（　）。

   A. 可以创建多个不同的主版页

   B. 主页可以想布局页一样编辑修改，也可以执行复制、删除等操作

   C. 可以将布局页转换为主版页，而且布局页中的对象也被复制到主版页中

   D. 使用“释放主版对象”命令可以在布局页中编辑主版页中的对象

3. 在“描边”面板中可以对当前选中的路径执行的操作有（　）。

   A. 可以改变路径的宽度

   B. 可以改变路径转角的方式

   C. 可以控制路径转角斜接的角度

   D. 可以自定义路径的线型

4. 在“链接”面板中出现“黄色圆形中带一个感叹号”的符号表明（　）。

   A. 某链接文件被修改过

   B. 文档中包含错误链接

   C. 某链接文件被损坏

   D. 某链接文件被丢失或无法找到

二、填空题

1. 框架与路径一样，唯一的区别是__________。

2. 在InDesign CS6中，提供了两种类型的文本框架，即__________和__________。

3. 指定了内容为文本的框架或者已经填入了文本的对象称为__________。

4. 可以通过各文本框架左上角和右下角中的__________来识别文本框架。

5. 框架网格是以一套基本网格来确定__________和附加的框架内的间距。

6. 在InDesign CS6中，置入的外部图形图像都将包含在一个矩形框内，通常将这个矩形框称为__________框架。

模块 08 设计制作报纸

本任务效果图：

盘点10种夏季滋补降火食物

喝养生茶缓解眼疲劳

健康生活报

JIAN KANG SHENG HUO BAO

食品安全地方标准清理年底完成

植物营养促进新陈代谢

夏季应该怎样预防食物中毒

生活小知识

黑豆有什么作用？

软件知识目标：

1. 掌握段落样式的应用
2. 掌握嵌套样式的设置

专业知识目标：

1. 了解报纸的版面构成
2. 了解常用校对符号及其用法

建议课时安排：

4课时（讲课2课时，实践2课时）

Id 模拟制作任务

任务1　设计制作报纸

任务背景

《健康生活报》面向广大群众发行的一份报纸，主要报道的是健康知识普及、疾病预防、保健等。报纸版面要求简洁大方，主要阅读对象是中老年群体。

任务要求

《健康生活报》一共有4版，第一版主要报道的是关于健康和食品安全的重要新闻；第二版为专题报道，对疾病进行详细的剖析；第三版是专家面对面，有问必答，是将读者的信息和疑问反馈回来，专家给出建议和答案；第四版是健康小知识。

尺寸要求：成品尺寸为270mm×390mm。

任务分析

报纸的排版要遵循一定的工作流程。在本次任务中，客户提供的原稿为Word文件，每一个文件都明确指出了所属版面，需要做的就是把相应的内容放到对应的版块内，以及美化版面。

最终效果

本任务素材文件和最终效果文件在“光盘:\素材文件\模块08\任务1”目录中，本任务的操作视频详见“光盘:\操作视频\模块08”目录中。

任务详解

STEP 01 执行“文件”→“新建”→“文档”命令，弹出“新建文档”对话框，在该对话框中设置页数为2、“宽度”为270毫米、“高度”为390毫米，如图8-1所示。单击“边距和分栏”按钮，在弹出的“新建边距和分栏”对话框中设置上、下、内、外边距分别为20毫米、10毫米、10毫米、20毫米，栏数为3，栏间距为5毫米，单击“确定”按钮，如图8-2所示。

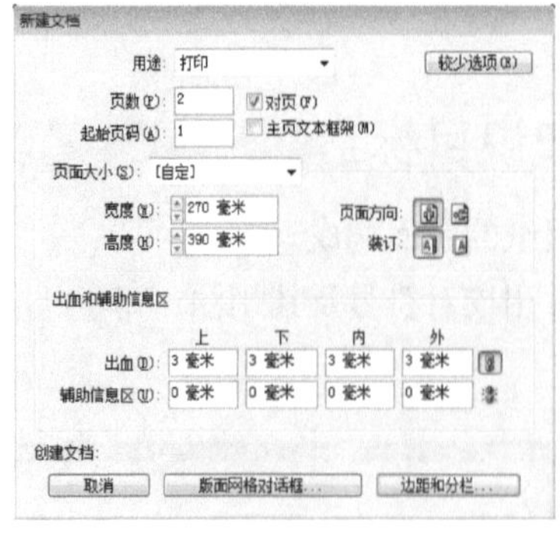

图8-1

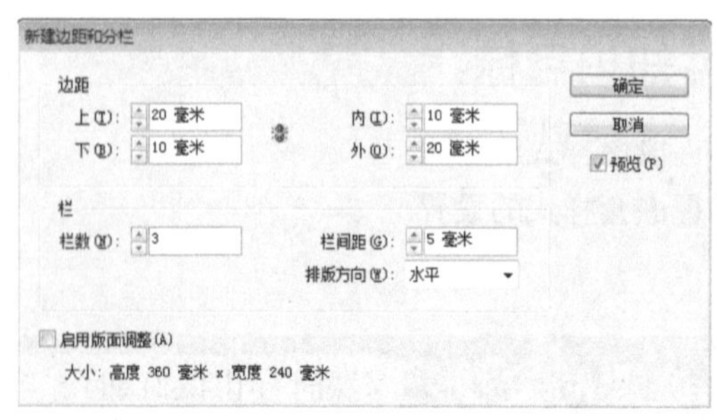

图8-2

STEP02 执行“窗口”→“页面”命令，打开“页面”面板，右击“页面1”，弹出页面属性菜单，如图8-3所示。

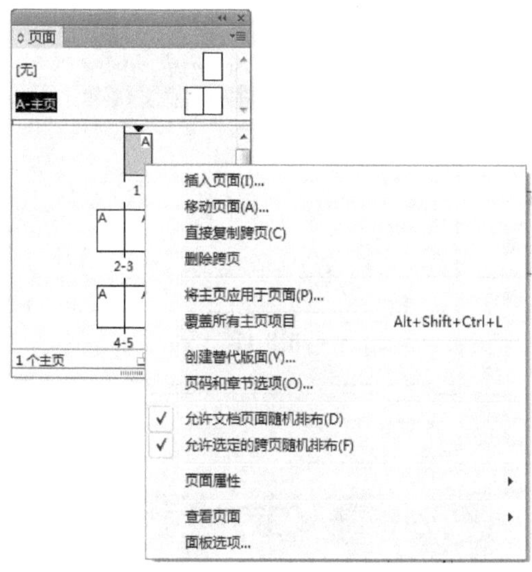

图8-3

STEP03 取消“允许文档页面随机排布”和“允许选定的跨页随机排布”两项的勾选状态，如图8-4所示。

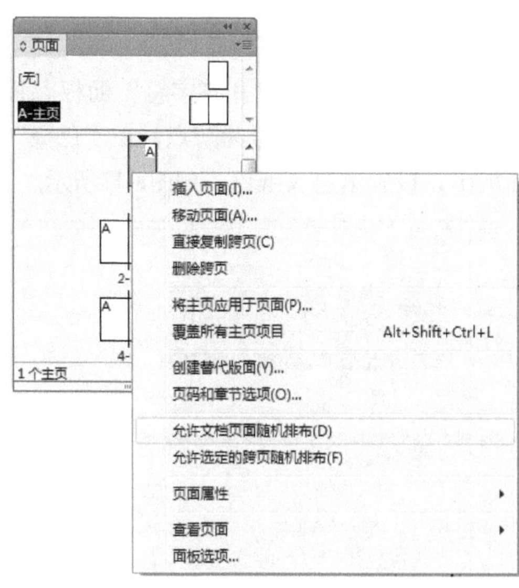

图8-4

STEP04 单击“页面2”，并拖拽到“页面1”的左侧，使两页面横向并列排布，如图8-5所示。

STEP05 此时新建立的空白文档显示效果如图8-6所示。

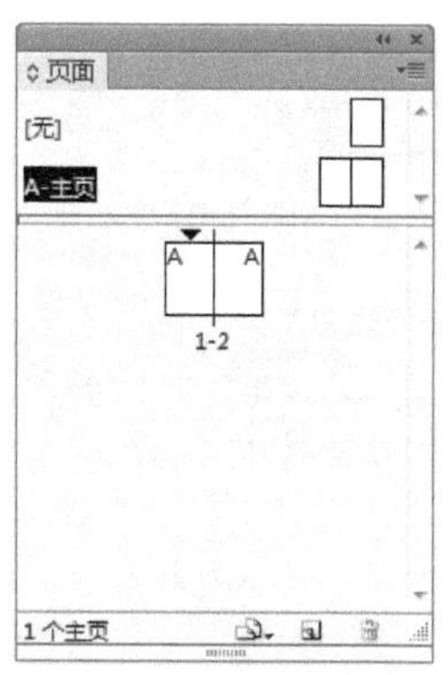

图8-5

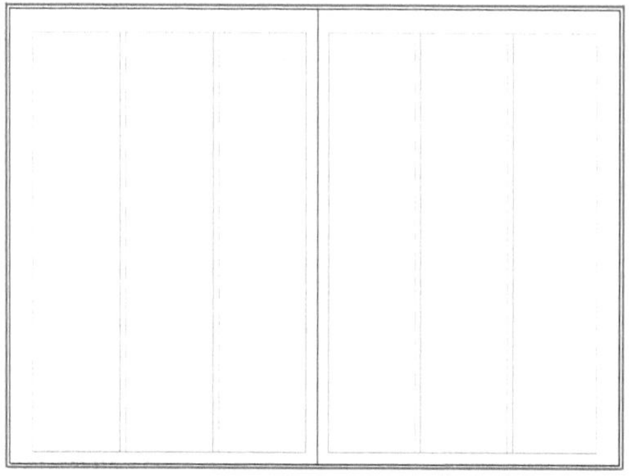

图8-6

STEP06 选择文字工具，在第一版左上角建立一个文本框，输入“健康生活报”，打开“字符”面板，设置字体为迷你圆简立，字号为89点，如图8-7所示。

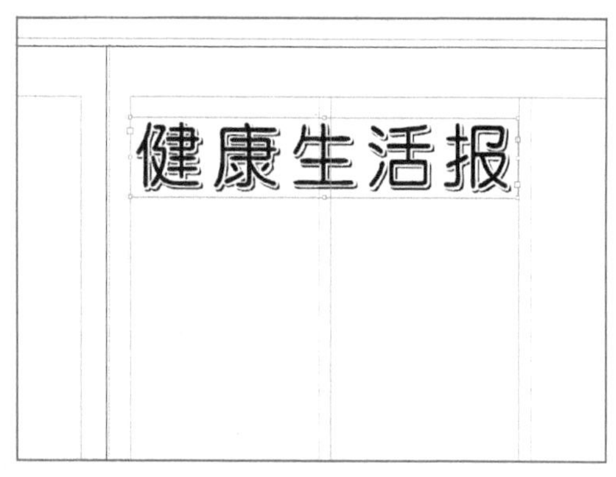

图8-7

STEP07 选中文字，打开“色板”面板，单击“面板菜单”按钮，在弹出的快捷菜单中执行“新建颜色色板”命令，在弹出的“新建颜色色板”对话框中设置参数值，如图8-8所示。

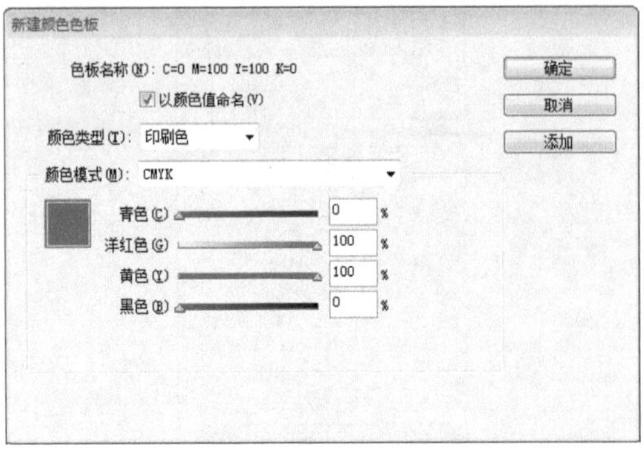

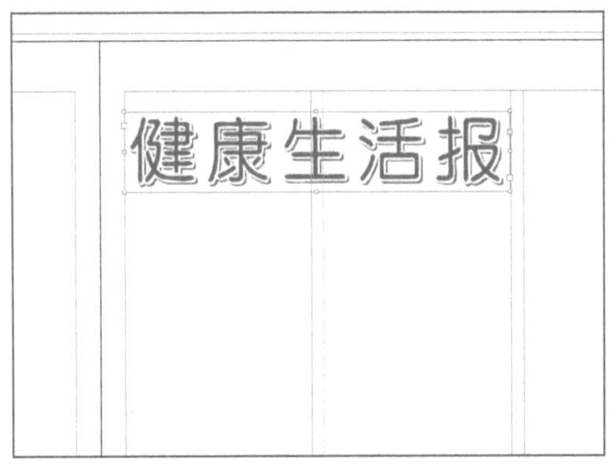

图8-8

STEP08 单击“确定”按钮，文字被填充为红色，将其移动到报纸的左上角，如图8-9所示。

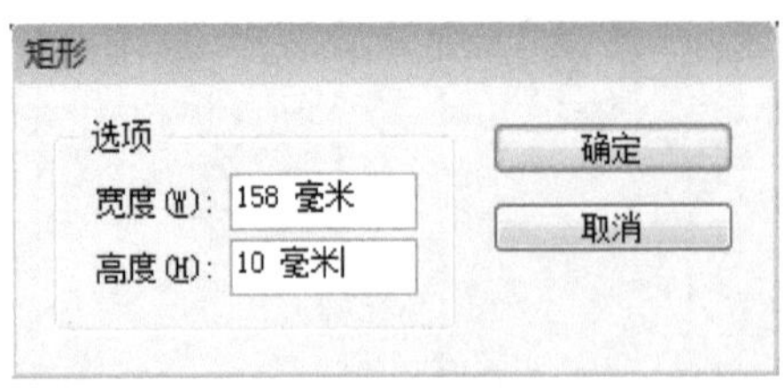

图8-9

STEP09 选择矩形工具，单击页面，在弹出的“矩形”对话框中设置宽度为158毫米、高度为10毫米，单击“确定”按钮，如图8-10所示。

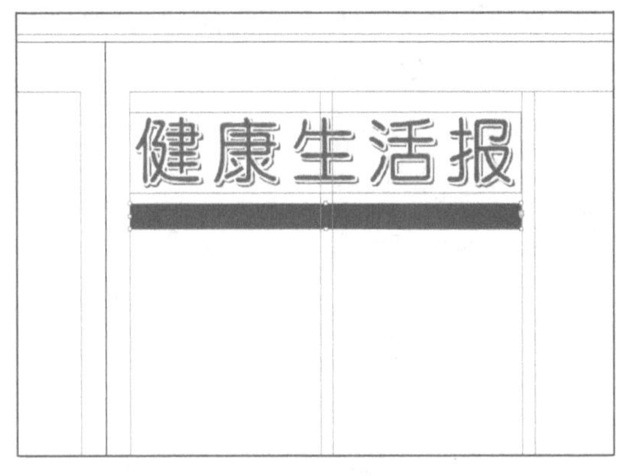

图8-10

STEP10 选中矩形，双击工具箱中的“填色”按钮，设置填色为C85、M40、Y100、K0，描边为无，将矩形移动到文字下方，如图8-11所示。

STEP11 选择文字工具，在矩形上方绘制一个文本框，输入文字，如图8-12所示。

图8-11

图8-12

STEP12 选中文本，打开“字符”面板，设置字体为Cooper，字号为20点，在“色板”面板中，设置填色为纸色，如图8-13所示。

图8-13

STEP13 选择矩形工具，绘制矩形，设置填色为无，描边为C85、M40、Y100、K0，在“描边”面板中设置粗细为3点，将其移至页面右上角，如图8-14所示。

图8-14

STEP 14 选择文字工具，输入文本，如图8-15所示。

图8-15

STEP 15 选中文本，在“控制”面板中设置对齐方式为居中对齐，选择文本中的数字，设置字体为Impact，如图8-16所示。

图8-16

STEP 16 选择文字工具，绘制文本框，输入文本，在“控制”面板中设置对齐方式为居中对齐，如图8-17所示。

图8-17

STEP 17 选择直线工具，按Shift键拖拽鼠标，绘制一条水平线，设置描边为C40、M100、Y100、K5，在“描边”面板中设置粗细为5点，如图8-18所示。

图8-18

STEP 18 选择工具箱中的矩形框架工具，在“页面2”中绘制5个矩形框架，并调整其位置和大小，如图8-19所示。

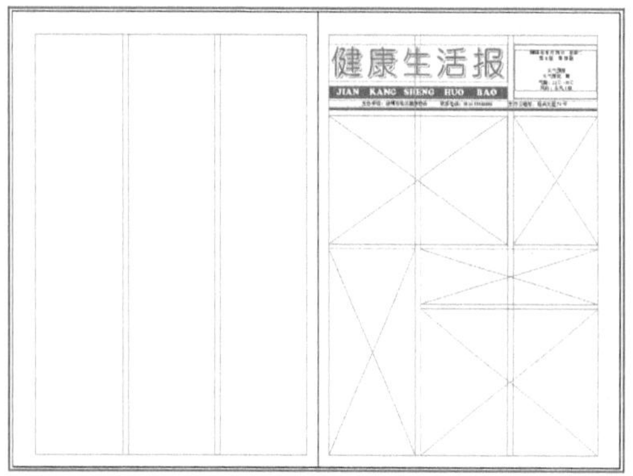

图8-19

STEP 19 选择文字工具，输入文本，如图8-20所示。

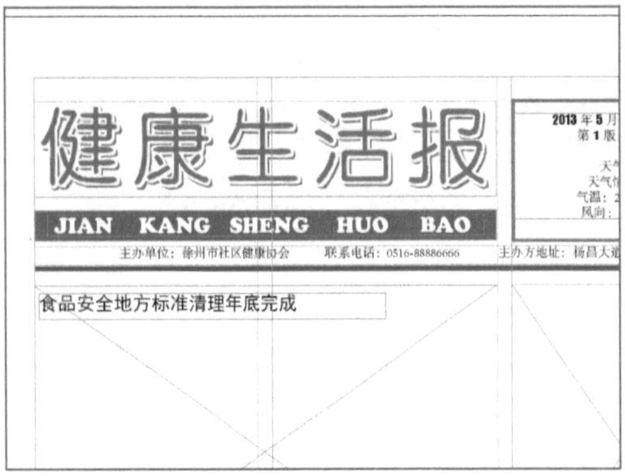

图8-20

STEP 20 打开“字符”面板，设置字体为黑体，字号设置为24点，然后将其移至矩形框的居中位置，如图8-21所示。

图8-21

STEP 21 选择文字工具，绘制文本框，将“光盘:\素材文件\模块08\任务1\食品安全.txt”内容复制到文本框中，如图8-22所示。

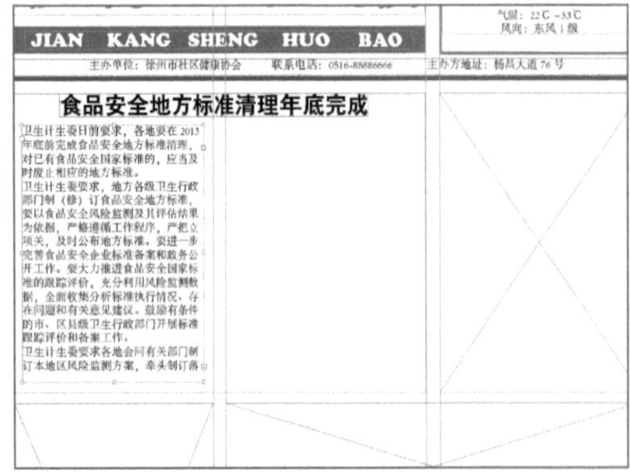

图8-22

STEP 22 选择工具箱中的选择工具，单击文本框右下角的⊞符号，当鼠标指针变为▤形状时，在右侧按住鼠标左键拖拽，绘制一个新的文本框，此时内容出现在新的文本框中，如图8-23所示。

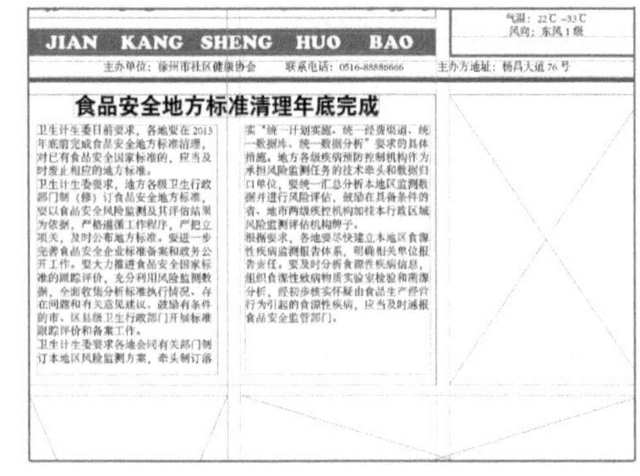

图8-23

STEP 23 调整文本框大小和位置。选中文本，打开“段落”面板，设置首行缩进为6毫米，如图8-24所示。

图8-24

STEP 24 执行“文件”→“置入”命令，将图片素材（“光盘:\素材文件\模块08\任务1\1.jpg”）置入文档中，调整其位置和大小，如图8-25所示。

图8-25

STEP 25 执行“窗口”→“文本绕排”命令，打开“文本绕排”面板，选择图像，在该面板中单击沿对象形状绕排，并在类型下拉列表中选择“检测边缘”选项，如图8-26所示。

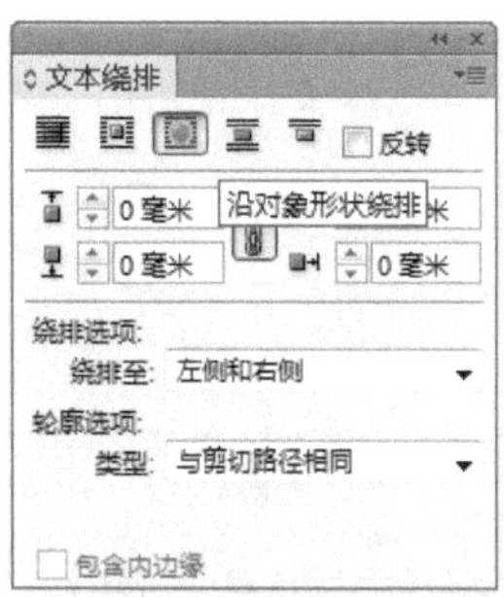

图8-26

STEP 26 此时文字围绕图像排列，如图8-27所示。

食品安全地方标准清理年底完成

卫生计生委日前要求，各地要在2013年底前完成食品安全地方标准清理，对已有食品安全国家标准的，应当及时废止相应的地方标准。

卫生计生委要求，地方各级卫生行政部门制（修）订食品安全地方标准，要以食品安全风险监测及其评估结果为依据，严格遵循工作程序，严把立项关，及时公布地方标准。要进一步完善食品安全企业标准备案和政务公开工作。要大力推进食品安全国家标准的跟踪评价，充分利用风险监测数据，全面收集分析标准执行情况、存在问题和有关意见建议。鼓励有条件的市、区县级卫生行政部门开展标准跟踪评价和备案工作。

卫生计生委要求各地会同有关部门制订本地区风险监测方案，牵头制订落实“统一计划实施、统一经费渠道、统一数据库、统一数据分析”要求的具体措施。地方各级疾病预防控制机构作为承担风险监测任务的技术牵头和数据归口单位，要统一汇总分析本地区监测数据并进行风险评估，鼓励在具备条件的省、地市两级疾控机构加挂本行政区域风险监测评估机构牌子。

根据要求，各地要尽快建立本地区食源性疾病监测报告体系，明确相关单位报告责任。要及时分析食源性疾病信息，组织食源性致病物质实验室检验和溯源分析，经初步核实怀疑由食品生产经营行为引起的食源性疾病，

图8-27

STEP 27 使用相同的方法，选择文字工具，将其他文本内容输入到相应的框架中，流溢的文本放到右侧相邻栏，如图8-28所示。

图8-28

STEP 28 执行“文件”→“置入”命令，将图像（“光盘:\素材文件\模块08\任务1\2.jpg”）置入文档中，并调整其位置和大小，如图8-29所示。

图8-29

STEP 29 选择文字工具，为各个文本框架内容输入标题，在“字符”面板中设置文字属性，如图8-30所示。

图8-30

STEP 30 选择直线工具，在文章之间绘制直线，打开“描边”面板，设置粗细为1点，类型为虚线，如图8-31所示。

图8-31

STEP 31 切换到“页面1”，选择直线工具，在页面的上方绘制一条水平线，设置描边为C40、M100、Y100、K5，在“描边”面板中设置粗细为3点，如图8-32所示。

图8-32

STEP 32 选择矩形工具，在页面的左上角绘制一个矩形，设置描边为无，填色为C0、M95、Y90、K0，如图8-33所示。

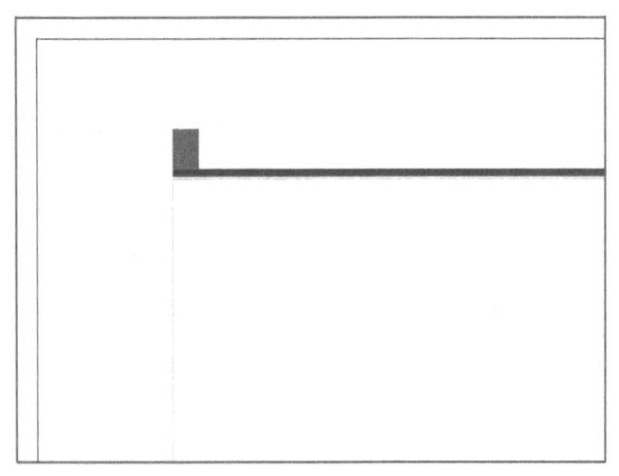

图8-33

STEP 33 选择文字工具，输入文字“4”，设置字体为Impact，字号为14点，填色为纸色，描边为无，如图8-34所示。

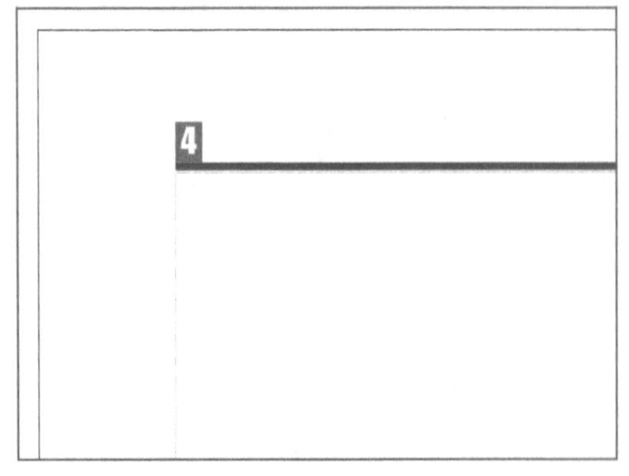

图8-34

STEP 34 选择文字工具，在“4”的右侧输入日期，如图8-35所示。

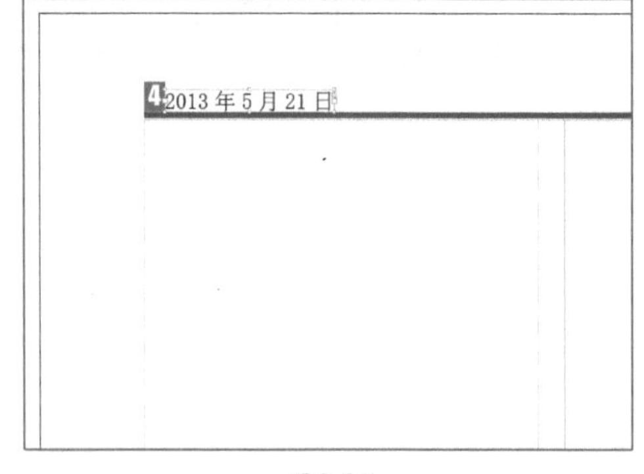

图8-35

STEP 35 选择文字工具，输入“健康生活报”，设置字体为华文行楷，字号为14点，设置填色为C0、M95、Y95、K0，描边为无，将其移至页面上方的居中位置，如图8-36所示。

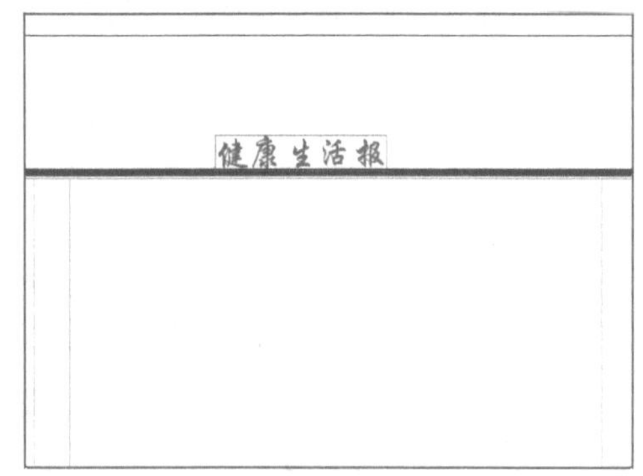

图8-36

STEP 36 选择矩形框架工具，在版面4中绘制6个矩形框架，并调整其位置和大小，如图8-37所示。

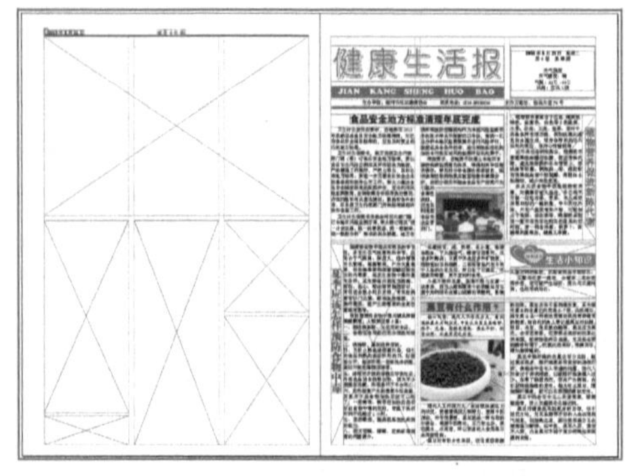

图8-37

STEP 37 选择矩形工具，绘制一个矩形框，设置描边为无，填色为C50、M0、Y90、K0，如图8-38所示。

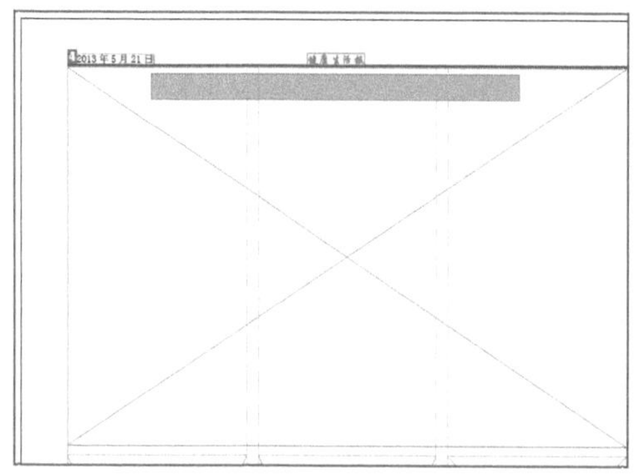

图8-38

STEP 38 选择文字工具，在绿色矩形框中输入文本，设置字体为黑体，字号为30点，填色为C100、M100、Y35、K0，描边为无，居中对齐，如图8-39所示。

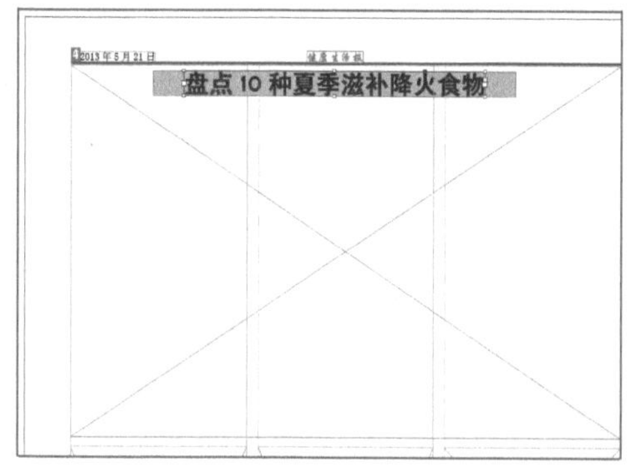

图8-39

STEP 39 选择文字工具，将“光盘:\素材文件\模块08\任务1\内容.txt”素材中的文本复制到页面中，如图8-40所示。

图8-40

STEP 40 选择工具箱中的选择工具，单击文本框右下角的符号，当鼠标指针变为形状时，在右侧按住鼠标左键拖拽，绘制一个新的文本框，此时内容出现在新的文本框中，直到将文本内容都显示出来，如图8-41所示。

图8-41

STEP 41 选择“本期导读”，在“控制”面板中设置字体为楷体，字号为14点，如图8-42所示。

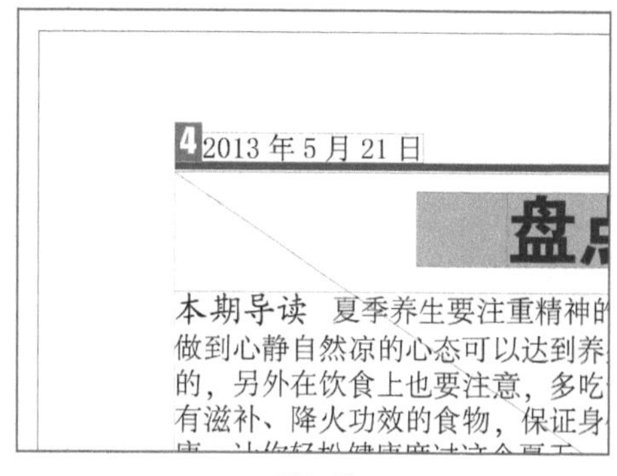

图8-42

STEP 42 执行“窗口”→“样式”→“段落样式”命令，打开“段落样式”面板，单击面板底部的“创建新样式”按钮，创建“段落样式1”，如图8-43所示。

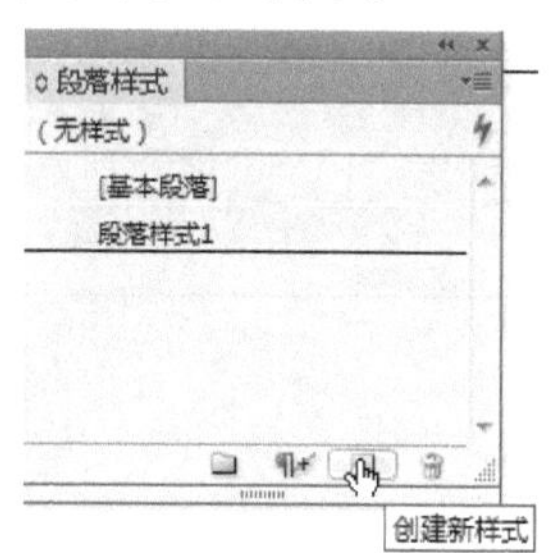

图8-43

STEP 43 双击“段落样式1”选项，弹出“段落样式选项”对话框，在该对话框中将“样式名称”改为“正文”，如图8-44所示。

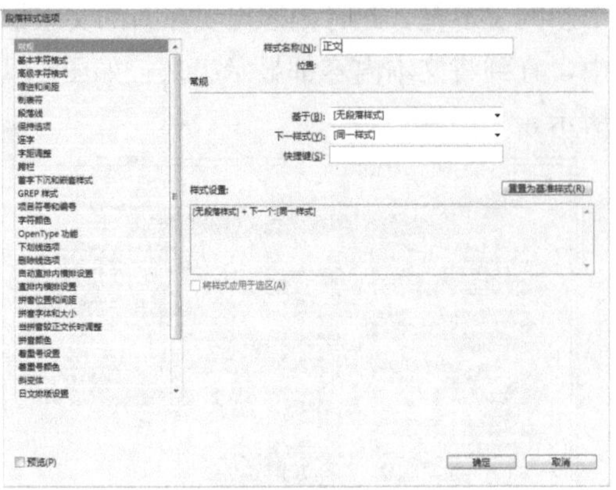

图8-44

STEP 44 单击左侧选项栏中的“缩进和间距”，将面板右侧的“首行缩进”设置为6毫米，单击“确定”按钮，如图8-45所示。

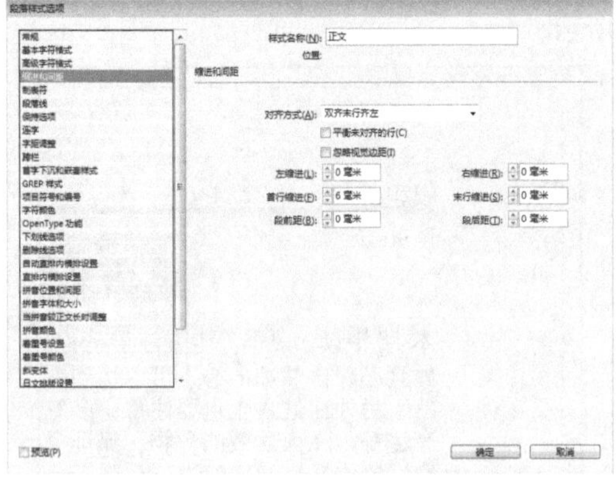

图8-45

STEP 45 执行“窗口”→“样式”→“字符样式”命令，打开“字符样式”面板，单击面板底部的“创建新样式”按钮，如图8-46所示。

图8-46

STEP 46 双击新创建的“字符样式1”，弹出“字符样式选项”对话框，在该对话框中将“样式名称”改为“标题”，如图8-47所示。

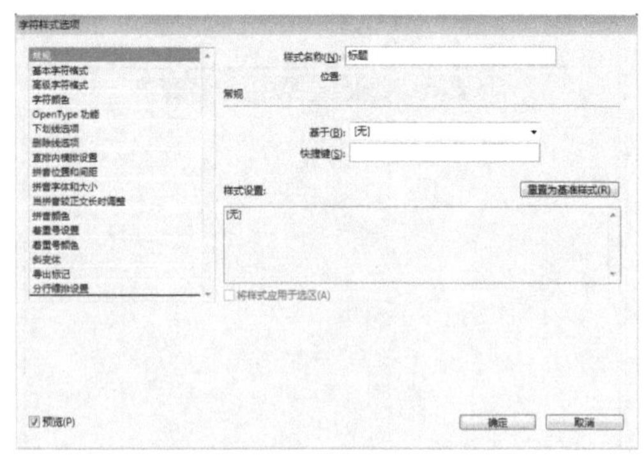

图8-47

STEP 47 单击左侧选项栏中的基本字符格式，将面板右侧的“字体系列”设为方正粗宋简体，大小为14点，行距为20点，单击“确定”按钮，如图8-48所示。

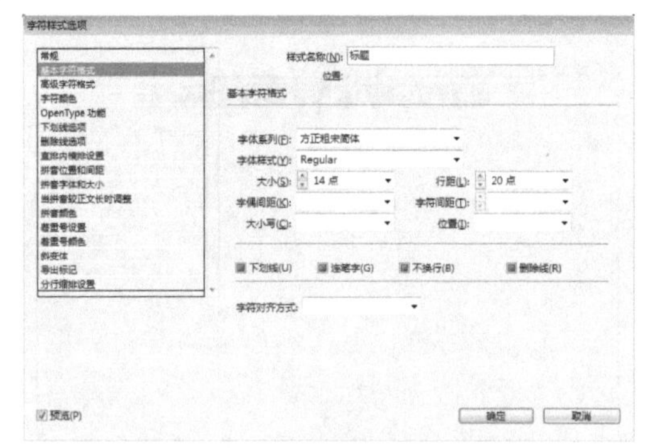

图8-48

STEP 48 选择正文文字，在“段落样式”面板中单击“正文”选项，此时全文应用此样式，如图8-49所示。

图8-49

STEP 49 选择所有标题，在“字符样式”面板中单击“标题”选项，如图8-50所示。

图8-50

STEP 50 选中标题，在“控制”面板中单击居中对齐按钮，如图8-51所示。

图8-51

STEP 51 执行“文件”→“置入”命令，将图像（“光盘:\素材文件\模块08\任务1\4.jpg”）置入页面中，调整位置和大小，如图8-52所示。

图8-52

STEP 52 打开“文字绕排”面板，选择图片，单击该面板中的“沿对象形状绕排”按钮，在类型下拉列表中选择“检测边缘”选项，如图8-53所示。

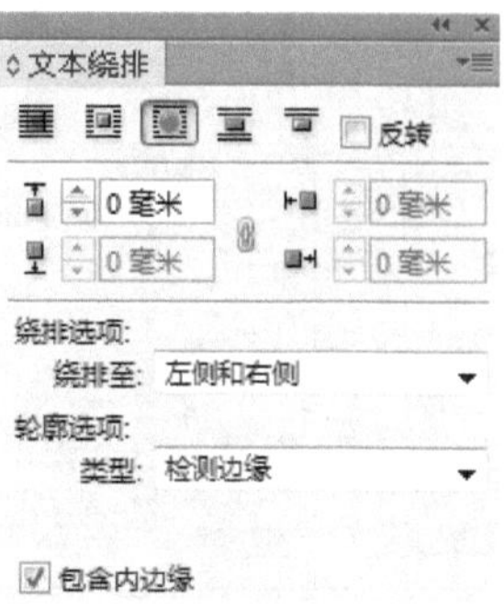

图8-53

STEP 53 此时被图像遮挡的文字沿图像绕排，如图8-54所示。

图8-54

STEP 54 使用相同的方法，将其他文本内容置入相应的框架中，并设置文本样式，如图8-55所示。

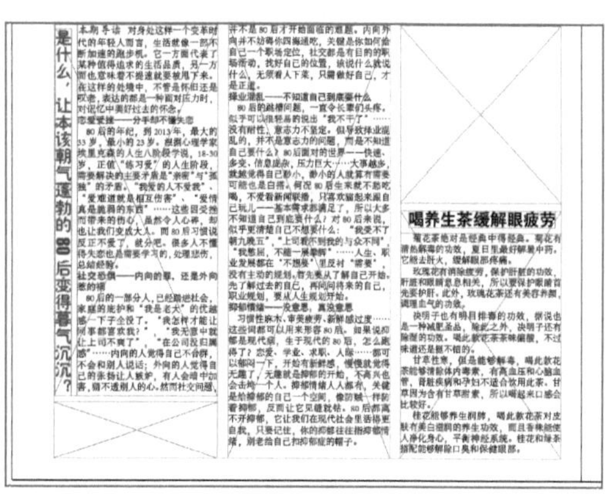

图8-55

STEP 55 在框架中置入图像素材（“光盘:\素材文件\模块08\任务1”目录中），并执行“使内容适合框架”命令，如图8-56所示。

图8-56

STEP 56 执行“文件”→“置入”命令，单击页面，将图像素材（“光盘:\素材文件\模块08\任务1”目录中）置入文档中，将其移至页面右下角的框架中，如图8-57所示。

图8-57

STEP 57 选中图像，按Ctrl+Shift+[组合键，将图像移至底层，如图8-58所示。

图8-58

STEP 58 右击图像，在弹出的快捷菜单中执行“效果”→“透明度”命令，在弹出的对话框中设置不透明度为40%，单击“确定”按钮，如图8-59所示。

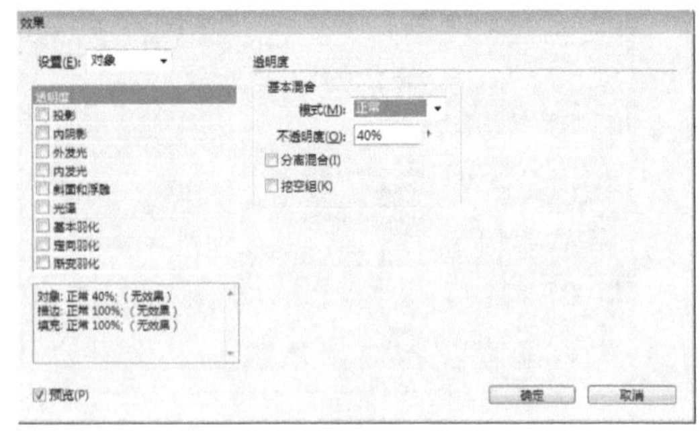

图8-59

STEP 59 选择直线工具，在文章之间绘制直线，在“描边”面板中，设置粗细为1点，类型为虚线，如图8-60所示。

图8-60

STEP 60 至此，完成该报纸版面的设计，最终效果如图8-61所示。

图8-61

Id 知识点拓展

知识点1　报纸版面构成

报纸是以刊载新闻和时事评论为主的定期向公众发行的印刷出版物，是大众传播的重要载体，具有反映和引导社会舆论的功能。依照出刊期间的不同，可分为日报、周报、双周报或更长时间的报纸。依照出刊时间的不同，可分为日报、早报、晚报。依照收费与否，则可分为收费报章、免费报章。依照媒体形态不同，则可分为印刷报章、网上版报章、电子报、电子手账版报章。

常见的报纸幅面主要有对开和四开两种，版面从最少4版到数百版不等，并按版面的重要顺序依次排列为第一版、第二版、第三版、第四版。报纸版面是版面元素有规则的组合，各种不同的版面元素都有各自内含的意义和特定的作用。现代报纸版面构成如图8-62所示。

盘点10种夏季滋补降火食物

健康生活报

JIAN KANG SHENG HUO BAO

食品安全地方标准清理年底完成

植物营养促进新陈代谢

喝养生茶缓解眼疲劳

夏季应该怎样预防食物中毒

生活小知识

绿豆有什么作用？

图8-62

提 示

报头是指报纸第一版上放报名的地方。报头位置除报名外，还刊登报纸创刊日期、总期数、当日报纸版面数和出版日期等。报纸同一面上两个相对的版的中间部分是中缝。中缝可以保持空白，也可以刊登广告和知识性资料。广告是当代报纸常用的一种宣传手段，报纸收取一定的广告费。

知识点2　段落样式的应用

段落样式能够将样式应用于文本以及对格式进行全局性修改，从而增强整体设计的一致性。

1. 应用段落样式

新建段落样式后，可以将样式应用到指定的段落中。选择段落或将光标定位在段落中，如图8-63所示，单击“段落样式”面板中的样式，如“诗词正文”，即可将样式应用段落中，应用了段落样式后的效果如图8-64所示。

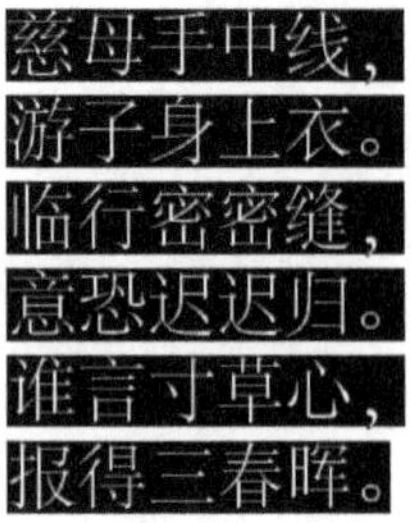

慈母手中线，
游子身上衣。
临行密密缝，
意恐迟迟归。
谁言寸草心，
报得三春晖。

图8-63

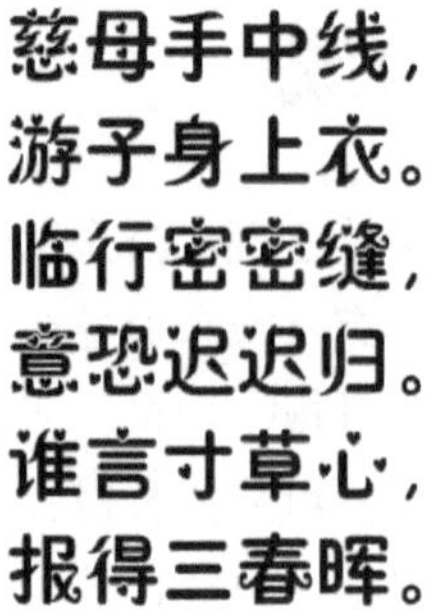

慈母手中线，
游子身上衣。
临行密密缝，
意恐迟迟归。
谁言寸草心，
报得三春晖。

图8-64

2. 编辑段落样式

编辑段落样式和编辑字符样式的方法类似，打开如图8-65所示的“段落样式选项”对话框，通过设置进行更改。编辑了段落样式后，便可以看到文中应用该样式的段落都更改成了新的样式，如图8-66所示。

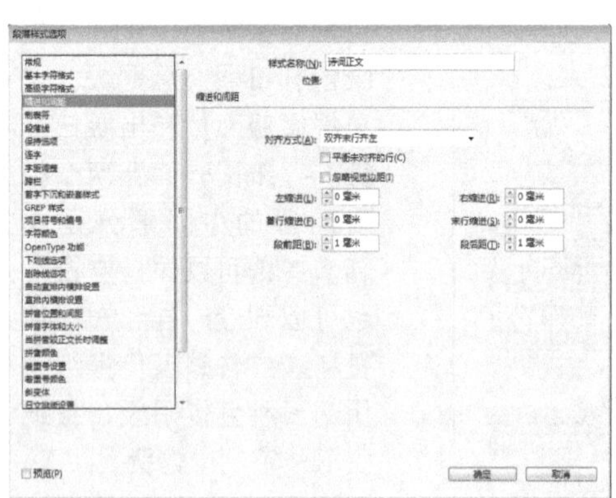

图8-65

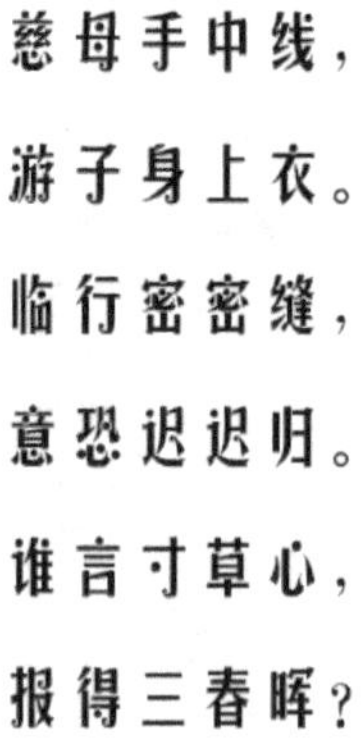

慈 母 手 中 线，
游 子 身 上 衣。
临 行 密 密 缝，
意 恐 迟 迟 归。
谁 言 寸 草 心，
报 得 三 春 晖？

图8-66

提 示

使用样式来格式化数百篇文本后才发现并不喜欢该样式的文本，想重新设置只需修改样式就行。

3. 删除段落样式

对于不用的段落样式，可单击“段落样式”面板上的按钮，在弹出的菜单中执行“删除样式”命令即可删除不需要的段落样式。

4. 段落样式的高级应用——嵌套样式

嵌套样式是指在段落样式中嵌入字符样式，以达到在同一个段落样式中显示两种文字风格的效果，如图8-67所示。

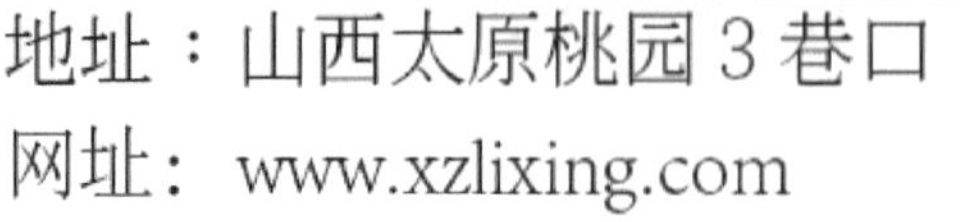

地址：山西太原桃园 3 巷口
网址：www.xzlixing.com

图8-67

要创建一个嵌套样式，首先需要创建一个字符样式，然后再设置一个段落样式，并将字符样式嵌套到该段落样式中，最后在段落文本中应用这个段落样式即可得到嵌套效果，如图8-68所示。

地址：山西太原桃园 3 巷口

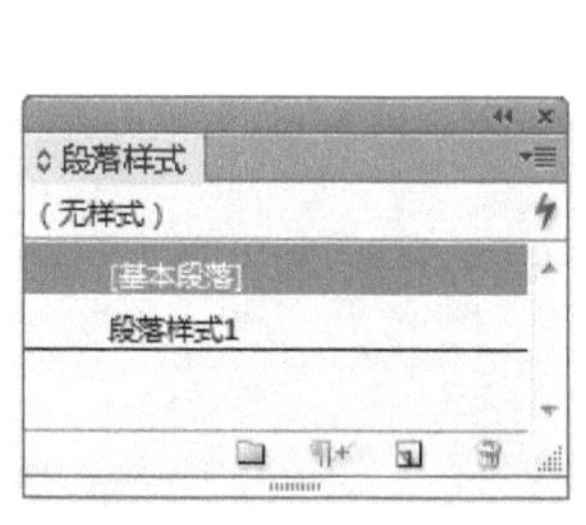

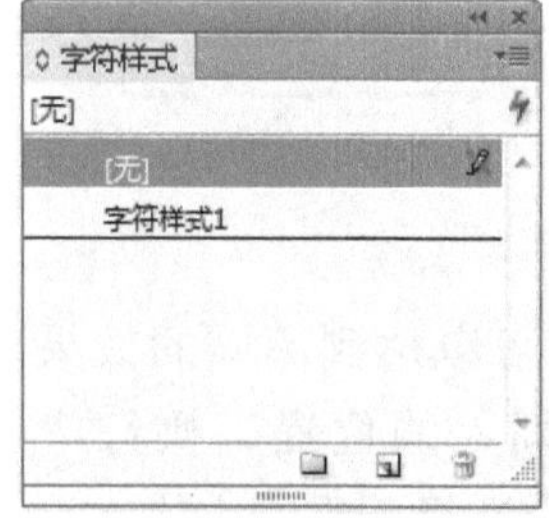

图8-68

双击“段落样式1”，在弹出的对话框中选择“首字下沉和嵌套样式”选项，单击右侧设置区中的“新建嵌套样式”按钮，单击字符样式区域，在展开的下拉菜单中选择已经设置好的字符样式；使用默认的实例数“1”；单击结束字符样式格式的项目，在下拉菜单中选择一个项目或者直接输入需要的符号（如冒号）；选择“包括”；单击“确定”按钮，嵌套样式设置完成，如图8-69所示。

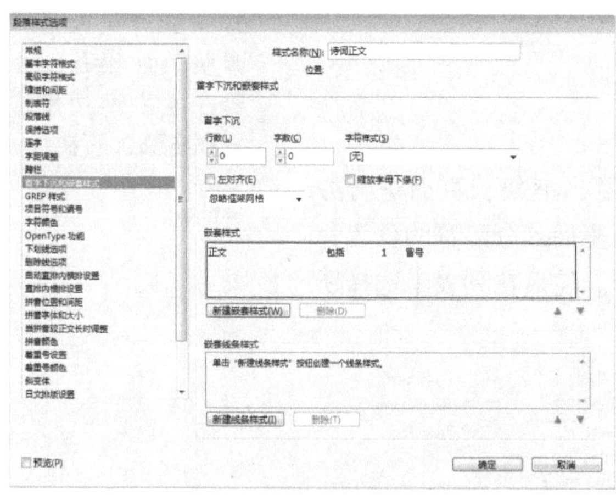

图8-69

提 示

对于一些不方便输入的字符，可以直接将段落文本中的字符复制，然后粘贴到嵌套样式的结束符设置选项中。

知识点3　特殊字符

字体是具有变换样式的一组字符的完整集合，字形就是字体集合中的字符变体，字形包括常规、粗体、斜体、斜粗体等。特殊字符就是在平常文字编辑中不常使用的字符，有版权符号、省略号、段落符号、商标符号等。

1. 插入特殊字符

选择文本工具，在所要插入字符的地方单击。执行“文字”→“插入特殊字符”命令，选择所要插入的符号即可，如图8-70所示。

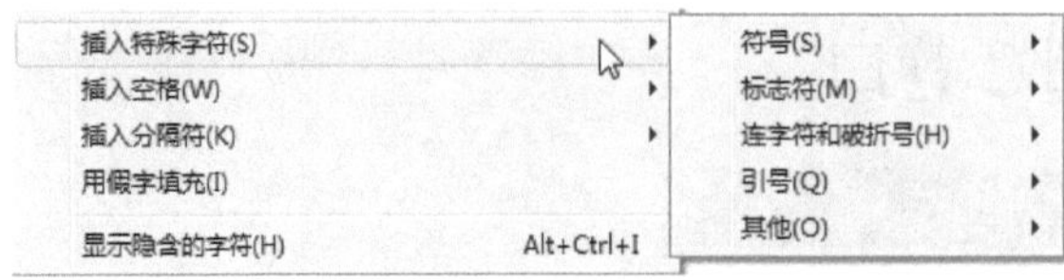

图8-70

2. 插入空格字符

在文本中插入不同的空格字符可以达到不同的效果。选择文字工具，将光标定位在要插入的位置，执行“文字”→“插入空格”命令，在列表中选择所需的空格字符，如图8-71所示。

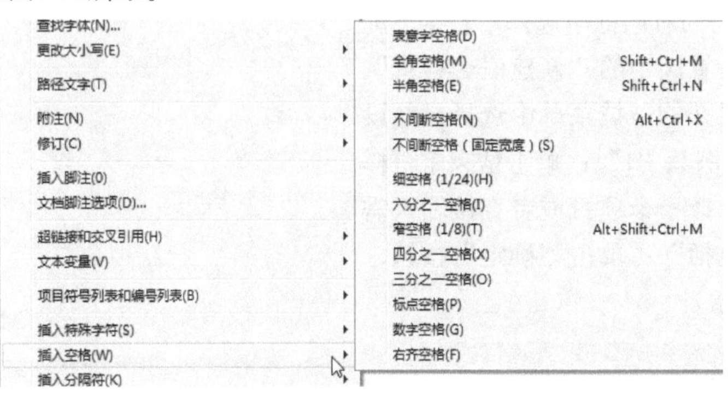

图8-71

3. 插入分隔符

在文本中插入分隔符，可对分栏、框架、页面进行分隔。选择文字工具，将光标定位在所要插入分隔符的位置，执行“文字”→“插入分隔符”命令。随后在列表中选择所要插入的分隔符即可，如图8-72所示。

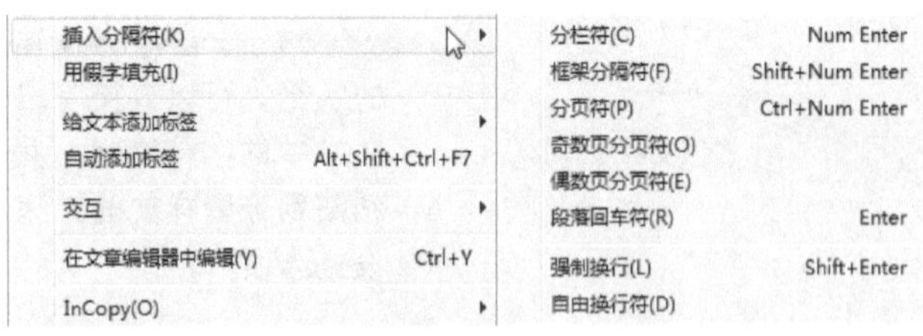

图8-72

若插入分栏符，则可以将文本排入到下一栏中。框架分隔符可使文本排入到串联的下一个文本框架中。分页符使文本排入到串联的下一个页面中。所谓奇、偶页分页符，是奇数页对应奇数页，偶数页对应偶数页的排入。段落回车符使文本隔段排入。强制换行可以在任意地方强制字符换行。

提 示

InDesign的页码是制作在“主页”上的，同时页码中的数字是根据“页面”面板中单页下方的数字来自动生成的，所以InDesign中页码的调整其实就是页面的调整。如果是对页，就要在左右两边相应的地方都要添加页码。

Id 独立实践任务

任务2　设计制作报纸排版

任务背景和要求

《世界新闻周报》是面向世界发行的一份报纸，主要报道的是当下的时事政治及经济问题和热点问题。报纸版面要求结构合理、美观舒适。主要受众是大众群体。

任务分析

第一版是热点报道，主要报道现在人们最为关注的问题；第四版是旅游生活类，主要报道与旅游相关的一些生活娱乐方式。

任务素材

新闻的相关图片。本任务的所有素材文件在“光盘:\素材文件\模块08\任务2”目录中。

任务参考效果图

本任务的最终效果文件在“光盘:\素材文件\模块08\任务2”目录中。

旅 游 生 活

促进“中部崛起”旅游产业应先行

组团出游需要远离禽流感疫区

SADHJWA SAJKDHW ASHDJKH
SAJKD PQEIUR NHW ASHDJKH

图 片 新 闻

天气预报

世界新闻周报

SAHDKA JSHDJKWH AUDHKAJSHD JHSKJDKSJA HDJKHWAU

聚焦看点

建设新农村应从农产业化着手

2013年07月27日

亚太电效节电
技术引注目

《中国新闻周刊》文章

01
02
03
04
05
06
07
08
09
10
11
12

Id 职业技能考核

一、选择题

1. 下列关于贝塞尔曲线的经验规则描述正确的是（　　）。

   A. 方向线的长度与角度可以“预测”曲线的形状

   B. 方向线的长度约等于曲线长度的1/3

   C. 光滑曲线同一锚点的左右方向线在同一直线上

   D. 节点数越少，曲线越光滑，打印速度也越快

2. 下列关于钢笔工具的描述，不正确的是（　　）。

   A. 使用钢笔工具绘制直线路径时，确定起始点需要按住鼠标键拖出一个方向线后，再确定一个节点

   B. 选择工具箱中钢笔工具，将鼠标移到已绘制的曲线上，此时钢笔工具右下角显示“+”符号，表示将在这条曲线上增加一个节点

   C. 当用钢笔工具绘制曲线时，曲线上的节点的方向线和方向点的位置确定了曲线段的尺寸和形状

   D. 当用钢笔工具按住Shift键，可以得到0度、45度、90度角的整倍方向的直线

3. 使用图形工具进行绘图时，按住（　　）键就可以在绘制过程中移动图形的位置。

   A. Ctrl　　B. Alt　　C. Shift　　D. 空格

4. “输出端”的作用是（　　）。

   A. 连接一个文本框到另一个的输出端

   B. 连接一个文本框到一个图文框

   C. 连接两个图片框

   D. 把一个文本框的溢流文本连接到另一个文本框

二、填空题

1. 在执行__________转换时，可能会在该框架的顶部、底部、左侧和右侧创建空白区。

2. 按__________组合键，则可将选中的框架按5%的增量放大。

3. 默认情况下，将一个对象放置或粘贴到框架中时，会出现在__________。

4. 每个文档都至少包含__________个已命名的图层。

5. 通过使用多个图层，可以创建和编辑文档中__________，而不会影响其他区域或其他种类的内容。

6. 若在选定图层上方创建一个新图层，则可在按住__________键的同时单击“新建图层”按钮。

模块 09 设计制作企业杂志

本任务效果图：

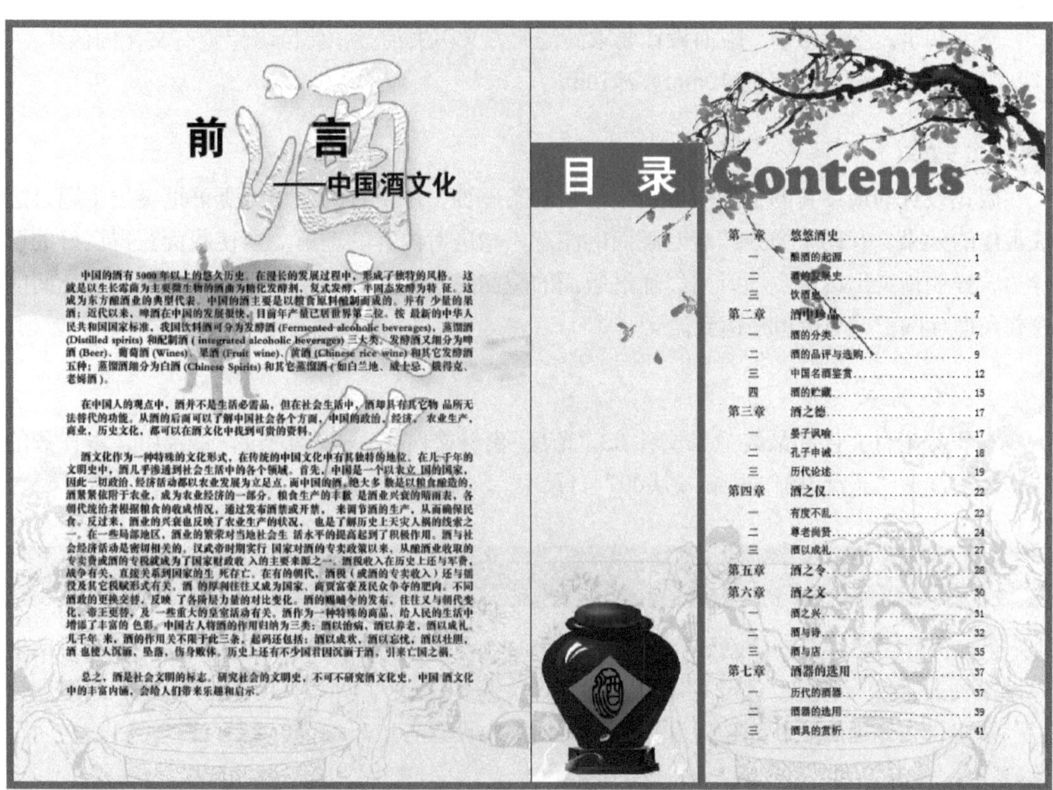

前 言

——中国酒文化

中国的酒有5000年以上的悠久历史，在漫长的发展过程中，形成了独特的风格。这就是以生长霉菌为主要微生物的酒曲为糖化发酵剂、复式发酵、半固态发酵为特征。这成为东方酿酒业的典型代表。中国的酒主要是以粮食原料酿制而成的，并有少量的果酒；近代以来，啤酒在中国的发展很快，目前年产量已居世界第二位。按最新的中华人民共和国国家标准，我国饮料酒可分为发酵酒（Fermented alcoholic beverages）、蒸馏酒（Distilled spirits）和配制酒（integrated alcoholic beverages）三大类。发酵酒又细分为啤酒（Beer）、葡萄酒（Wines）、果酒（Fruit wine）、黄酒（Chinese rice wine）和其它发酵酒五种；蒸馏酒细分为白酒（Chinese Spirits）和其它蒸馏酒（如白兰地、威士忌、俄得克、老姆酒）。

在中国人的观点中，酒并不是生活必需品，但在社会生活中，酒却具有其它物品所无法替代的功能。从酒的后面可以了解中国社会各个方面，中国的政治、经济、农业生产、商业、历史文化，都可以在酒文化中找到可贵的资料。

酒文化作为一种特殊的文化形式，在传统的中国文化中有其独特的地位。在几千年的文明史中，酒几乎渗透到社会生活中的各个领域。首先，中国是一个以农立国的国家，因此一切政治、经济活动都以农业发展为立足点。而中国的酒，绝大多数是以粮食酿造的，酒紧紧依附于农业，成为农业经济的一部分。粮食生产的丰歉是酒业兴衰的晴雨表，各朝代统治者根据粮食的收成情况，通过发布酒禁或开禁，来调节酒的生产，从而确保民食。反过来，酒业的兴衰也反映了农业生产的状况，也是了解历史上天灾人祸的线索之一。在一些局部地区，酒业的繁荣对当地社会生活水平的提高起到了积极作用。酒与社会经济活动是密切相关的。汉武帝时期实行国家对酒的专卖政策以来，从酿酒业收取的专卖费或酒的专税就成为了国家财政收入的主要来源之一。酒税收入在历史上还与军费、战争有关，直接关系到国家的生死存亡。在有的朝代，酒税（或酒的专卖收入）还与徭役及其它税赋形式有关。酒的厚利往往又成为国家、商贾富豪及民众争夺的肥肉。不同酒政的更换交替，反映了各阶层力量的对比变化。酒的赐晡令的发布，往往又与朝代变化、帝王更替，及一些重大的皇室活动有关。酒作为一种特殊的商品，给人民的生活中增添了丰富的色彩。中国古人将酒的作用归纳为三类：酒以治病、酒以养老，酒以成礼。几千年来，酒的作用关不限于此三条，起码还包括：酒以成欢、酒以忘忧，酒以壮胆，酒也使人沉湎、坠落、伤身败体。历史上还有不少国君因沉湎于酒，引来亡国之祸。

总之，酒是社会文明的标志。研究社会的文明史，不可不研究酒文化史。中国酒文化中的丰富内涵，会给人们带来乐趣和启示。

目 录 Contents

软件知识目标：

1. 掌握主版页的使用方法
2. 掌握目录的自动生成和更新
3. 掌握图文绕排

专业知识目标：

1. 了解导出Word文件中的图片
2. 了解期刊、杂志的排版特点

建议课时安排： 4课时（讲课2课时，实践2课时）

Id 模拟制作任务

任务1　设计制作企业杂志

任务背景

《酒坊》是一款以中国文化为背景，以一家将古代酿酒技术传承下来的酒厂为内容，其酿酒的技术性、工业化、现代化及先进的技术都是同行中的佼佼者，现出版一本该企业杂志，以供大家参阅。

任务要求

全书30页，全彩印刷。版面设计要求简洁大方又不失活泼，使读者感觉有文化内涵。

尺寸要求：成品尺寸为210mm×297mm。

任务分析

版式设计的最终目的是使版面产生清晰的条理性，用悦目的组织来更好地突出主题，达成最佳的效果。有助于增强读者对版面的注意，增进对内容的理解。要使版面获得良好的诱导力，鲜明地突出诉求主题，可以通过版面的空间层次、主从关系、视觉秩序以及彼此间的逻辑条理性的把握与运用来达到。

最终效果

本任务素材文件和最终效果文件在“光盘:\素材文件\模块09\任务1”目录中，本任务的操作视频详见“光盘:\操作视频\模块09”目录中。

任务详解

STEP 01 执行“文件”→“新建”→“文档”命令，弹出“新建文档”对话框，在该对话框中设置页数为4、“宽度”为210毫米、“高度”为297毫米，如图9-1所示。单击“边距和分栏”按钮，在弹出的“新建边距和分栏”对话框中设置各边距均为0毫米，栏数为1，栏间距为5毫米，单击“确定”按钮，如图9-2所示。

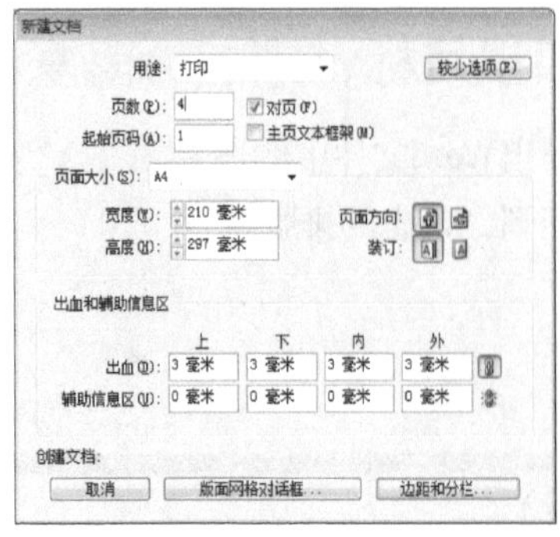

图9-1

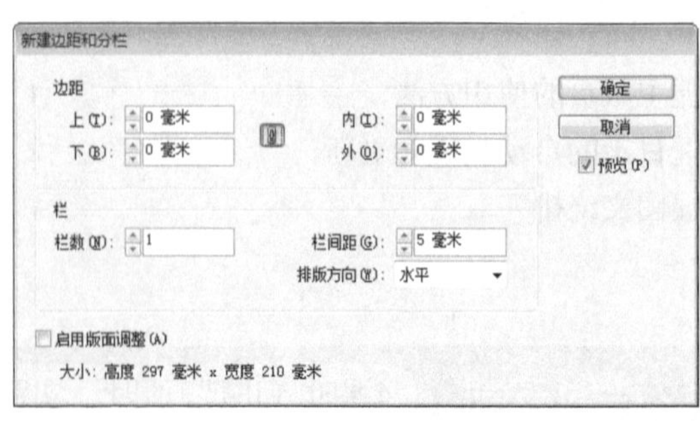

图9-2

STEP 02 执行“窗口”→“页面”命令，打开“页面”面板，右击“页面1”，弹出页面属性菜单，如图9-3所示。

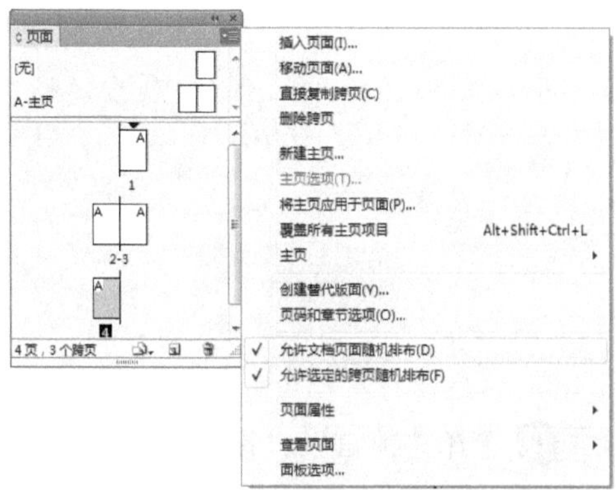

图9-3

STEP 03 取消“允许文档页面随机排布”和“允许选定的跨页随机排布”两项的勾选状态，如图9-4所示。

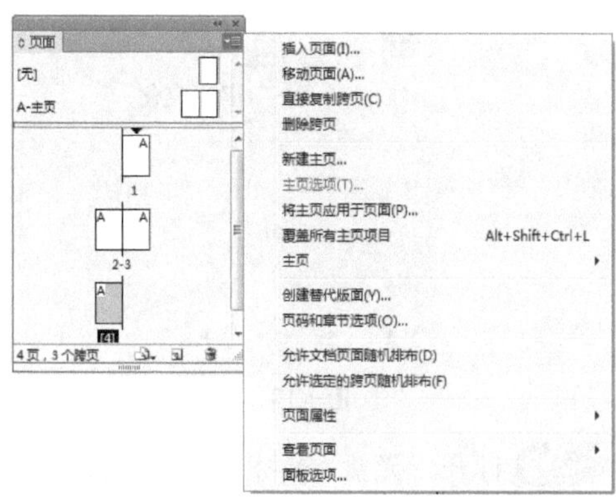

图9-4

STEP 04 调整页面位置，使页面横向并列排布，如图9-5所示。

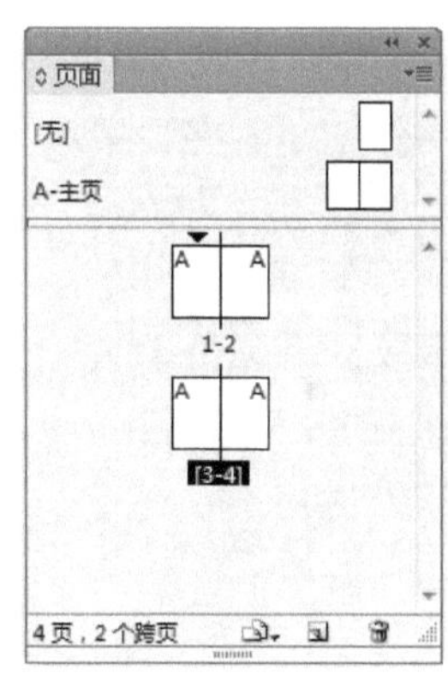

图9-5

STEP 05 此时新建的空白文档显示效果如图9-6所示。

图9-6

STEP 06 执行“文件”→“置入”命令，打开“置入”对话框，选择图像素材（“光盘:\素材文件\模块09\任务1\1.jpg”），单击“打开”按钮，如图9-7所示。

图9-7

STEP 07 单击页面将图像置入文档中，如图9-8所示。

图9-8

STEP 08 右击图像，在弹出的快捷菜单中执行“效果”→“透明度”命令，在弹出的对话框中设置不透明度为40%，单击“确定”按钮，如图9-9所示。

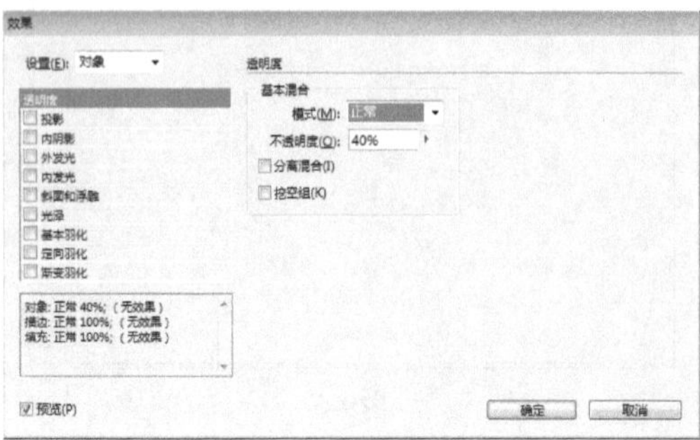

图9-9

STEP 09 此时，图像的透明度降低，如图9-10所示。

图9-10

STEP 10 使用同样的方法，将右侧页面也置入图像（“光盘:\素材文件\模块09\任务1\4.jpg”），调整其透明度，如图9-11所示。

图9-11

STEP 11 选择“文字工具”，在左侧页面上方绘制文本框，输入文本，如图9-12所示。

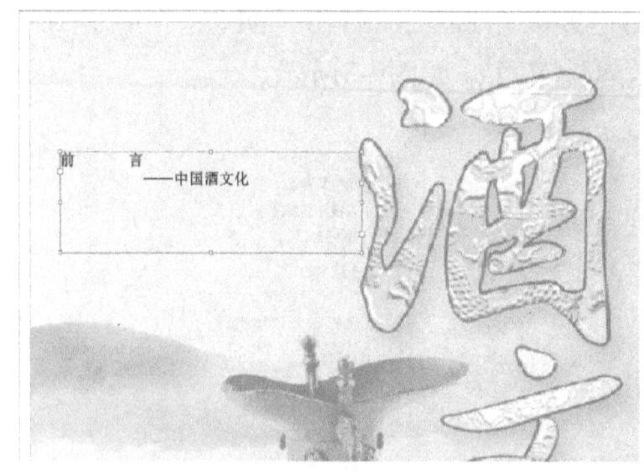

图9-12

STEP 12 选择“前言”，设置字体为黑体，字号为48点；选择“中国酒文化”，设置字体为黑体，字号为30点，将文字移动到页面上方的居中位置，如图9-13所示。

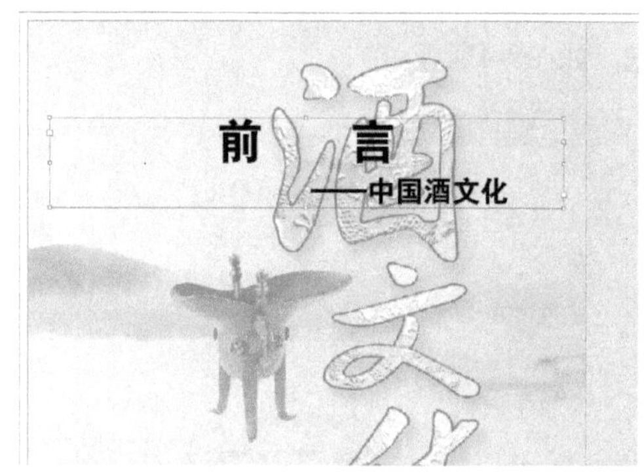

图9-13

STEP 13 打开“光盘:\素材文件\模块09\任务1\前言.txt”，按Ctrl+A组合键全选，按Ctrl+C组合键复制文本，切换到InDesign文档，按Ctrl+V组合键复制，将文本置入文档中，如图9-14所示。

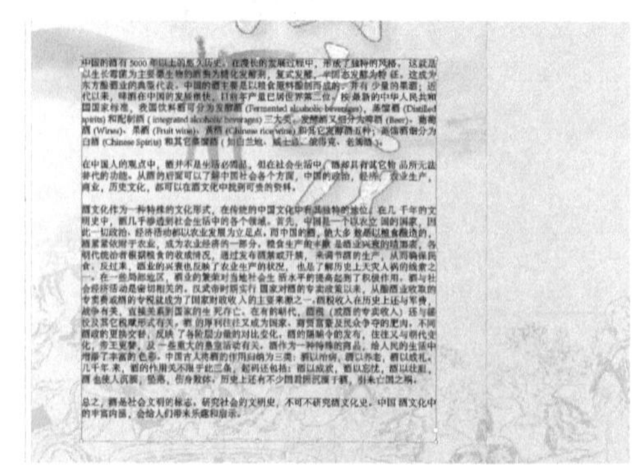

图9-14

STEP 14 选中文本，在“字符”面板中设置字体为方正大标宋简体，字号为12点，在“段落”面板中设置首行缩进6毫米，如图9-15所示。

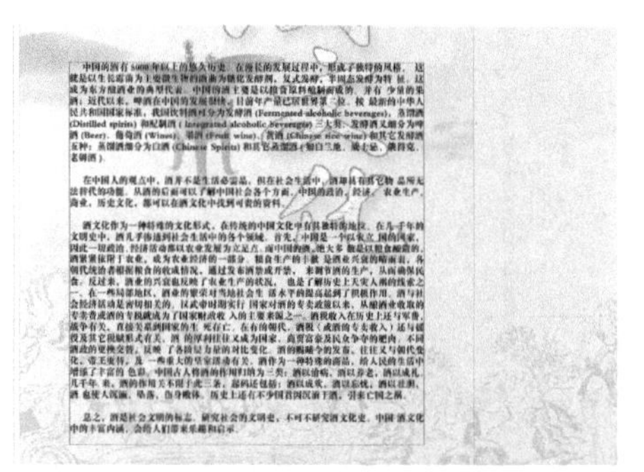

图9-15

STEP 15 选择矩形工具，绘制一个宽度为70毫米、高度为25毫米的矩形，设置其描边为无，填色为C45、M80、Y100、K10，将其移至页面的左侧，如图9-16所示。

图9-16

STEP 16 在绘制一个宽度为3毫米、高度为226毫米的矩形，设置描边为无，填色为C45、M80、Y100、K10，与刚刚绘制的矩形右侧对齐，如图9-17所示。

图9-17

STEP 17 选择文字工具，输入“目录”，设置字体为黑体，字号为48点，设置描边为无，填色为纸色，居中对齐，如图9-18所示。

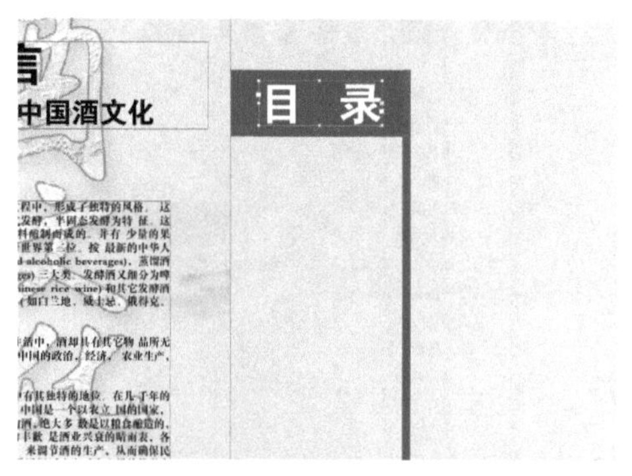

图9-18

STEP 18 选择“文字工具”，输入“Contents”，设置字体为Cooper，字号为60点，描边为无，填色为C45、M80、Y100、K10，调整位置，如图9-19所示。

图9-19

STEP 19 执行“文件”→“置入”命令，将图片素材（“光盘:\素材文件\模块09\任务1\2.png”）置入文档中，按Ctrl+[组合键，将图片移至文字下方，如图9-20所示。

图9-20

STEP 20 打开“光盘:\素材文件\模块09\任务1\目录.txt”文档素材，将其置入页面中，如图9-21所示。

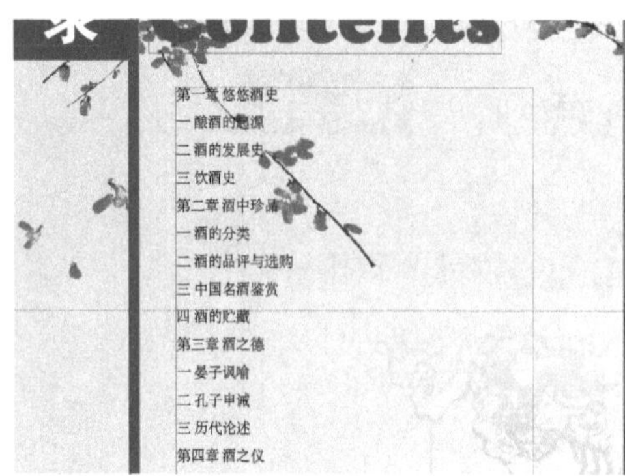

图9-21

STEP 21 打开“制表符”面板，如图9-22所示。

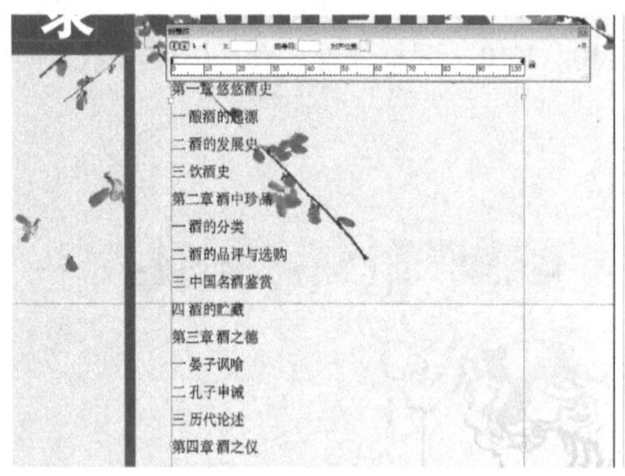

图9-22

STEP 22 选中文本，执行“文字”→“显示隐含的字符”命令，此时隐藏的字符显示出来，删除所有的隐藏字符，然后在字符之间按键盘上的Tab键输入制表符号，如图9-23所示。

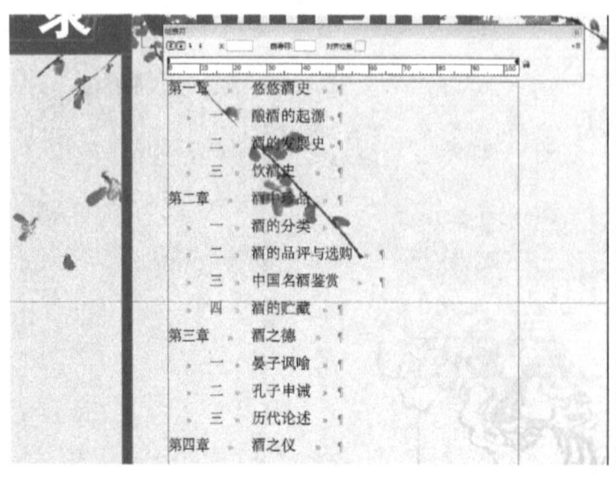

图9-23

STEP 23 在标题后面输入页数，如图9-24所示。

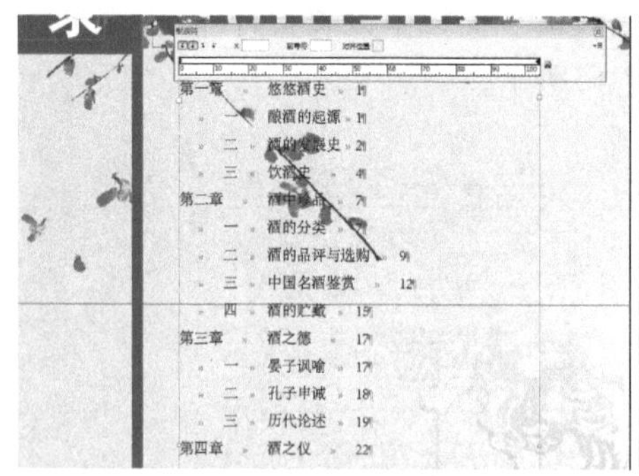

图9-24

STEP 24 按Ctrl+A组合键将文本全部选中，单击“制表符”面板中的“居中对齐制表符”按钮，在X文本框中输入8毫米，然后单击定位标尺上的某一位置，在X文本中输入25毫米，再次单击定位标尺上的某一位置，在X文本框中输入100毫米，如图9-25所示。

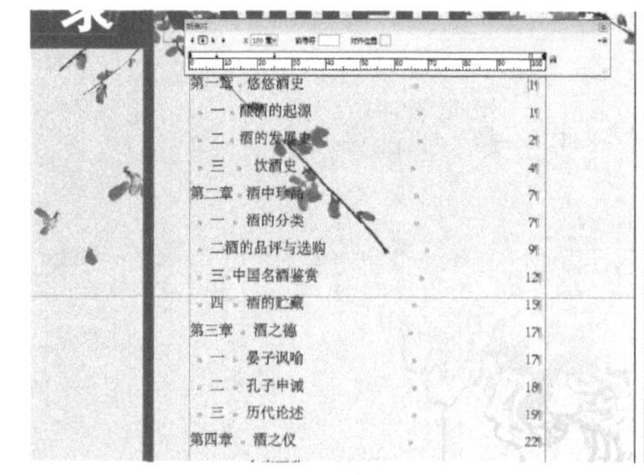

图9-25

STEP 25 再次选中文本，在“制表符”对话框的前导符后面的文本框中输入“.”，此时标题与页数之间显示小圆点，如图9-26所示。

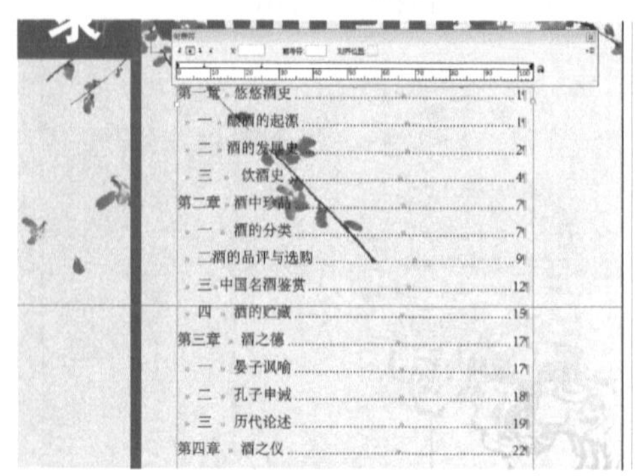

图9-26

STEP 26 选择章节标题文本，设置字体为方正大标宋简体，字号为14点，如图9-27所示。

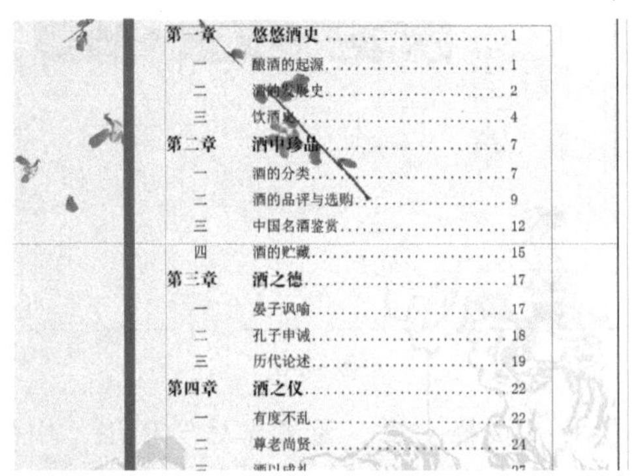

图9-27

STEP 27 执行“文件”→“置入”命令，将图像素材（“光盘:\素材文件\模块09\任务1\5.png”）置入文档中，移至页面的下方，如图9-28所示。

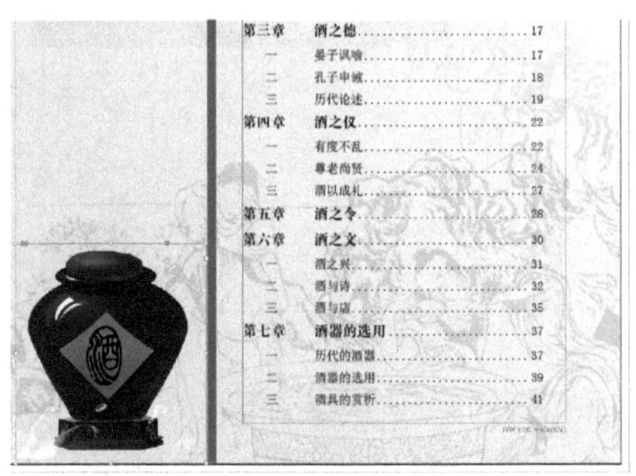

图9-28

STEP 28 打开“页面”面板，在该面板中选择“页面3”，执行“版面”→“边距和分栏”命令，在弹出的“边距和分栏”对话框中设置上、下、内、外边距分别为20毫米、15毫米、5毫米、10毫米，栏数为4，栏间距为3毫米，单击“确定”按钮，如图9-29所示。

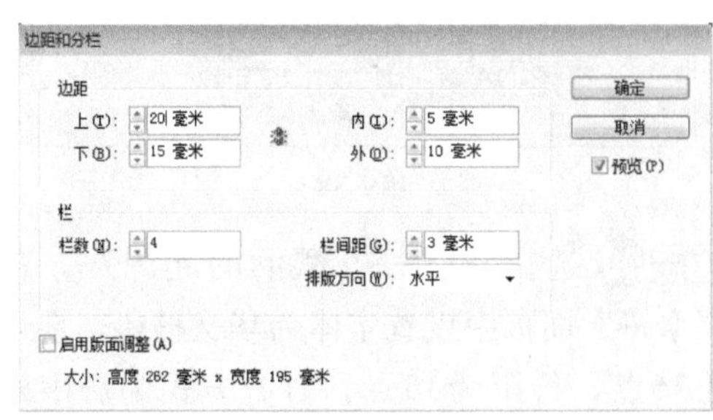

图9-29

STEP 29 此时页面重新分栏，如图9-30所示。

图9-30

STEP 30 选择矩形框架工具，绘制一个与第一栏大小相同的矩形框架，如图9-31所示。

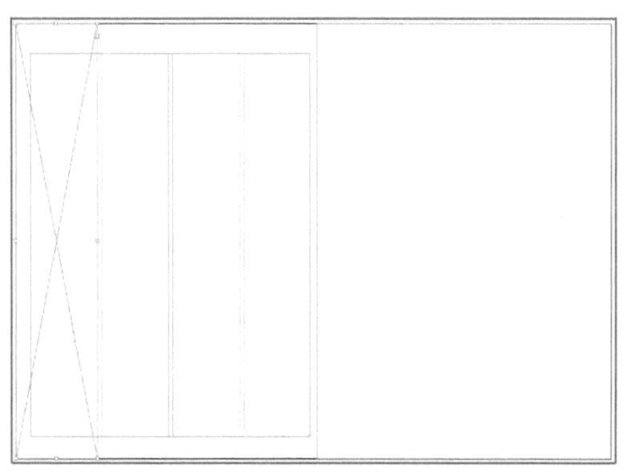

图9-31

STEP 31 执行“文件”→“置入”命令，将图像（“光盘:\素材文件\模块09\任务1\3.jpg”）素材置入到框架中，并设置其不透明度为30%，如图9-32所示。

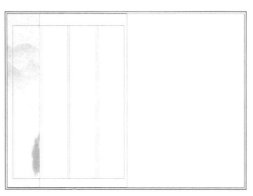

图9-32

STEP 32 选择直排文字工具，输入标题文字，如图9-33所示。

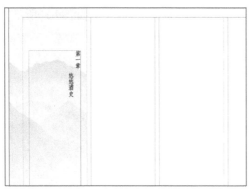

图9-33

STEP33 选择文字，设置字体为方正粗宋简体，字号为48点，填色为黑色，如图9-34所示。

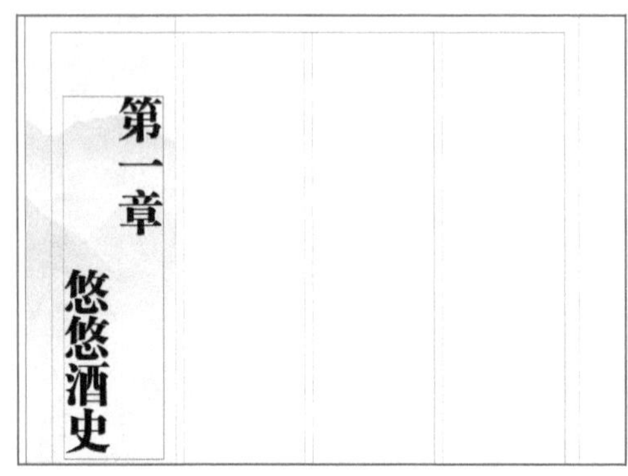

图9-34

STEP34 选择图片素材（“光盘:\素材文件\模块09\任务1\6.jpg”），将图片置入文档中，将其移至“页面3”的上方，调整大小，如图9-35所示。

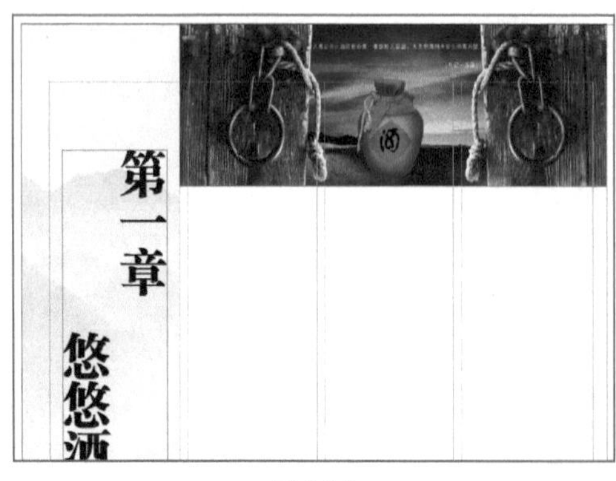

图9-35

STEP35 选择文字工具，在图像下方输入文本，如图9-36所示。

图9-36

STEP36 选择文本，设置字体为Bell，字号为20点，描边为无，填色为C0、M95、Y95、K0，对齐方式为居中对齐，如图9-37所示。

图9-37

STEP37 打开“光盘:\素材文件\模块09\任务1\酿酒的起源.txt”文档，将其复制到InDesign文档中，如图9-38所示。

图9-38

STEP38 选择“（一）酿酒的起源”，在“字符”面板中设置字体为华文楷体，字号为36点，行距为48点，对齐方式为居中对齐，如图9-39所示。

图9-39

STEP 39 执行“窗口”→“样式”→“段落样式”命令，打开“段落样式”面板，单击面板底部的“创建新样式”按钮，如图9-40所示。

图9-40

STEP 40 打开“段落样式选项”对话框，将“常规”选项区域中的“样式名称”设置为“正文”，如图9-41所示。

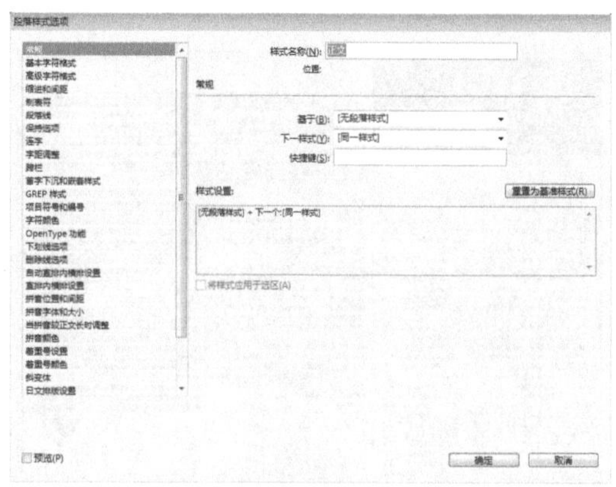

图9-41

STEP 41 单击右侧的基本字符格式，设置字体系列为宋体，大小为12点，行距为16点，如图9-42所示。

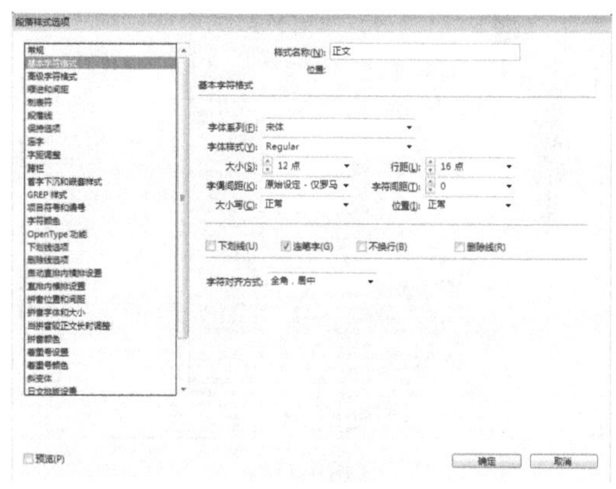

图9-42

STEP 42 单击左侧选项栏中的“缩进和间距”，将面板右侧的“首行缩进”设置为4毫米，单击“确定”按钮，如图9-43所示。

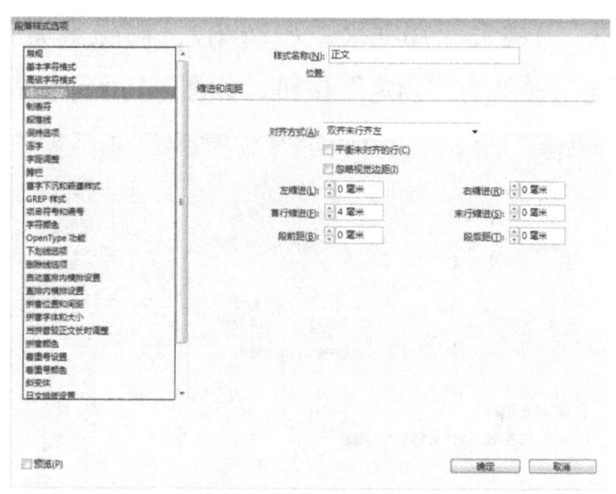

图9-43

STEP 43 选中全文，在“段落样式”面板中单击“正文”选项，此时全文应用此样式，如图9-44所示。

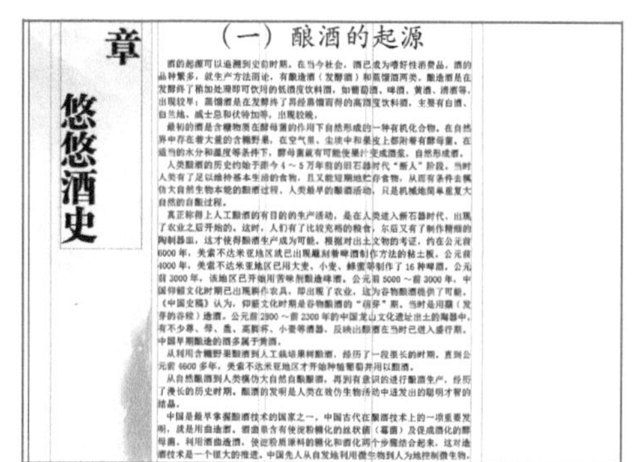

图9-44

STEP 44 使用选择工具将文本框与分栏线对齐，如图9-45所示。

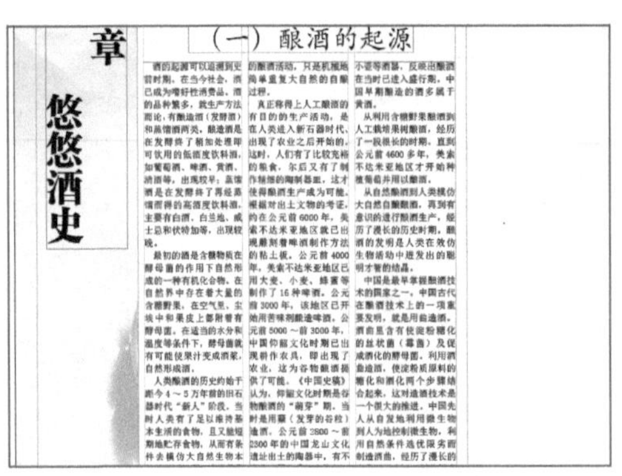

图9-45

STEP 45 在“页面”面板中，选择“页面4”，执行“版面”→“边距和分栏”命令，在弹出的“边距和分栏”对话框中设置上、下、内、外的边距分别为20毫米、15毫米、5毫米、10毫米，栏数为2，栏间距为3毫米，单击“确定”按钮，如图9-46所示。

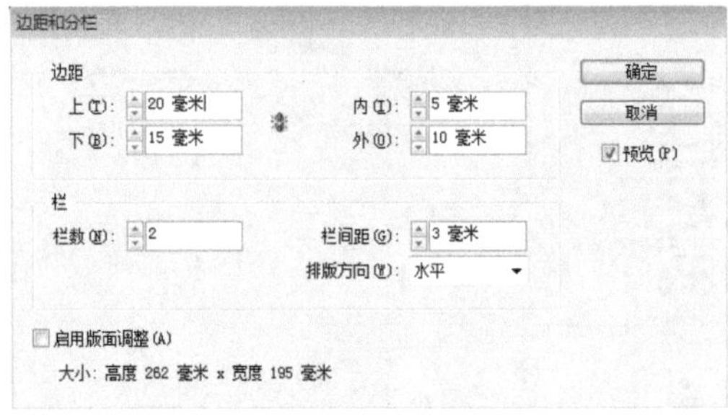

图9-46

STEP 46 此时页面重新分栏，如图9-47所示。

图9-47

STEP 47 执行“文件”→“置入”命令，将图像素材（“光盘:\素材文件\模块09\任务1\7.jpg”）置入文档中，然后将其移至页面的下方，如图9-48所示。

图9-48

STEP 48 选择文字工具，输入文字，设置字体为方正粗宋简体，字号为30点，将其移至第一栏的居中位置，如图9-49所示。

图9-49

STEP 49 打开“光盘:\素材文件\模块09\任务1\发展史.txt”文档素材，将其复制到页面中，如图9-50所示。

图9-50

STEP 50 选中全文，在“段落样式”面板中单击“正文”选项，此时全文应用此样式，如图9-51所示。

图9-51

图9-52

STEP 51 选择朝代小标题，设置标题为黑体，字号为14点，对齐方式为居中对齐，如图9-52所示。

STEP 52 此时，完成该杂志的版面设计，最终效果如图9-53所示。

图9-53

Id 知识点拓展

知识点1　Word文档中图片导出

客户提供原稿时，通常会将图片嵌入Word文件中。可以通过另存为网页的方法，将Word文件中的图片无损提出。

打开如图9-54所示的Word文件，执行“文件”→“另存为”命令，在弹出的“另存为”对话框中的“保存类型”下拉列表框中选择“网页（*.htm；*.html）”，然后单击“保存”按钮，如图9-55所示。

> **提 示**
>
> 用置入功能直接将Word文件置入页面中，或者用复制粘贴功能将选定的Word文件粘贴到页面中，置入的图片不会损失本来的质量。但是会造成InDesign文件非常大，而且对图片的编辑修改受到很大限制。

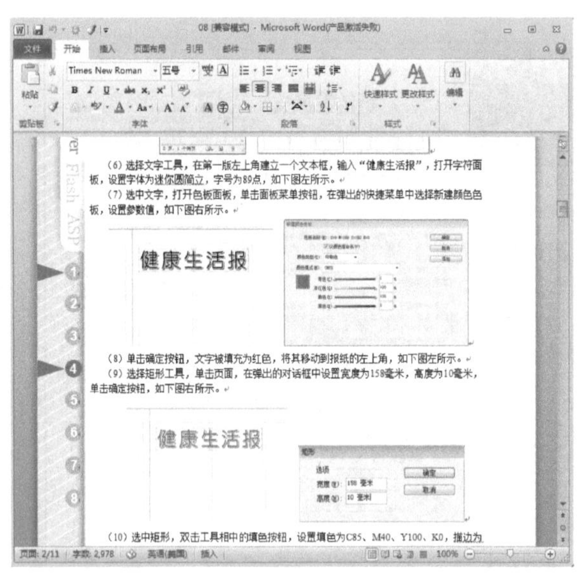

图9-54

图9-55

保存的文件包含一个文件夹和一个网页文件，双击打开files文件夹，里面包含文件信息和多个图像文件，图像文件即是无损提取的图像，如图9-56所示。

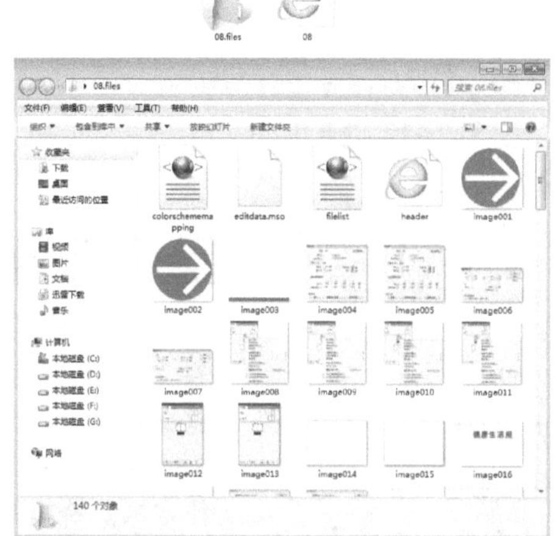

图9-56

提 示

将Word文件中的图像直接复制粘贴到Photoshop中也可以提取图像，但是该图像质量层次损失严重，不建议使用此方法提取图像。

知识点2　文本绕排

InDesign可以对任何图形框使用文本绕排，当对一个对象应用文本绕排时，在InDesign中会为这个对象创建边界以阻碍文本。

执行“窗口”→“文本绕排”命令，可打开如图9-57所示的“文本绕排”面板，其中文本绕排包含“沿定界框绕排”、“沿对象形状绕排”、“上下型绕排”、“下型绕排”4种方式。

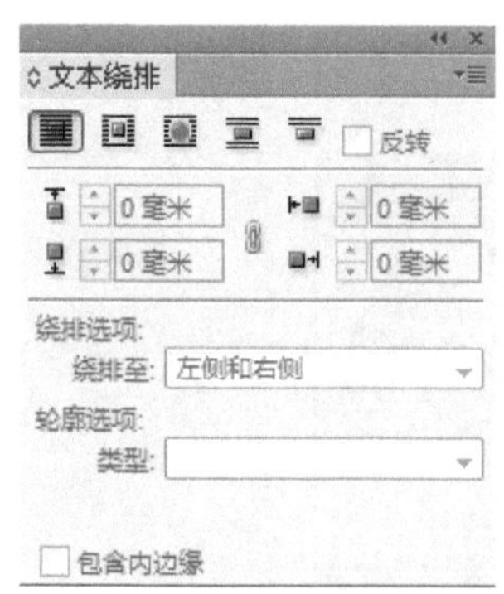

图9-57

1. 沿定界框绕排

创建一个定界框绕排，其宽度和高度由所选对象的定界框（包括指定的任何偏移距离）确定。在“文本绕排”面板中单击“沿定界框绕排”按钮，如图9-58所示。

执行“文件”→“置入”命令，在“置入”对话框中选择文字素材以及图片素材，当单击“沿界定框绕排”按钮后，效果如图9-59所示。

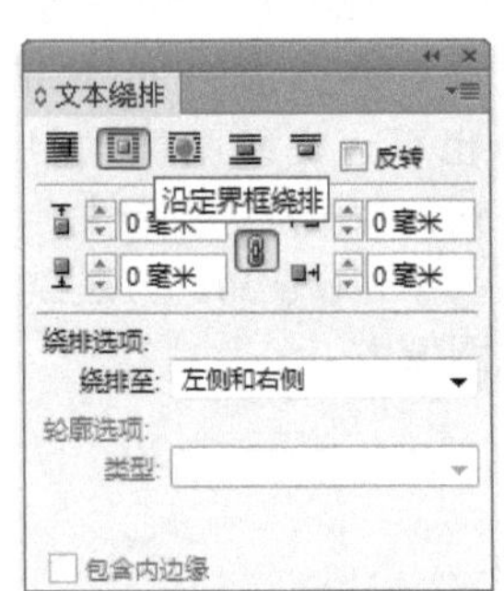

图9-58

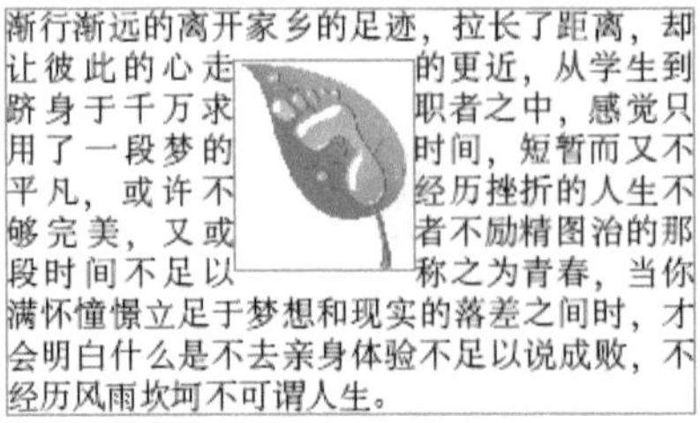

渐行渐远的离开家乡的足迹，拉长了距离，却让彼此的心走的更近，从学生到跻身于千万求职者之中，感觉只用了一段梦的时间，短暂而又不平凡，或许不经历挫折的人生不够完美，又或者不励精图治的那段时间不足以称之为青春，当你满怀憧憬立足于梦想和现实的落差之间时，才会明白什么是不去亲身体验不足以说成败，不经历风雨坎坷不可谓人生。

图9-59

单击“沿定界框绕排”按钮，左位移为“5毫米”、右位移为“5毫米”时，效果如图9-60所示。绕排选项中还可设置“绕排至”选项为“左侧”、“右侧”、“左侧和右侧”、“朝向书脊侧”、“背向书脊侧”、“最大区域”选项，如图9-61所示。

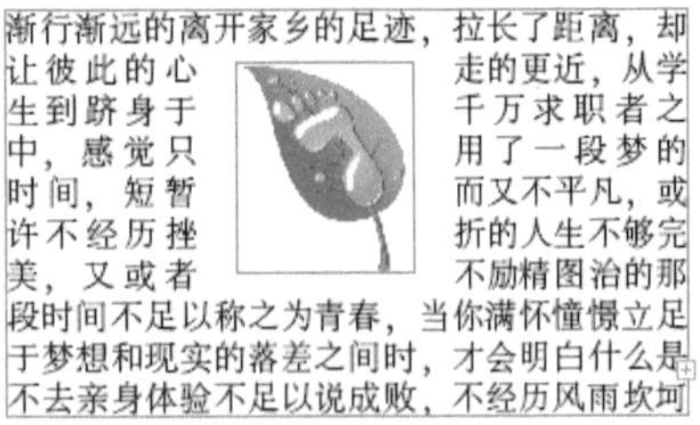

渐行渐远的离开家乡的足迹，拉长了距离，却让彼此的心走的更近，从学生到跻身于千万求职者之中，感觉只用了一段梦的时间，短暂而又不平凡，或许不经历挫折的人生不够完美，又或者不励精图治的那段时间不足以称之为青春，当你满怀憧憬立足于梦想和现实的落差之间时，才会明白什么是不去亲身体验不足以说成败，不经历风雨坎坷

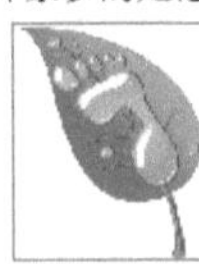

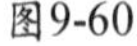

图9-60

图9-61

2. 沿对象形状绕排

沿对象形状绕排也称为轮廓绕排，绕排边缘和图片形状相同。单击“轮廓选项”下的“类型”下拉列表框，有“定界框”、“检测边缘”、“Alpha通道”、“Photoshop路径”、“图形框架”、“与剪切路径相同”和“用户修改的路径”选项，如图9-62所示。

图9-62

提 示

所谓的文本绕排就是在文本中嵌入图像文件，是文本围绕在图形周围。文本所围绕的对象称为绕排对象。绕排对象可以是导入的图像、在InDesign中绘制的图形以及文本框架，复杂的群组对象也可以称为绕排对象。

- 定界框。定界框是将文本绕排至由图像的高度和宽度构成的矩形。当在“轮廓选项”选项组的“类型”下拉列表框中选择“定界框”时，效果如图9-63所示。

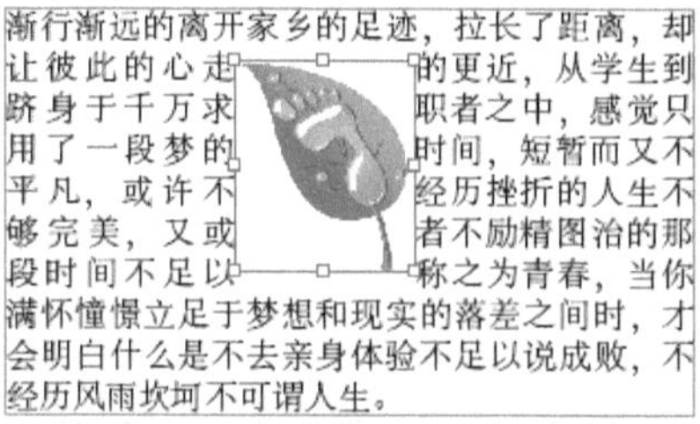

渐行渐远的离开家乡的足迹，拉长了距离，却
让彼此的心走的更近，从学生到
跻身于千万求职者之中，感觉只
用了一段梦的时间，短暂而又不
平凡，或许不经历挫折的人生不
够完美，又或者不励精图治的那
段时间不足以称之为青春，当你
满怀憧憬立足于梦想和现实的落差之间时，才
会明白什么是不去亲身体验不足以说成败，不
经历风雨坎坷不可谓人生。

图9-63

- 检测边缘。检测边缘是使用自动边缘检测生成边界。要调整边缘检测，应先选择对象，然后执行“对象”→“剪切路径”→“选项”命令。当在“轮廓选项”选项组的“类型”下拉列表框中选择“检测边缘”时，效果如图9-64所示。

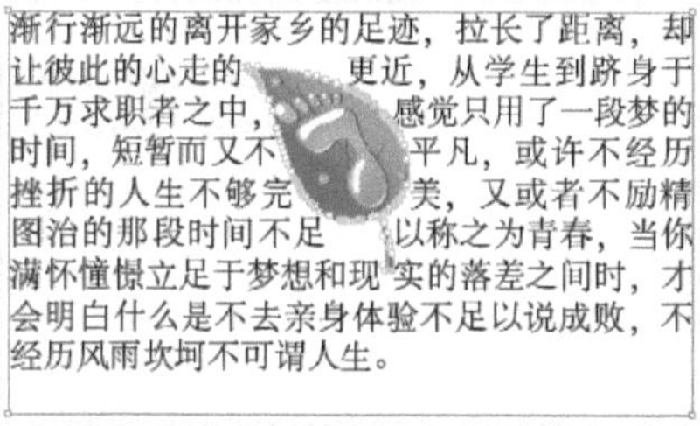

渐行渐远的离开家乡的足迹，拉长了距离，却
让彼此的心走的更近，从学生到跻身于
千万求职者之中，感觉只用了一段梦的
时间，短暂而又不平凡，或许不经历
挫折的人生不够完美，又或者不励精
图治的那段时间不足以称之为青春，当你
满怀憧憬立足于梦想和现实的落差之间时，才
会明白什么是不去亲身体验不足以说成败，不
经历风雨坎坷不可谓人生。

图9-64

- Alpha 通道。Alpha 通道是用随图像存储的 Alpha 通道生成边界。如果此选项不可用，则说明没有随该图像存储任何Alpha 通道。
- Photoshop 路径。Photoshop 路径是用随图像存储的路径生成边界。若“Photoshop 路径”选项不可用，则说明没有随该图像存储任何已命名的路径。
- 图形框架。图形框架是用容器框架生成边界。当在“轮廓选项”选项组的“类型”列表框中选择“图形框架”时，效果如图9-65所示。
- 与剪切路径相同。与剪切路径相同是用导入的图像的剪切路径生成边界。当在“轮廓选项”选项组的“类型”列表框中选择“与剪切路径相同”时，效果如图9-66所示。
- 用户修改的路径。与其他图形路径一样，可以使用钢笔工具 和直接选择工具，编辑文本绕排边界，

提 示

通过“文本绕排”面板中的轮廓选项，并不能隐藏绕排边界外的图片，只有再通过使用“检测边缘”选项创建剪切路径，才能够将绕排边界外的图片隐藏。具体的操作是：保持对象的选择状态，执行“对象”→“剪切路径”→“选项”命令，在弹出的对话框中设置参数，创建剪切路径。

更改文本绕排的形状。用户手动更改文本绕排形状的路径，则“用户修改的路径”在“类型”菜单中处于选中状态，并且在此菜单中仍显示为灰色，这说明此形状的路径已更改。

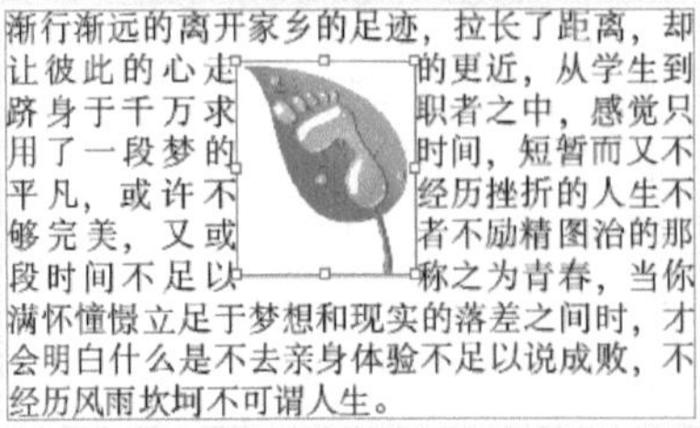

渐行渐远的离开家乡的足迹，拉长了距离，却让彼此的心走的更近，从学生到跻身于千万求职者之中，感觉只用了一段梦的时间，短暂而又不平凡，或许不经历挫折的人生不够完美，又或者不励精图治的那段时间不足以称之为青春，当你满怀憧憬立足于梦想和现实的落差之间时，才会明白什么是不去亲身体验不足以说成败，不经历风雨坎坷不可谓人生。

图9-65

渐行渐远的离开家乡的足迹，拉长了距离，却让彼此的心走的更近，从学生到跻身于千万求职者之中，感觉只用了一段梦的时间，短暂而又不平凡，或许不经历挫折的人生不够完美，又或者不励精图治的那段时间不足以称之为青春，当你满怀憧憬立足于梦想和现实的落差之间时，才会明白什么是不去亲身体验不足以说成败，不经历风雨坎坷不可谓人生。

图9-66

3. 上下型绕排

上下型绕排是将图片所在栏中左右的文本全部排开至图片的上方和下方。下面将介绍上下型绕排的具体操作方法。

STEP 01 绘制一个高度为“31毫米”、宽度为“33毫米”的矩形框架，并复制两份，放在如图9-67所示的位置。

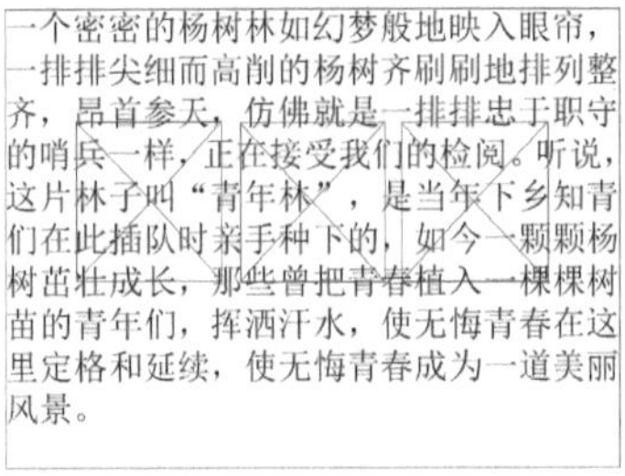

一个密密的杨树林如幻梦般地映入眼帘，一排排尖细而高削的杨树齐刷刷地排列整齐，昂首参天，仿佛就是一排排忠于职守的哨兵一样，正在接受我们的检阅。听说，这片林子叫“青年林”，是当年下乡知青们在此插队时亲手种下的，如今一颗颗杨树苗壮成长，那些曾把青春植入一棵棵树苗的青年们，挥洒汗水，使无悔青春在这里定格和延续，使无悔青春成为一道美丽风景。

图9-67

STEP 02 执行“文件”→“置入”命令，置入图片后调整图片，使图片适合框架，效果如图9-68所示。

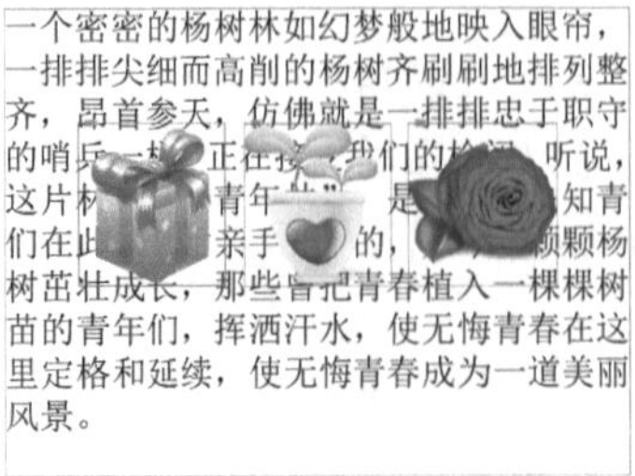

图9-68

提 示

对对象应用文本绕排时，InDesign 会在对象周围创建一个阻止文本进入的边界。文本所围绕的对象称为绕排对象。文本绕排也称为环绕文本。“文本绕排”选项仅应用于被绕排的对象，而不应用于文本自身。如果将绕排对象移近其他文本框架，对绕排边界的任何更改都将保留。

STEP 03 选择3个矩形框架，在“文本绕排”面板中单击“上下型绕排”按钮，效果如图9-69所示。

一个密密的杨树林如幻梦般地映入眼帘，
一排排尖细而高削的杨树齐刷刷地排列整

齐，昂首参天，仿佛就是一排排忠于职守
的哨兵一样，正在接受我们的检阅。听说，
这片林子叫“青年林”，是当年下乡知青

图9-69

4. 下型绕排

下型绕排是将图片所在栏中图片上边缘以下的所有文本都排至下一栏，效果如图9-70所示。

一个密密的杨树林如幻梦般地映入眼帘，
一排排尖细而高削的杨树齐刷刷地排列整

图9-70

> **提 示**
>
> 在选择一种绕排方式后，可设置“偏移值”和“轮廓”选项。输入偏移值，正值表示文本向外远离绕排边缘，负值表示文本向内进入绕排边缘。轮廓选项可以指定何种方式定义绕排边缘。

知识点3 目录的自动生成与更新

目录是按照一定次序开列出来供查找备考的条目名录，也叫目次，一般放在书刊的前面。目录是为方便检索书刊中的具体内容而设置的。

目录的自动生成和更新是InDesign CS6中一个重要的功能，熟练掌握这个功能的用法可以极大提高排版的工作效率。

1. 目录的构成

常见的书刊目录主要包括3个重要的部分：篇或章节的名称，称为“条目”；条目的顺序和编号，即条目在书中的位置（页码）；条目和编号之间的间隔符号，通常由一些小点组成（也可以是空白），主要是为了明确条目和编号之间的对应关系，也有美化版面的作用。

2. 目录自动生成的前提条件

在InDesign中可以自动生成目录，其原理是按照段落样式来检索条目，再将检索到的条目收集到一起，并标注条目的页码，这样就形成了目录。从InDesign提取目录的原理中，不难看出，目录生成的一个重要的前提条件就是规范地设置书中各级标题的段落样式。

3. 设计目录各个条目的外观

目录中的每个条目的外观效果都包含3个方面：条目名称、间隔符号和页码。条目名称要用段落样式来规定，而且字体字号要根据层级的不同而有所区别；间隔符号和页码用字符样式来设定，为了版面美观，整个目录的间隔符号和页码应该保持一致。

在设置条目的段落样式时，要注意根据层级的不同设定缩进，并设定定位符和间隔符，如图9-71和图9-72所示。

> **提 示**
>
> 为了增强目录的可读性，条目之间通常会设定明显的层级关系，在排版时可以通过合理的缩进来实现。每个层级的条目都要设定不同的段落样式，并按照层级的不同来命名，以方便调用。

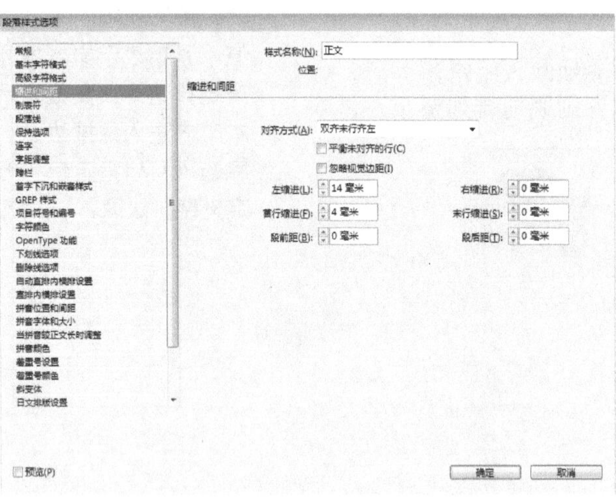

图9-71

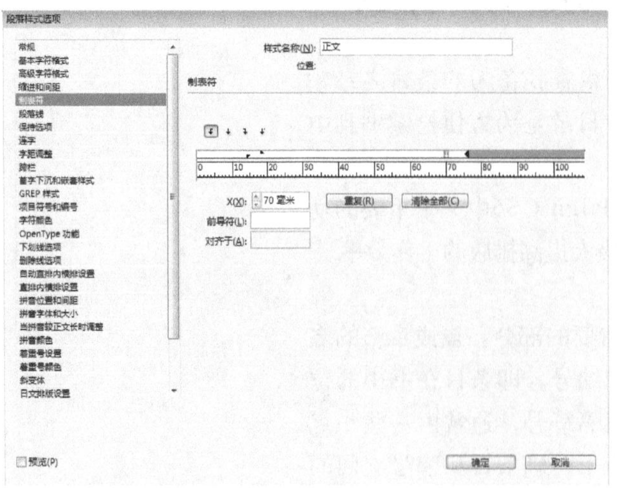

图9-72

4. 设置目录的内容和外观效果

执行“版面”→“目录”命令，弹出“目录”对话框，设定各个层级的条目，并设定条目的外观，如图9-73所示。

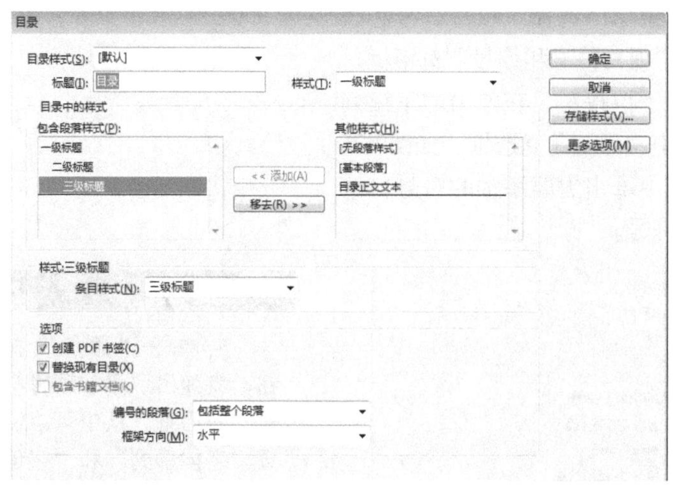

图9-73

5. 生成目录

设置完成后，单击“目录”对话框中的“确定”按钮，即可生成一个完整的目录，如图9-74所示。

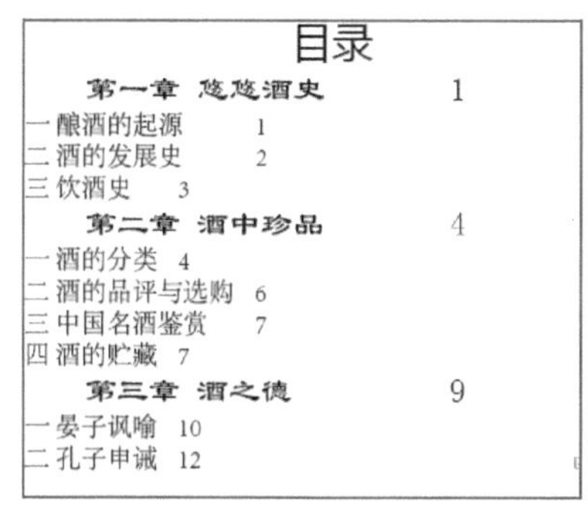
目录

第一章 悠悠酒史 1
一 酿酒的起源 1
二 酒的发展史 2
三 饮酒史 3
第二章 酒中珍品 4
一 酒的分类 4
二 酒的品评与选购 6
三 中国名酒鉴赏 7
四 酒的贮藏 7
第三章 酒之德 9
一 晏子讽喻 10
二 孔子申诫 12

图9-74

提 示

如果书刊内容或页码有任何改动，不必再重新生成目录，只需选中上次生成的目录，在菜单中执行“版面”→“更新目录”命令即可。

知识点4 使用项目符号、编号与脚注

InDesign CS6不仅具有丰富的格式设置项，而且具有快速对齐文本的定位符对话框，使用该功能可以方便、快速地对齐段落和特殊字符对象；同时也可以灵活地加入脚注，使版面内容更加丰富，便于阅览。

1. 项目符号和编号

项目符号是指为每一段的开始添加符号。编号是指为每一段的开始添加序号。如果向添加了编号列表的段落中添加段落或从中移去段落，则其中的编号会自动更新。

（1）项目符号。

在需要添加项目符号的段落中单击，在“段落”面板中单击右上角的按钮，在弹出的菜单中选择“项目符号和编号”选项，如图9-75所示。打开“项目符号和编号”对话框，单击“列表类型”文本框右侧的下拉按钮，在弹出的下拉列表中选择“项目符号”，然后选中“预览”复选框，如图9-76所示。在“项目符号字符”选项中单击需要添加的符号，单击“确定”按钮，即可更改项目符号。

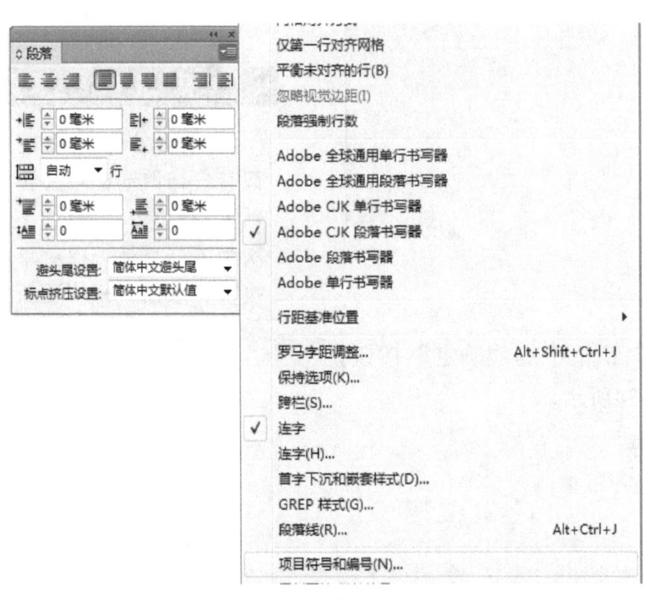

图9-75

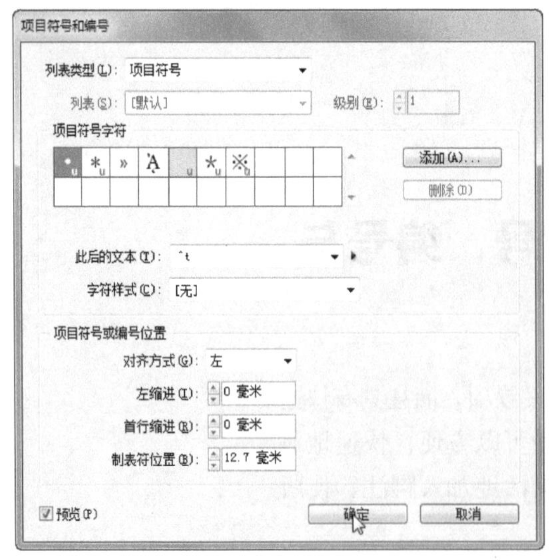

图9-76

（2）编号。

在“项目符号和编号”对话框的“列表类型”下拉列表

提 示

若单击“添加”按钮，将弹出“添加项目符号”对话框，从中可以设置“字体系列”和“字体样式”选项，在需要添加的符号上单击，然后单击“确定”按钮，即可添加项目符号。

框中选择“编号”，可以为选择的段落添加编号，如图9-77所示。

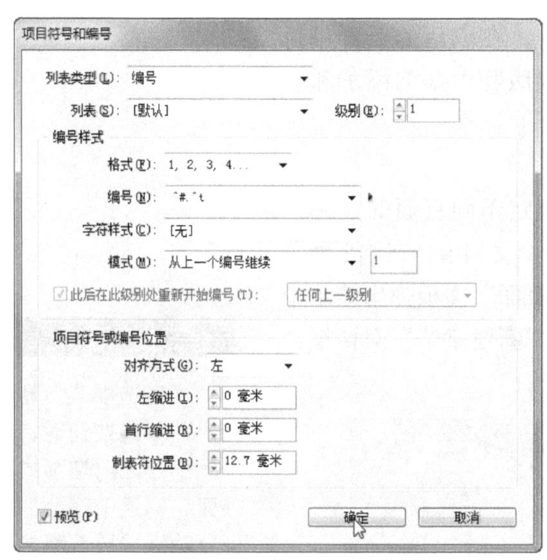

图9-77

通过对“编号样式”区域的设置，可以调整编号和文字间的距离。

2. 脚注

下面将对脚注的创建、编辑、删除等操作进行介绍。

(1) 创建脚注。脚注由两个部分组成：显示在文本中的脚注引用编号，以及显示在栏底部的脚注文本。可以创建脚注或从 Word 或 RTF 文档中导入脚注。

(2) 删除脚注。可以用BackSpace键或Delete键。如果仅删除脚注文本，则脚注引用编号和脚注结构将被保留下来。

(3) 在编辑脚注文本时，应注意下列事项：

①插入点位于脚注文本中时，执行“编辑”→“全选”命令，只选择该脚注的文本。

②使用键盘上的方向键可在脚注之间切换。

③在“文章编辑器”中，单击脚注图标可展开或折叠脚注。

④可选择字符和段落格式，并将它们应用于脚注文本。

⑤剪切或复制包含脚注引用编号的文本时，脚注文本也被添加到剪贴板。

⑥可通过将插入点置入脚注文本的开头，右击，在弹出的快捷菜单中执行“插入特殊字符”→“标志符”→“脚注编号”命令将脚注添加回来。

⑦文本绕排对脚注文本无影响。

提 示

将脚注添加到文档时，脚注会自动编号。可控制脚注的编号样式、外观和位置，不能将脚注添加到表或脚注文本中。

知识点5　编排页码

对图书而言，页码是相当重要的，在以后的目录编排中也要用到页码，下面介绍一下在出版物中如何添加和管理页码。

1. 添加页码和章节编号

对于页码的编号，在文档中能制定不同页面的页码。InDesign CS6可以提供多种编号在同一个文档中，在“页面”面板中选中要更改页码的页面，从“页面”面板弹出菜单中执行“页码和章节选项”命令，弹出“新建章节”对话框，如图9-78所示。

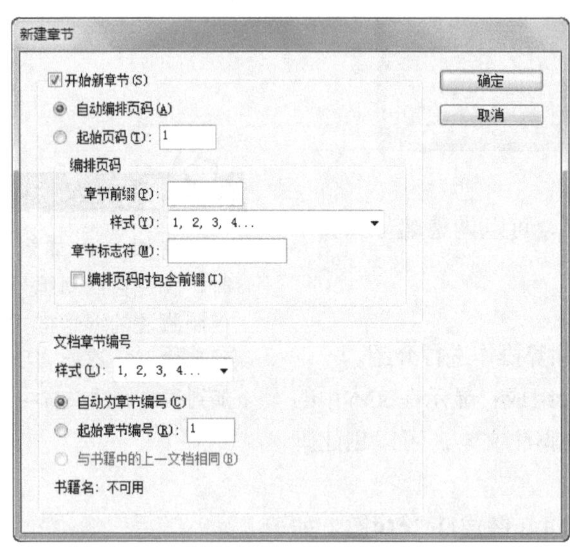

图9-78

提　示

当选中“自动编排页码”单选按钮时，如果在此部分之前增加或减少页面，则这个部分的页数将自动地按照前面的页码自动更新。

在“新建章节”对话框中选中“开始新章节”复选框，接着依次设置其他子选项即可。

2. 对页面和章节重新编号

默认情况下，书籍或文档中的页码是连续编号的，也可以对页面和章节重新编号，操作步骤基本和添加页码和章节编号相同。

Id 独立实践任务

任务2 设计制作足球画册内页

任务背景和要求

制作一份画册内页，要求排版及构图美观合理。产品尺寸可参考任务1。

任务分析

这本画册主要是一些足球爱好者阅读，版面要求简洁大方，字号及行距设置合理。

任务素材

提供文字文档一份，配图三张，设计师自行设计。本任务的所有素材文件在“光盘:\素材文件\模块09\任务2”目录中。

任务参考效果图

本任务的最终效果文件在“光盘:\素材文件\模块09\任务2”目录中。

Id 职业技能考核

一、选择题

1. 如何让文本沿着图片的剪辑路径进行绕排？（　　）

   A. 选择沿外框绕排

   B. 选择沿形状绕排

   C. 选择上下型环绕

   D. 选择下型环绕

2. 以下关于旋转工具旋转对象的使用方法，不正确的是（　　）。

   A. 只能以对象的中心为基点旋转对象

   B. 按下Alt键可以在旋转的同时复制对象

   C. 按下Shift键可以强制对象以45度的整倍数旋转对象

   D. 双击工具箱中的旋转工具可以调出旋转对话框

3. 对于文本，下列操作不能实现的有（　　）。

   A. 为文本设置渐变填充

   B. 将个别字符转换为轮廓

   C. 为个别字符设置透明效果

   D. 为个别字符设置不同大小

4. 使用文本工具可以完成的操作有（　　）。

   A. 选中多段文本

   B. 选中文本框

   C. 选中指定文本

   D. 插入文本插入点

二、填空题

1. 若要在所选图层下方创建新图层，则可在按住__________组合键的同时单击“创建新图层”按钮。

2. 对于图层中不同类型的对象，还可以设置透明、__________、__________等多种特殊效果。

3. 指定图层颜色便于区分__________。

4. 在InDesign CS6中，可以通过不同的方式在作品中加入__________效果。

5. 默认情况下，创建对象或描边、应用填色或输入文本时，这些项目显示为__________状态，即不透明度为__________。

6. 投影即在__________的后面添加阴影。

模块 10 设计制作宣传折页

本任务效果图：

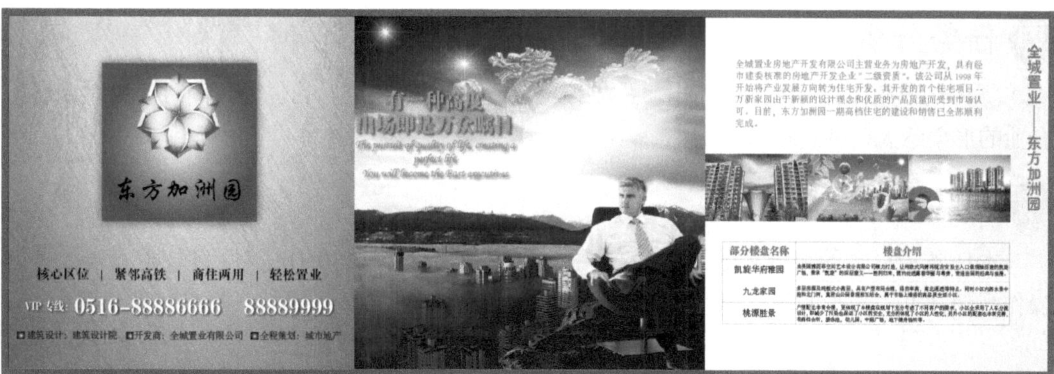

软件知识目标：

1. 掌握置入InDesign页面中图像的方法
2. 掌握如何设置印刷色

专业知识目标：

1. 了解折页的多种表达方式，如风琴折、对门折、异型折等
2. 了解折页的压痕及装订

建议课时安排：

4课时（讲课2课时，实践2课时）

Id 模拟制作任务

任务1　设计制作宣传折页

任务背景

东方加洲园房地产开发商为了推广一期花园房的销售，需要设计一款宣传折页，要求设计风格新颖独到，突出产品的四大优势，能够展现城市花园房的独特魅力。

任务要求

客户提供了图片和文字，但没有指定具体的规格和形式，产品的四大卖点分别用一个词概括。

任务分析

要在众多宣传折页中脱颖而出，“四大卖点”必须处在突出的位置，同时要树立和突出企业的形象给人一种高雅的感觉。

最终效果

本任务素材文件和最终效果文件在“光盘:\素材文件\模块10\任务1”目录中，本任务的操作视频详见“光盘:\操作视频\模块10”目录中。

任务详解

STEP 01 执行“文件”→“新建”→“文档”命令，弹出“新建文档”对话框，在该对话框中设置页数为2、“宽度”为450毫米、“高度”为150毫米，如图10-1所示。

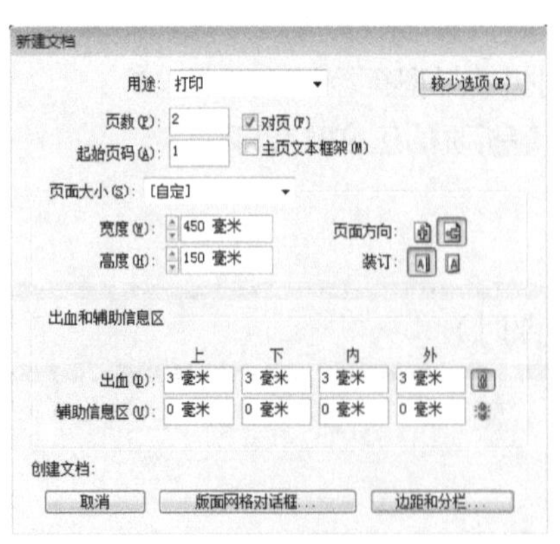

图10-1

STEP 02 单击“边距和分栏”按钮，在弹出的“新建边距和分栏”对话框中设置边距均为0毫米，栏数为3，栏间距为0毫米，单击“确定”按钮，如图10-2所示。

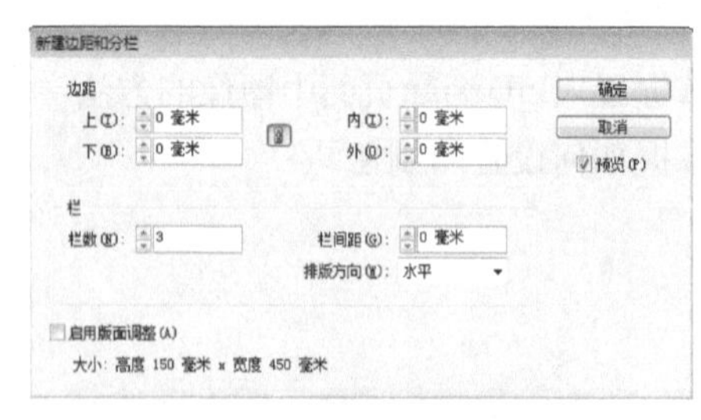

图10-2

STEP 03 执行“文件”→“置入”命令，打开“置入”对话框，选择图像素材（“光盘:\素材文件\模块10\任务1\1.jpg”），单击“打开”按钮，如图10-3所示。

STEP 04 单击页面，图像置入文档中，将其移至第一栏中，如图10-4所示。

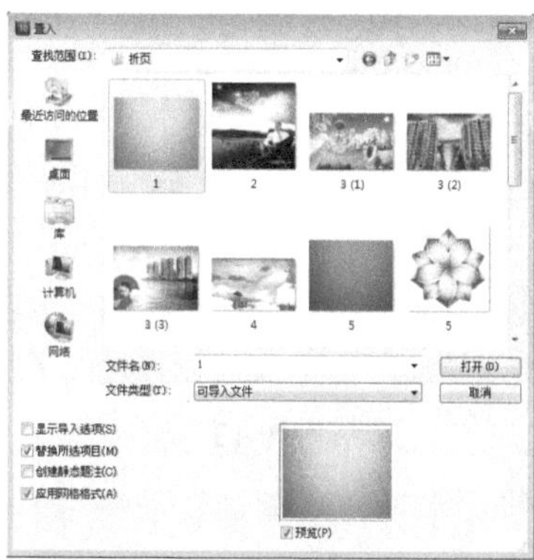

图10-3

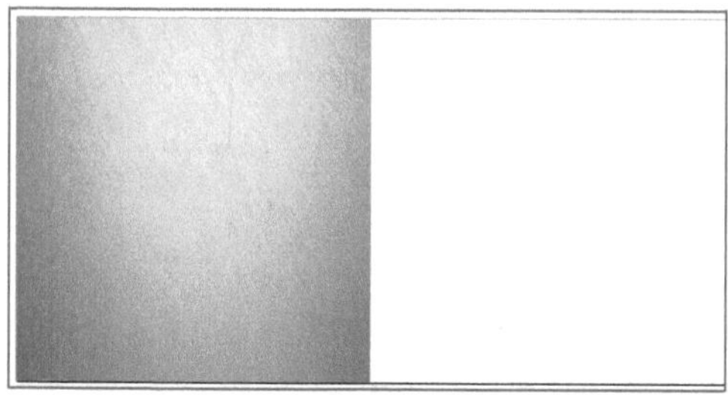

图10-4

STEP05 选择矩形工具，绘制一个66毫米的正方形，将其移至合适的位置，如图10-5所示。

图10-5

STEP06 执行“窗口”→“颜色”→“渐变”命令，打开“渐变”面板，设置颜色从白色（C0、M0、Y0、K0）到褐色（C50、M75、Y100、K15）渐变，类型设置为径向，如图10-6所示。

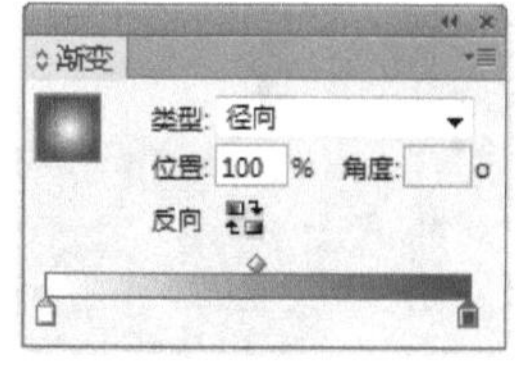

图10-6

STEP07 选中正方形，应用渐变颜色，如图10-7所示。

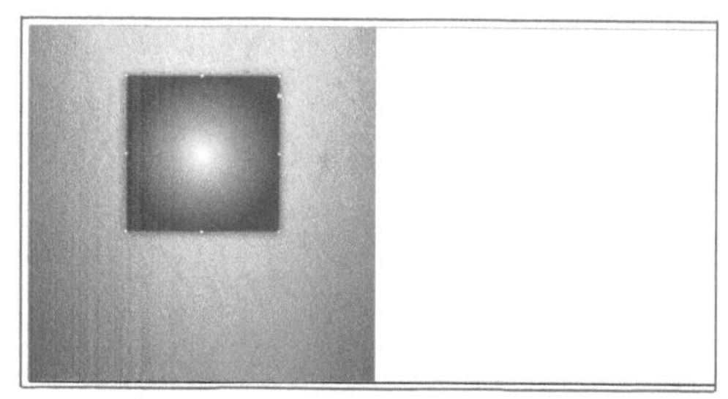

图10-7

STEP08 执行“文件”→“置入”命令，将图像素材（“光盘:\素材文件\模块10\任务1\5.png”）置入页面中，将其移至合适的位置，如图10-8所示。

图10-8

STEP09 选择文字工具，输入文本，设置字体为华文行楷，字号为32点，填色为黑色，如图10-9所示。

图10-9

STEP10 选择文字工具，输入文本，设置字体为宋体，字号为11点，将其移至页面的下方，如图10-10所示。

STEP11 选择矩形工具，绘制3个3毫米的正方形，填色为黑白的径向渐变，将其放置在文本的前面，选中文本和图标，按Ctrl+G组合键组合对象，如图10-11所示。

图10-10

图10-11

STEP 12 选择文字工具，输入文本，设置字体为方正大标宋简体，字号为16点，填色为黑色，如图10-12所示。

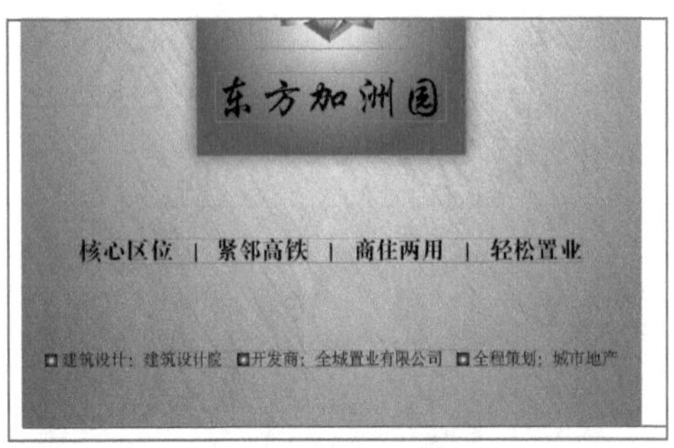

图10-12

STEP 13 选择文字工具，输入文本，设置填色为白色，字体为方正粗宋简体，选中“VIP专线：”，设置字号为12点，后面的号码文字的字号设置为24点，如图10-13所示。

STEP 14 右击，在弹出的快捷菜单中执行“效果”→“投影”命令，在弹出的对话框中设置距离为1毫米、角度130°、大小为1毫米、扩展为2%，如图10-14所示。

图10-13

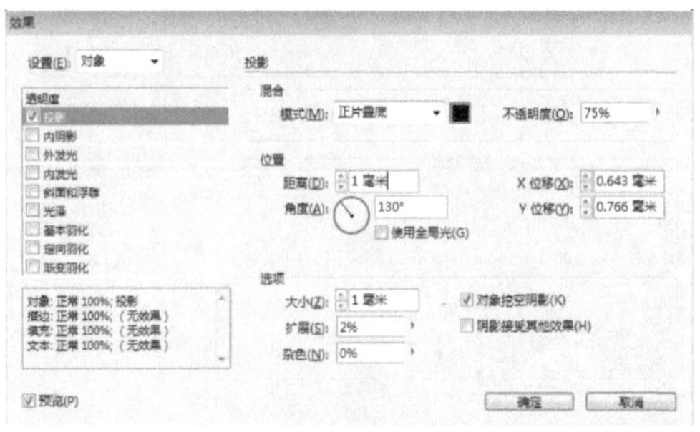

图10-14

STEP 15 单击“确定”按钮，此时文本下面出现投影，如图10-15所示。

图10-15

STEP 16 执行“文件”→“置入”命令，选择图像素材（“光盘:\素材文件\模块10\任务1\2.jpg”），将图像置入页面中，并将其移至第二栏中，如图10-16所示。

图10-16

STEP17 选择文字工具，输入文本，将其移至第二栏的左侧，如图10-17所示。

图10-17

STEP18 选择文本，设置中文字体为方正粗宋简体，字号为24点，英文字体为Monotype Corsiva，字号为14点，填色为C0、M60、Y90、K0，描边为无，如图10-18所示。

图10-18

STEP19 选择矩形工具，绘制一个150毫米的正方形，边缘与第三栏的边缘对齐，打开“渐变”面板，设置从白色到灰色（C0、M0、Y0、K50）线性渐变，如图10-19所示。

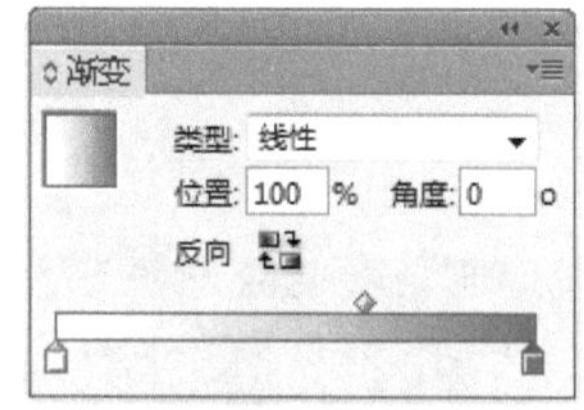

图10-19

STEP20 选中矩形，应用渐变颜色，如图10-20所示。

STEP21 选择文字工具，绘制一个文本框，将“光盘:\素材文件\模块10\任务1\介绍.txt”文档置入页面中，设置字体为宋体，字号为11点，行距为14点，填色为C0、M0、Y0、K60，描边为无，如图10-21所示。

图10-20

图10-21

STEP22 选择矩形框架工具，在文字下方绘制3个矩形框，将它们并列排放，如图10-22所示。

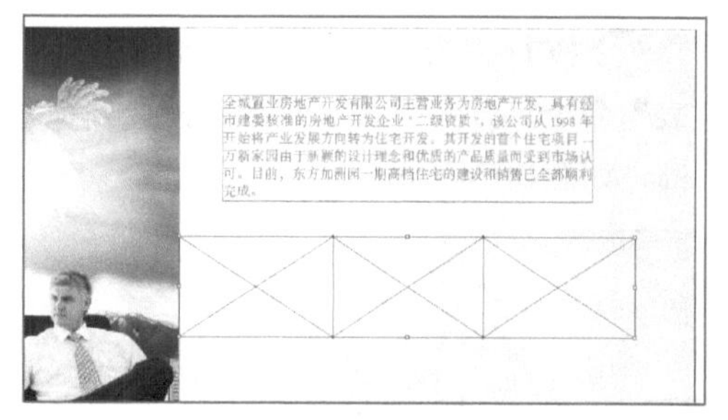

图10-22

STEP23 将图像（“光盘:\素材文件\模块10\任务1”目录中）置入矩形框架中，如图10-23所示。

图10-23

STEP24 选择文字工具，绘制一个文本框，将光标定位在文本框中，执行“表”→“插入表”命令，在弹出的对话框中设置正文行为4，列为2，如图10-24所示。

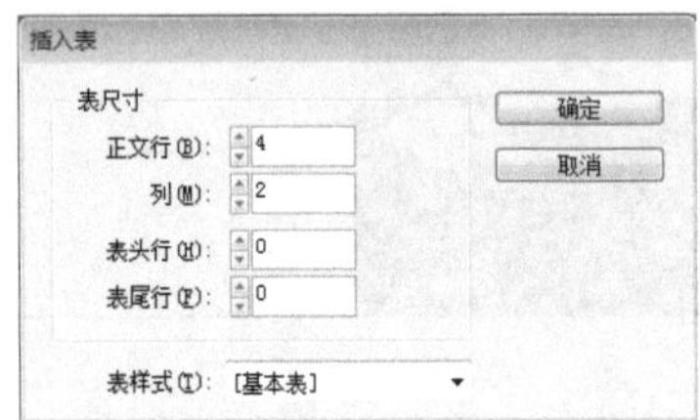

图10-24

STEP 25 单击“确定”按钮，文本框中插入一个4行2列的表格，如图10-25所示。

图10-25

STEP 26 执行“窗口”→“文字和表”→“表”命令，打开“表”面板，设置列宽和行高，如图10-26所示。

图10-26

STEP 27 打开“光盘:\素材文件\模块10\任务1\楼盘介绍.txt”，将内容复制到表格中，设置字体为宋体，字号为6点，如图10-27所示。

图10-27

STEP 28 选中第一行文本，设置字体为方正粗宋简体，字号为12点，填色为C0、M95、Y95、K0，居中对齐，如图10-28所示，

图10-28

STEP 29 选中第一列的其他文本，设置字体为宋体，字号为10点，填色为黑色，居中对齐，如图10-29所示。

图10-29

STEP 30 选择直排文字工具，输入文本，设置字体为汉仪秀英体简，字号为18点，填色为C0、M95、Y95、K0，将其移至右侧边缘，如图10-30所示。

图10-30

STEP 31 选中页面2，执行“文件”→“置入”命令，将图像素材（“光盘:\素材文件\模块10\任务1\4.jpg”）置入文档中，并移至页面2的第一栏中，如图10-31所示。

STEP 32 选择热气球图像素材（“光盘:\素材文件\模块10\任务1\6.png”），置入页面中，调整其位置及大小，如图10-32所示。

图10-31

图10-32

STEP33 选择文字工具，输入文本，如图10-33所示。

图10-33

STEP34 选择中文文字，设置字体为华文行楷，字号为24点，填色为黑色，描边为白色，在“描边”面板中设置描边粗细为2点，选中英文文字，设置字体为CommScriptTT，字号为12点，填色为黑色，描边为无，居中对齐，如图10-34所示。

图10-34

STEP35 执行“文件”→“置入”命令，将图像素材（“光盘:\素材文件\模块10\任务1\8.jpg”）置入页面中，将其移至第二栏中，并设置图像的不透明度为15%，如图10-35所示。

图10-35

STEP36 选择矩形框架工具，绘制3个矩形框，移至合适的位置，如图10-36所示。

图10-36

STEP37 选择图像素材（“光盘:\素材文件\模块10\任务1”目录中），将图像置入矩形框架中，调整图像大小，如图10-37所示。

图10-37

STEP38 选择文字工具，绘制文本框，将“光盘:\素材文件\模块10\任务1\楼盘介绍.txt”素材内容复制到文本框中，在“段落”面板中设置首行缩进6毫米，如图10-38所示。

STEP39 将图像素材（“光盘:\素材文件\模

块10\任务1”目录中）置入页面中，将其移至页面的第三栏中，如图10-39所示。

图10-38

图10-39

STEP 40 选择“页面1”中的标志，按Alt键拖拽，复制并将其移至“页面2”中，调整大小，如图10-40所示。

图10-40

STEP 41 选择文字工具，输入文本，设置字体为黑体，字号为18点，填色为黑色，描边为无，如图10-41所示。

图10-41

STEP 42 设置文本居中对齐，选中重点字，设置字号为30点，填色为C0、M95、Y95、K0，描边为无，如图10-42所示。

图10-42

STEP 43 选择文字工具，输入文本，选中“咨询热线”，设置字体为黑体，字号为18点，填色为白色；选中号码内容，设置字体为黑体，字号为30点，填色为白色；选中“销售中心”，设置字体为黑体，字号为14点，填色为14点，如图10-43所示。

图10-43

Id 知识点拓展

知识点1 宣传折页的种类

宣传折页法可以分为 8 种 ：风琴折、普通折、特殊折、对门折、地图折、平行折、海报折、卷轴折，都有非常明显的特征。下面详细讲解 3 种最为常见的宣传折页。

- 风琴折。风琴折的应用十分广泛，可以很容易地认出它，因为它的形状像“之”字形，如图 10-44 所示。

图10-44

- 普通折。普通折是非常简单且常见的折叠方法。由于其较低的预算及简单的操作，非常适用于请柬、广告和小指南，如图 10-45所示。

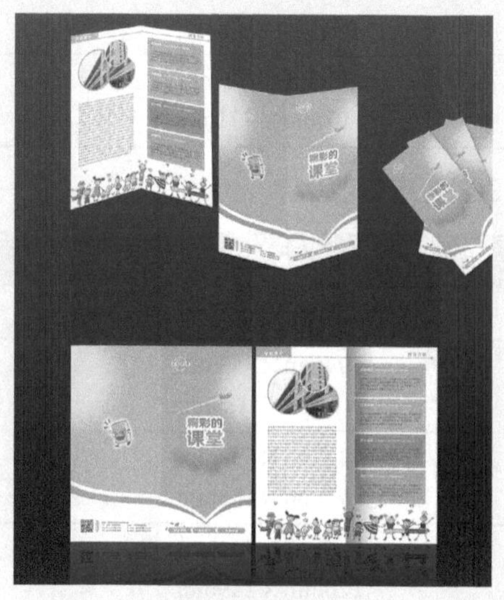

图10-45

- 对门折。对门折一般是对称的，折叠方法是将两个或更多的页面从相反的面向中心折去，如图10-46所示。

提 示

宣传折页主要是指四色印刷机彩色印刷的单张彩页，一般是为扩大影响力而做的一种纸面宣传材料，是一种以传媒为基础的纸制的宣传流动广告。折页有二折、三折、四折、五折、六折等。特殊情况下，机器折不了的工艺，还可以加进手工折页，一般折页数在3～4折为好。宣传折页具有针对性、独立性和整体性的特点，为工商界所广泛应用。

图10-46

宣传折页的具体尺寸设计

折页尺寸设计比较随意，关键是看开纸尺寸，尽量做到减少浪费。常见的纸张尺寸如表10-1和表10-2所示。

表10-1　正度纸张

序号	开数	尺寸
1	全开	787mm×1092mm
2	2开	534mm×781mm 390mm×1086mm
3	4开	390mm×543mm 271mm×781mm
4	8开	271mm×390mm 195mm×543m
5	16开	195mm×271mm 135mm×390m
6	32开	135mm×195mm 97mm×271m

表10-2　大度纸张

序号	开数	尺寸
1	全开	889mm×1194mm
2	2开	594mm×883mm 442mm×1188mm
3	4开	442mm×594mm 297mm×883mm
4	8开	297mm×441mm 220mm×549mm
5	16开	220mm×297mm 148mm×441mm
6	32开	148mm×220mm 110mm×297mm

知识点2　设置印刷色

在InDesign CS6中要为对象添加颜色，通常是在“色板”面板中定义一个颜色之后，将这个颜色添加到对象中。

1. “色板”面板

用于创建和命名颜色、渐变或色调，并将它们快速应用于文档中的对象上。执行“窗口”→“颜色”→“色板”命令，在色板中分布着一些图标，使用这些图标可以方便地设置颜色，如图10-47所示。

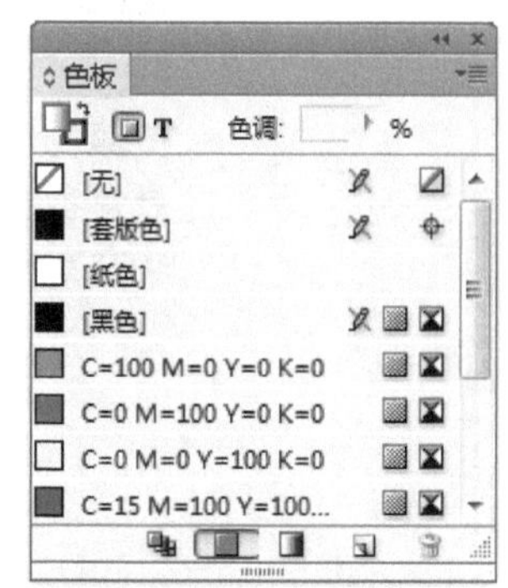

图10-47

“色板”面板的中间区域是用来存储颜色色板的，可以存储下列类型的色板。

- 颜色。“色板”面板上的图标标识了专色和印刷色颜色类型，以及Lab、RGB、CMYK和混合油墨颜色模式。
- 渐变。“色板”面板上的图标，用以指示渐变是径向还是线性。
- 无。选择“无”，色板可以移去对象中的描边或填充颜色。不能编辑或移去此色板。
- 纸色。纸色是一种内建色板，用于模拟印刷纸张的颜色。默认状态是白色，通过双击该颜色色板图标可以编辑其颜色显示，以模拟实际用纸的颜色。
- 黑色。黑色是内建的、使用CMYK颜色模型定义的100%叠印印刷黑色。不能编辑或移去此色板。
- 套版色。套版色是使对象可在PostScipt打印机的每个分色中进行打印的内建色，是由四色或者多色组成的黑色，其包含的颜色成分由页面内使用的颜色数决定，如页面内使用了CMYK 四色和两种专色，那么使用套版色的对象将会包含6 种颜色，因此此种颜色通常用于自己绘制印刷专用的套版线。

提 示

印刷色就是由不同的C、M、Y和K的百分比组成的颜色，所以称为混合色更为合理。C、M、Y、K就是通常采用的印刷四原色。在印刷原色时，这四种颜色都有自己的色版。在色版上记录了这种颜色的网点，这些网点是由半色调网屏生成的，把四种色版合到一起就形成了所定义的原色。印刷色序一般是先印深色墨后印浅色。

单击“色板”面板右侧的下拉按钮，在弹出的下拉菜单中通过选择“名称”、“小字号名称”、“小色板”或“大色板”选项来改变“色板”面板的显示模式。选择“名称”将在该色板名称的旁边显示一个小色板。该名称右侧的图标是显示颜色模型（如CMYK、RGB等）以及该颜色是专色、印刷色、套版色还是无颜色，如图10-48所示。

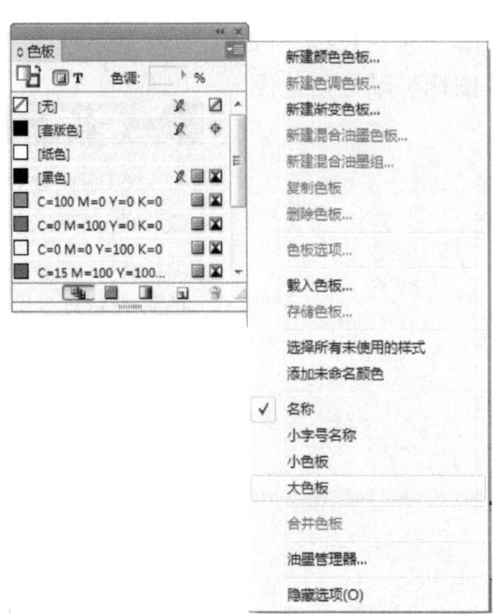

图10-48

提 示

如果需要为文本框填充颜色，可以选择“格式针对容器”按钮，即可为文本框填充颜色。

默认的“色板”面板中，显示有6种用CMYK定义的颜色：青色、洋红色、黄色、红色、绿色和蓝色。

选择“小字号名称”将显示精简的“色板”面板，如图10-49所示。

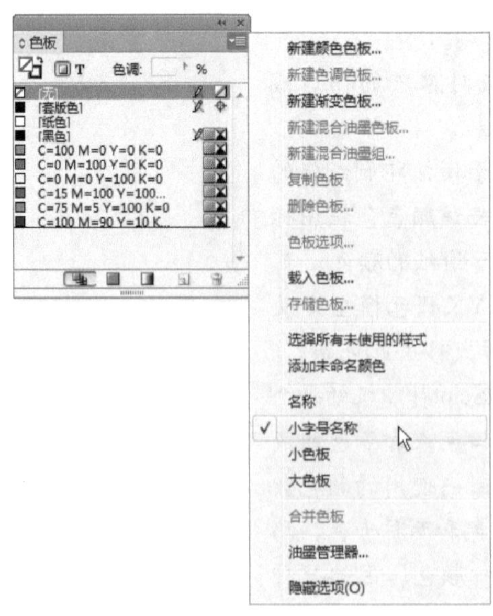

图10-49

选择“小色板”或“大色板”将仅显示色板，图10-50所示为小色板，图10-51所示为大色板。色板一角带点的三角形表明该颜色为专色，不带点的三角形表明该颜色为印刷色。

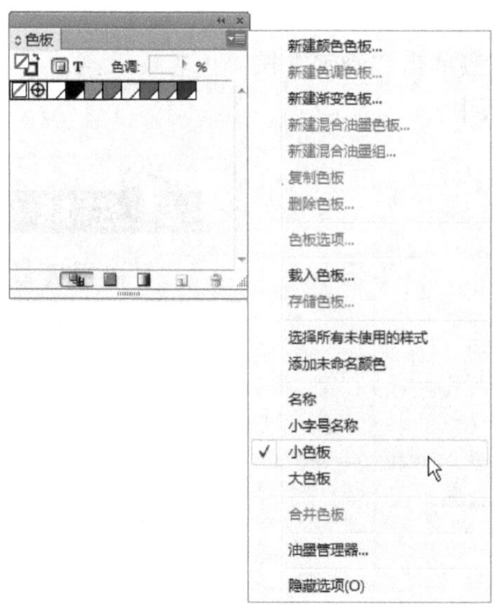

图10-50

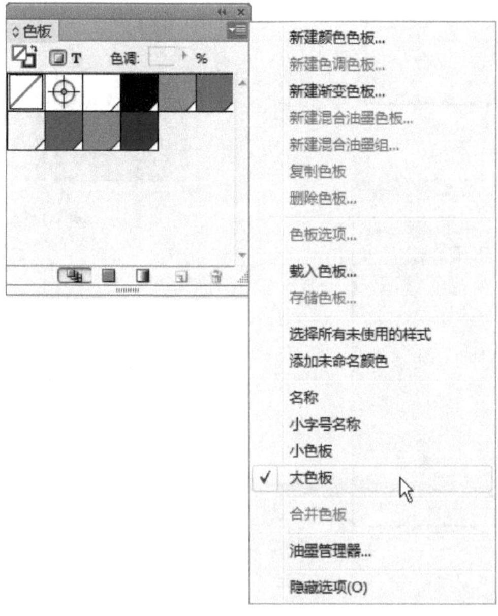

图10-51

提 示

在实际生产中对CMYK颜色数值的设置有严格的要求，通常都是以0或5为递增系数，如“C10、M55、Y20、K10”、“C0、M30、Y10、K45”，这样取值便于记忆，更重要的是因为色谱颜色的取值也是以0或5为递增系数。

2. 新建颜色

InDesign CS6的“色板”面板在默认状态下内建了为数不多的色板，设计师为了得到更丰富的颜色，需要自行设置颜色。单击“色板”面板右侧的下拉按钮，在弹出的下拉列表中执行“新建颜色色板”命令，如图10-52 所示，在弹出的“新建颜色色板”对话框中，如图10-53所示，“颜色类型”

选择“印刷色”，“颜色模式”选择“CMYK”，分别拖拽青、品、黄、黑的数值设置滑块即可设置颜色数值。如果想一次设置多个颜色，可以单击“添加”图标将设置好的颜色添加到“色板”面板中，然后再次拖拽数值设置滑块定义其他颜色；如果只需要设置一个颜色，直接单击“确定”按钮，设置的颜色即可被添加到“色板”面板中。

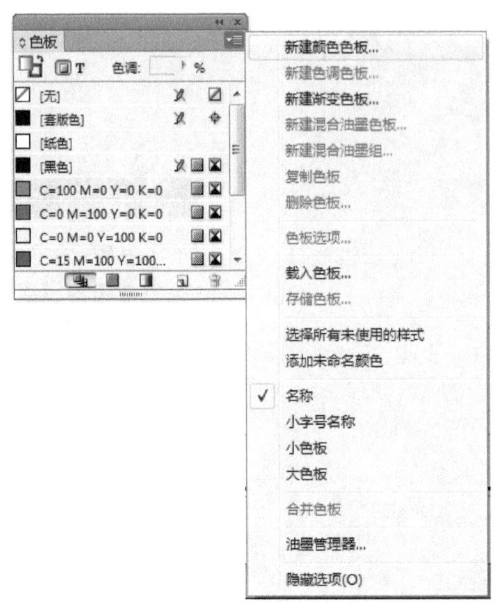

图10-52

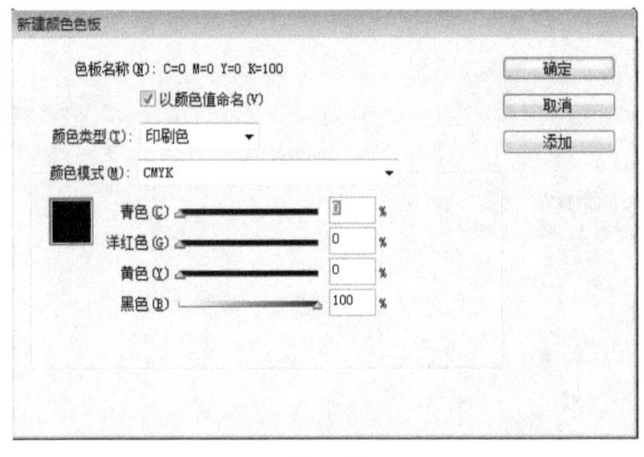

图10-53

3. 外来颜色

由于InDesign CS6可以接受其他软件的文件，如Photoshop处理的图像、Illustrator 绘制的图形、Word 和Excel的文字和表格等文件。当这些文档在进入InDesign之后，其自带的一些颜色也自动被放置在“色板”面板中。打开一张素材，选择并复制对象，然后将对象粘贴到InDesign文档中，可以看到对象使用的颜色自动被放置到“色板”面板中，如图10-55所示。

注 意

初学者最容易犯的错误是直接双击工具箱中的“填色”和“描边”按钮，然后在弹出的“拾色器”对话框中设置颜色，如图10-54所示。这样做通常会忘记将颜色添加到色板中，给以后多次使用该颜色造成不便，并且很容易设置成“RGB”颜色。

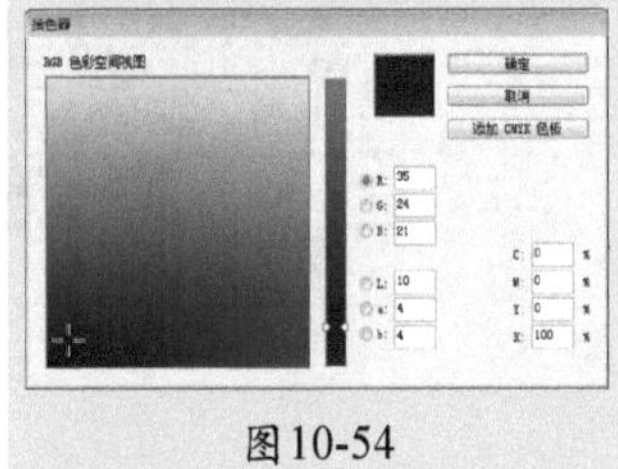

图10-54

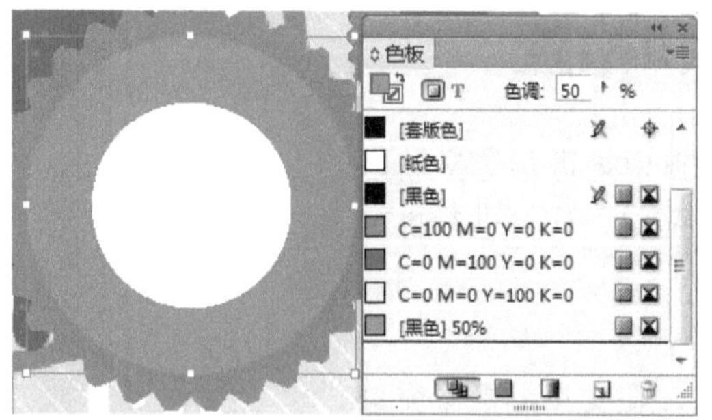

图10-55

4. 给对象添加颜色

在“色板”面板中设置好颜色之后，需要将颜色添加给对象。

（1）给图形添加填充色。

使用选择工具选中需要添加颜色的图形，在“色板”面板中单击“填色”按钮（此按钮将盖住“描边”按钮，表示填色为激活状态），在“色板”面板中单击色板，图形被填充上色，如图10-56所示。

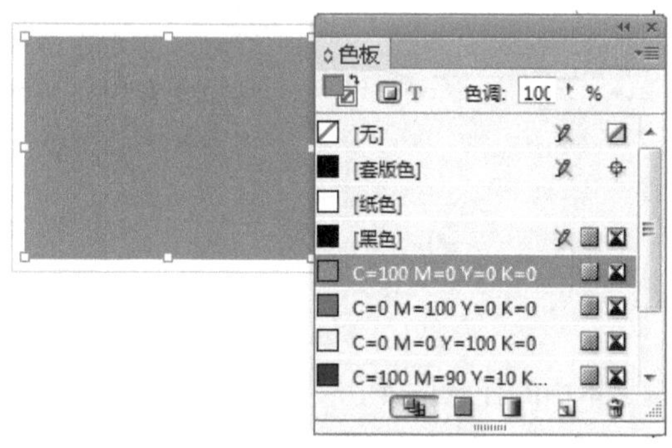

图10-56

（2）给图形添加描边色。

使用选择工具选中需要添加颜色的图形，在“色板”面板中单击“描边”按钮（此按钮将盖住“填色”按钮，表示填色为激活状态），在“色板”面板中单击色板，图形被描边上色，如图10-57所示。

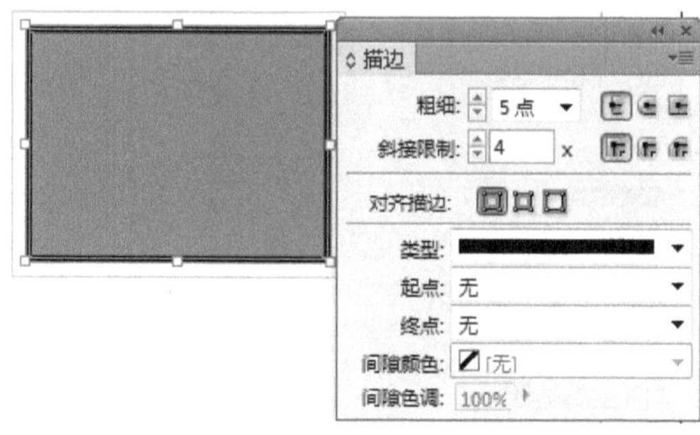

图10-57

提 示

可以使用另一种方法给对象添加颜色：在“色板”面板中的色调上按住鼠标左键不放，将色板拖拽到对象上，此对象即被添加上颜色。

知识点3　文章的编辑和检查

在InDesign CS6中，对文章可以自由地进行选择、修改、编辑和插入特殊字符、空格符、分隔符，还可进行拼写检查等。

1. 使用文章编辑器

文章编辑器是用来编辑文本的工具，在文章编辑器窗口中可以不受版式框架的影响而对文本进行整体的编辑，即使是未排入到文本框内的文字依然可以出现在编辑器窗口内，如图10-58所示。

> **提 示**
>
> 文章中的所有文本（包括溢流文本）都显示在文章编辑器中。可以同时打开多个文章编辑器窗口，包括同一篇文章的多个实例。在文章编辑器窗口中，垂直深度标尺指示文本填充框架的程度，直线指示文本溢流的位置。编辑文章时，所做的更改将反映在版面窗口中。

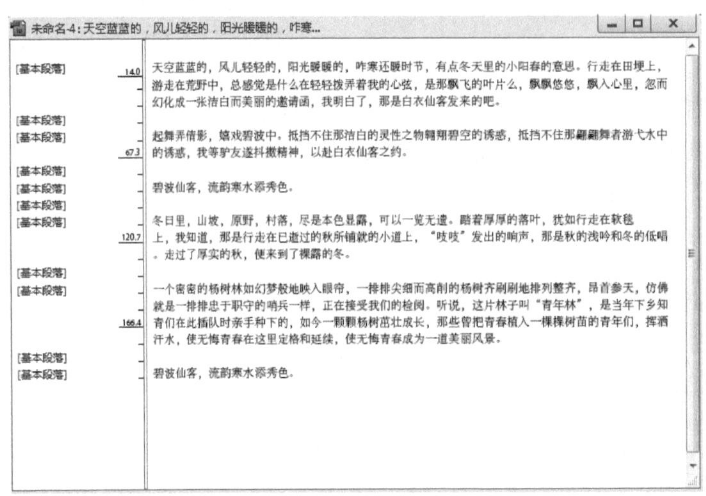

图10-58

使用文本工具将光标定位在所要编辑文本中的任意位置，执行“编辑”→“在文章编辑器中编辑”命令，如图10-59所示。在“视图”菜单中执行“文章编辑器”命令，可以设置文章编辑器的窗口样式，如图10-60所示。

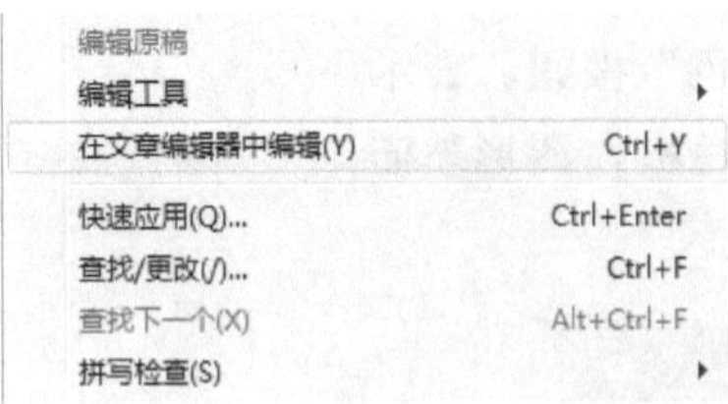

图10-59

图10-60

2. 拼写检查

在“字符”面板的“语言”下拉列表框中选择语言，如图10-61所示。使用文本工具在所要检查的文本开头处单击定位，接着执行“编辑”→“拼写检查”→“拼写检查”命令，进行文本拼写检查，如图10-62所示。单击“开始”按钮对文本进行检查，在“建议校正为”文本框中选择要更改的字符。

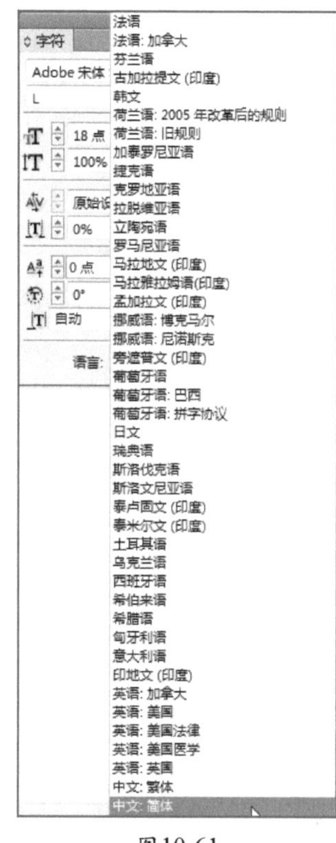

图10-61

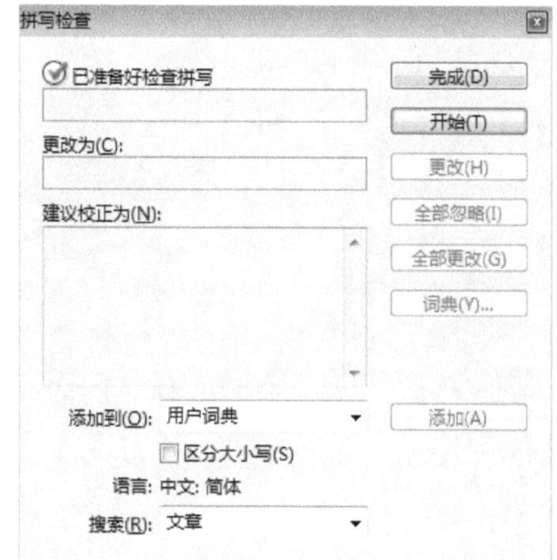

图10-62

3. 查找和更改

查找和更改文本在编辑中是常用的操作，使用查找可以

提 示

“搜索”下拉列表下方的按钮均是确定范围的各种选项，从左到右依次为：查找包括锁定图层中的内容（不可更改）、查找包括锁定文章中的内容（不可更改）、查找/更改包括隐藏图层中的内容、查找/更改包括脚注中的内容、查找/更改包括主页中的内容、查找/更改将区分大小写字符、查找/更改将区分罗马单词的组成部分、查找/更改将区分日文中的假名、查找/更改将区分全角/半角字符。当鼠标指针指向这些按钮时，即会显现出其对应的名称。

快速地在文本中定位字符，而更改则可使文档中的相同字符同时被替换，在大篇幅的文章修改中使用这项操作可以提高效率并确保精准。

执行“编辑”→“查找/更改”命令，弹出“查找/更改”对话框，如图10-63所示。在“查找内容”文本框内输入需要查找的字符，在“更改为”文本框中输入需要替换后的字符，在“搜索”下拉列表中选择查找的范围。

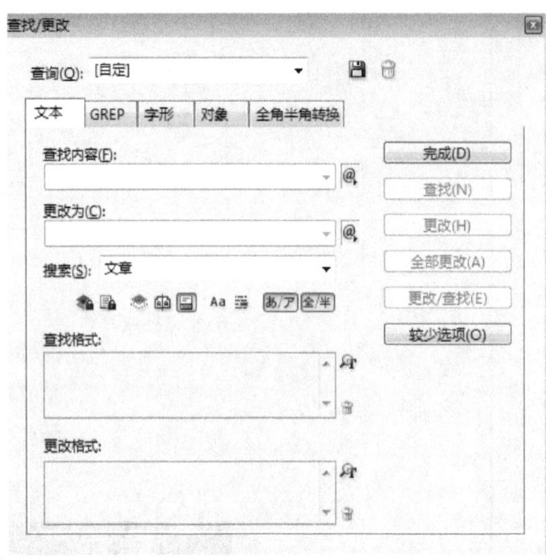

图10-63

设置好范围后，输入查找字符与更改字符，单击“查找”按钮，然后单击“全部更改”按钮，最后单击“完成”按钮即可。在“查找格式”文本框右侧单击按钮，选择字符与段落的各种格式，均可进行查找/更改操作。

Id 独立实践任务

任务2　设计制作餐厅宣传折页

任务背景和要求

为牛排餐厅设计一份宣传折页，要求色彩鲜明，符合餐厅的主题。

任务分析

首先计算尺寸，并设置好参考线，然后将图片文字对应后放在相应的位置。注意文字与图片排版的合理性。

任务素材

LOGO一张，配图9张，设计师可自行添加配图。本任务的所有素材文件在“光盘:\素材文件\模块10\任务2”目录中。

任务参考效果图

本任务的最终效果文件在“光盘:\素材文件\模块10\任务2”目录中。

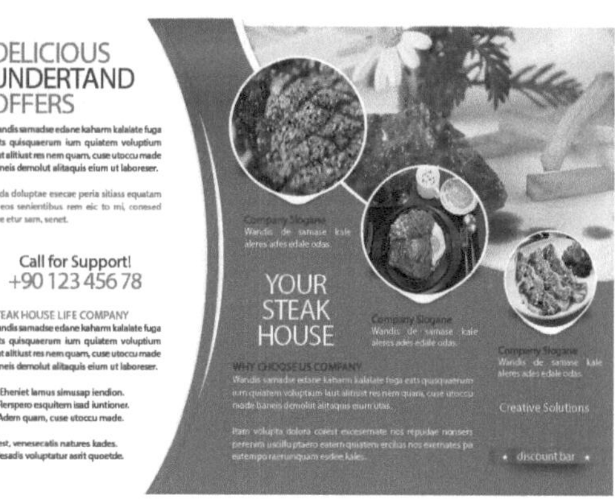

01

02

03

04

05

06

07

08

09

10

11

12

Id 职业技能考核

一、选择题

1. 什么是“孤立折页”？（　）

   A. 可多次折叠大小都相同的页面

   B. 出版物的中心页面

   C. 与文档中其他页面设置不同的折页

   D. 仅包含图片的折页

2. 下列有关文本编辑的描述，不正确的是（　）。

   A. 当文本框的右下角出现带加号的红色方块时，表示该文本块的内容还没有完全排入

   B. 如果要复制文本的一部分，可以通过使用工具箱中的文字工具在文本中拖拉，选中要复制的文本进行复制

   C. 在使用选择工具时，可以通过双击文本块的方式进行文本的编辑等操作

   D. 文本块的形状必须是规则的矩形

3. 在文本框右下角出现红色加号表示该文本框（　）。

   A. 还有没有装下的文本

   B. 后面已没有文本，文本框到此结束

   C. 是当前文章最后一个文本框

   D. 后面已没有文本

二、填空题

1. __________是构成书籍版面的核心元素。

2. 在InDesign CS6中，可以根据需要设置文本的字体、字色、行距、__________、水平缩放、__________、__________等各项参数。

3. 设置__________属性是文字排版的基础工作，如正文中的段首缩进、文本的对齐方式等。

4. 特殊字符就是在平常文字编辑中不常使用的字符，其中包括____________、__________、段落符号、__________等。

5. 使用__________符可将文本排入到串联的下一个文本框架中。

6. __________文字即指可以沿着任意形状的边缘进行排列的方式，其排版方向可以是水平的也可以是垂直的。

模块 11 设计制作通讯录

本任务效果图：

名称	百度公司
地址	北京市海淀区上地十街 10 号
电话	010-59928888
传真	010-59920000
邮箱	mbaidu@baidu.com

百度，全球最大的中文搜索引擎、最大的中文网站。2000 年 1 月创立于北京中关村。如今的百度，已成为中国最受欢迎、影响力最大的中文网站。百度拥有数千名研发工程师，这是中国乃至全球最为优秀的技术团队，这支队伍掌握着世界上最为先进的搜索引擎技术，使百度成为中国掌握世界尖端科学核心技术的中国高科技企业，也使中国成为美国、俄罗斯、和韩国之外，全球仅有的 4 个拥有搜索引擎核心技术的国家之一。

1

软件知识目标：

1. 会用Excel整理数据源文件
2. 掌握数据合并的基本原理
3. 掌握导出PDF文件的方法

专业知识目标：

了解数码印刷

建议课时安排：

4课时（讲课2课时，实践2课时）

Id 模拟制作任务

任务1　设计制作通讯录

任务背景

百度公司需要制作一份公司通讯录，以方便同行业公司之间的联系。

任务要求

要求每个公司占一页，版面整洁，以表格的形式表明各公司的名称、地址、电话等信息。

尺寸要求：成品尺寸为140mm×105mm。

任务分析

InDesign的“数据合并”是将InDesign软件中的目标文档（模板文档）与数据源文件相链接，以生成合并文档（联版文档），其中包含来自目标文档的模板信息，数据源文件中有多少条记录，模板信息就会重复多少次。

客户提供的源文件包括一个Excel表格和每家公司的一幅图片（JPG格式）。客户提供的源文件中包括52家公司的信息。制作好后装订成册，方便携带。

最终效果

本任务素材文件和最终效果文件在“光盘:\素材文件\模块11\任务1”目录中，本任务的操作视频详见“光盘:\操作视频\模块11”目录中。

任务详解

STEP 01 执行“文件”→“新建”→“文档”命令，弹出“新建文档”对话框，在该对话框中设置页数为2、“宽度”为140毫米、“高度”为105毫米，如图11-1所示。

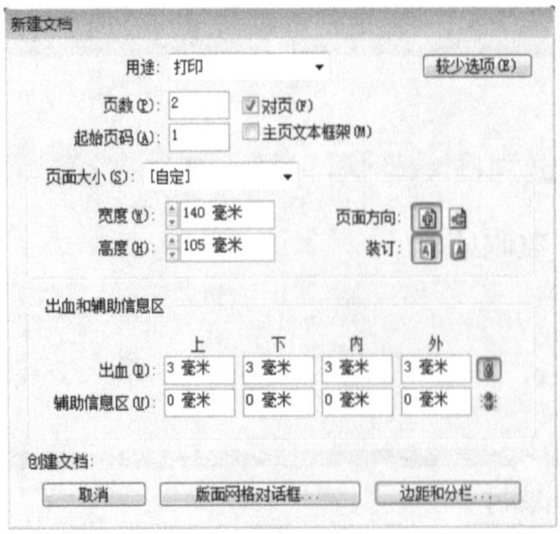

图11-1

STEP 02 单击“边距和分栏”按钮，在弹出的“新建边距和分栏”对话框中设置上、下、内、外“边距”分别为12毫米、12毫米、15毫米、12毫米，单击“确定”按钮，如图11-2所示。

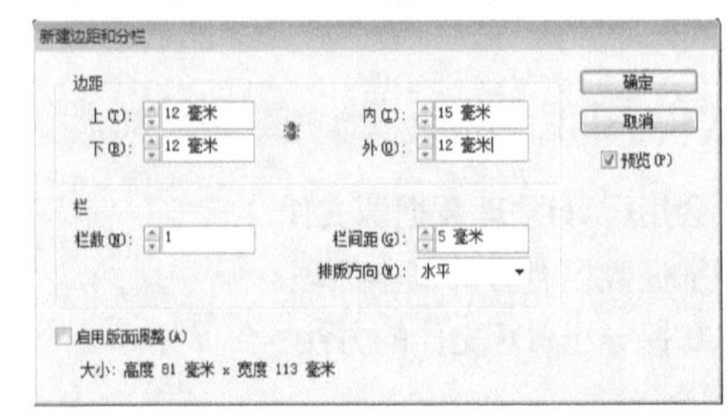

图11-2

STEP 03 执行“文件”→“置入”命令，弹出“置入”对话框，选择图像文件（“光盘:\素材文件\模块11\任务1\1.jpg”），单击“打开”按钮，如图11-3所示。

图11-3

STEP 04 在页面中单击，此时背景图片置入到文档中，调整其位置和大小，如图11-4所示。

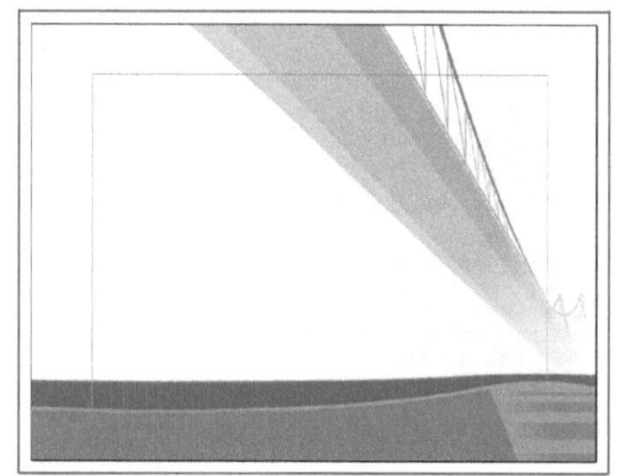

图11-4

STEP 05 选择矩形工具，绘制一个宽度为140毫米、高度为81毫米的矩形，设置填色为C0、M0、Y0、K0，描边为无，不透明度为85%，如图11-5所示。

图11-5

STEP 06 执行“文件”→“置入”命令，将图像素材（“光盘:\素材文件\模块11\任务1\2.png”）置入文档中，调整位置和大小，如图11-6所示。

图11-6

STEP 07 选中图像素材，按Alt键的同时拖拽鼠标，复制图像，将其移至页面左上方，调整大小，如图11-7所示。

图11-7

STEP 08 使用相同的方法，多复制几个，调整位置和大小，如图11-8所示。

图11-8

STEP 09 执行“文件”→“置入”命令，在弹出的“置入”对话框中选择图像素材（“光盘:\素材文件\模块11\任务1\百度公司.jpg”），单击“打开”按钮，置入图像，调整位置和大小，如图11-9所示。

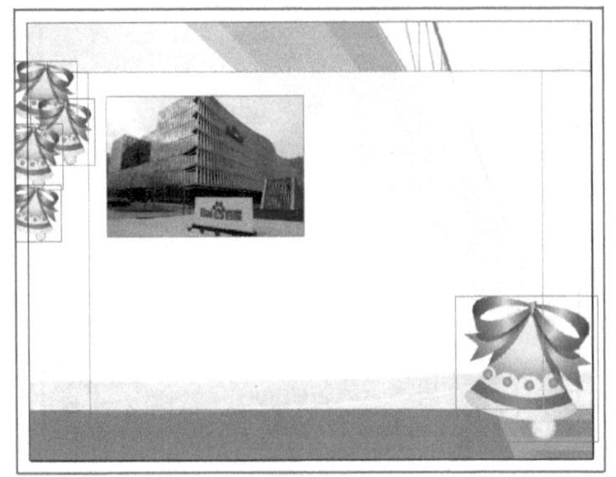

图11-9

STEP 10 打开“光盘:\素材文件\模块11\任务1\简介.xls”，将百度公司的简介文字复制到InDesign页面中，如图11-10所示。

图11-10

STEP 11 选中文本，设置字体为宋体，字号为8点，行距为14点，如图11-11所示。

图11-11

STEP 12 使用文字工具，建立一个文本框，执行“表”→“插入表”命令，弹出“插入表”对话框，设置正文行为5、列为2，单击“确定”按钮，如图11-12所示。

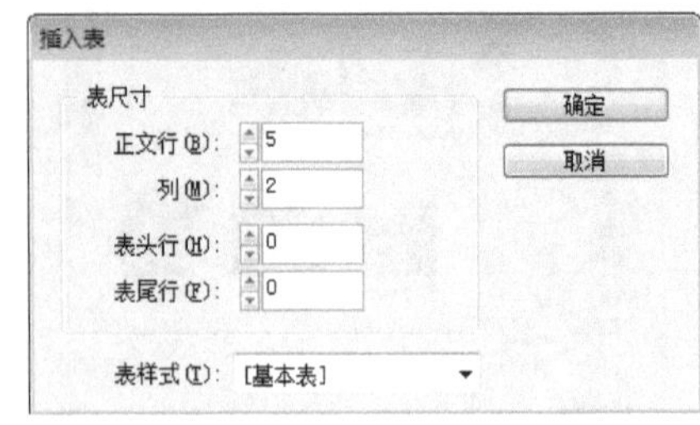

图11-12

STEP 13 选择文字工具，单击表格第一列，依次输入名称、地址、电话、传真、邮箱，然后在第二列中输入相应的内容，如图11-13所示。

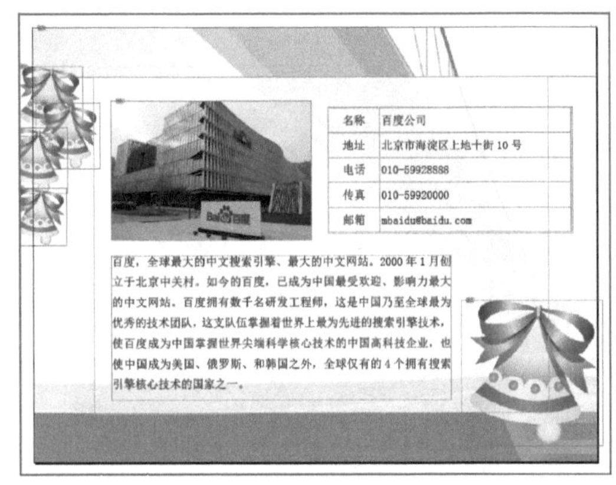

图11-13

STEP 14 打开“光盘:\素材文件\模块11\任务1\简介.xls”，将鼠标指针放在B上，当鼠标指针变成⬇形状时，右击，在弹出的快捷菜单中执行“插入”命令，此时在“名称”的左边插入一列，如图11-14所示。

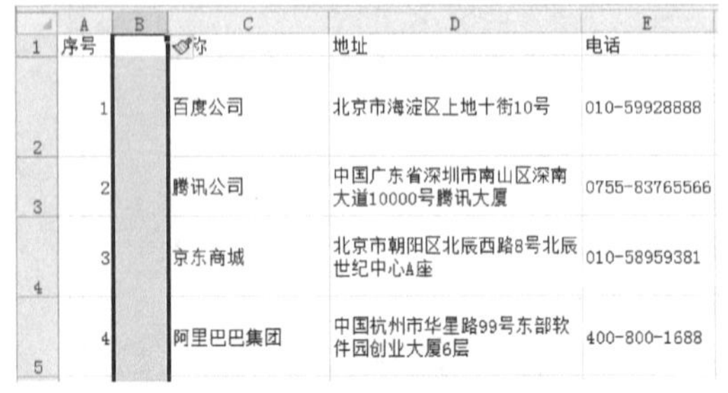

	A	B	C	D	E
1	序号		称	地址	电话
2	1		百度公司	北京市海淀区上地十街10号	010-59928888
3	2		腾讯公司	中国广东省深圳市南山区深南大道10000号腾讯大厦	0755-83765566
4	3		京东商城	北京市朝阳区北辰西路8号北辰世纪中心A座	010-58959381
5	4		阿里巴巴集团	中国杭州市华星路99号东部软件园创业大厦6层	400-800-1688

图11-14

STEP 15 选中“名称”列内容，按Ctrl+C组合键复制，然后在刚插入的空栏中按Ctrl+V组合键粘贴，页面出现两组“名称”，如图11-15所示。

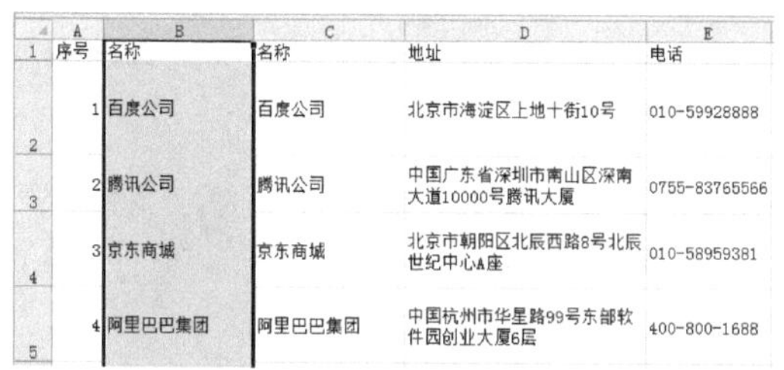

图11-15

STEP 16 在左边的名称栏中双击，将选中的内容改为图片名，如图11-16所示。

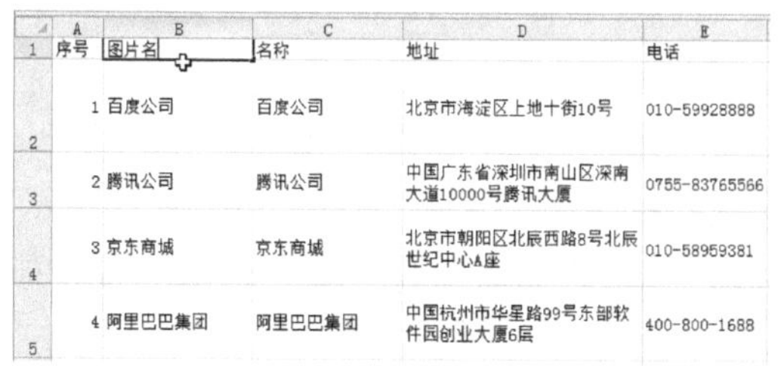

图11-16

STEP 17 选中“图片名”栏，右击，执行“插入”命令，在“图片名”的左侧插入一列。然后选中“名称”列，右击，在弹出的快捷菜单中执行“插入”命令，在“图片名”的右侧插入一列，如图11-17所示。

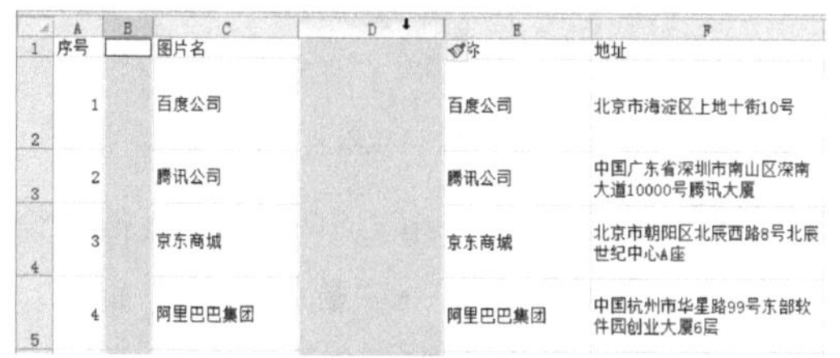

图11-17

STEP 18 在左边空栏的第二个单元格中输入存放图片的路径，在右边空栏的第二个单元格中输入图片的扩展名，如图11-18所示。

STEP 19 将鼠标指针移至单元格的右下角，当鼠标指针变成黑色十字形状时，按住鼠标左键向下拖拽，直至整列单元格全部填充为止，如图11-19所示。

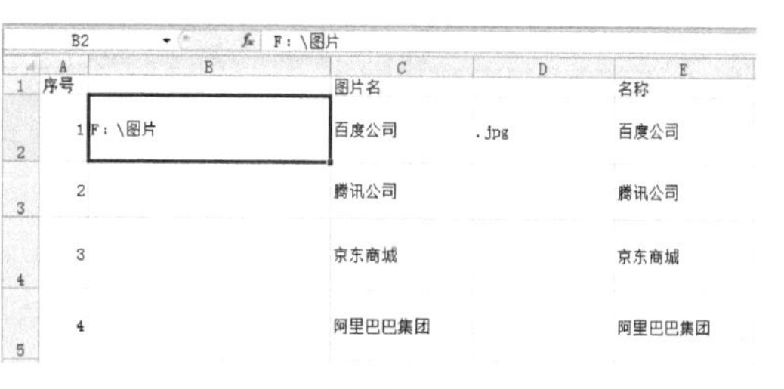

图11-18

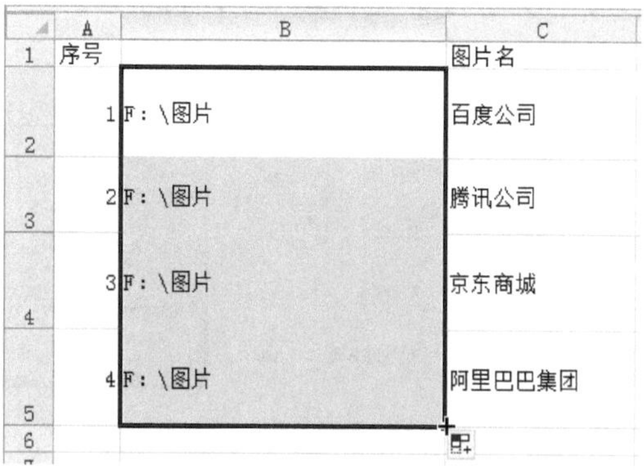

图11-19

STEP 20 使用相同的方法将右侧空栏的单元格全部填充为“.jpg”，如图11-20所示。

图11-20

STEP 21 选择“名称”列，右击，在弹出的快捷菜单中执行“插入”命令，在“名称”左侧插入一列空栏，如图11-21所示。

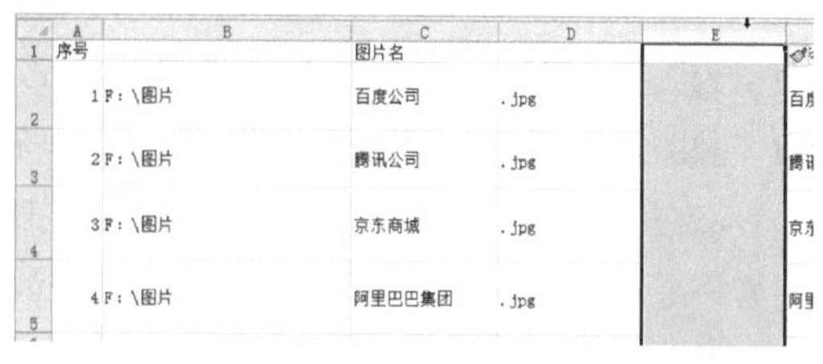

图11-21

STEP 22 选择第一个单元格，输入“=B1&C1&D1”，表示E列的内容是B、C、D三列内容相加的结果，如图11-22所示。

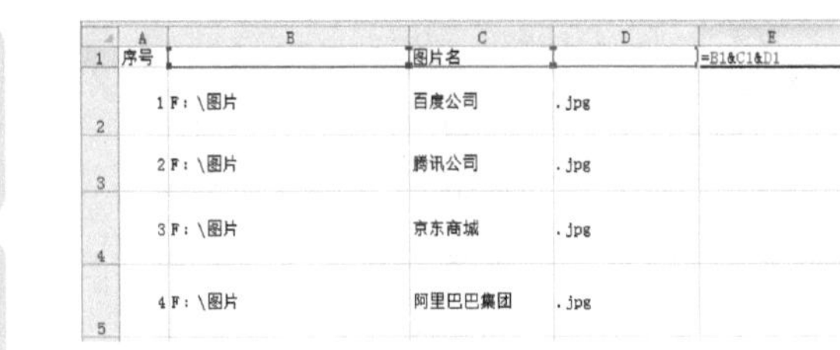

	A	B	C	D	E
1	序号		图片名		=B1&C1&D1
2	1	F:\图片	百度公司	.jpg	
3	2	F:\图片	腾讯公司	.jpg	
4	3	F:\图片	京东商城	.jpg	
5	4	F:\图片	阿里巴巴集团	.jpg	

图11-22

STEP23 拖拽单元格填充所有的E列单元格，如图11-23所示。

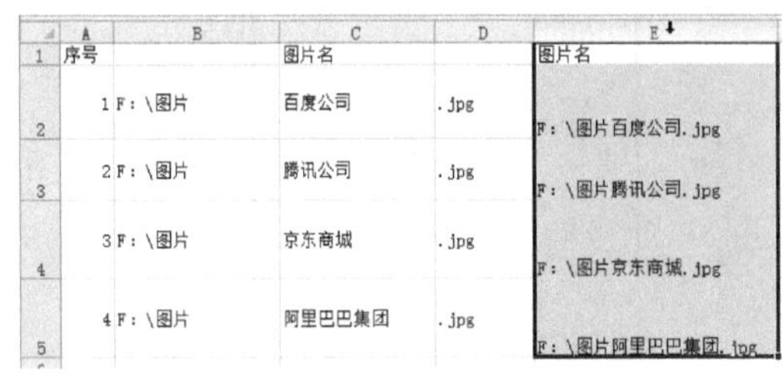

	A	B	C	D	E
1	序号		图片名		图片名
2	1	F:\图片	百度公司	.jpg	F:\图片百度公司.jpg
3	2	F:\图片	腾讯公司	.jpg	F:\图片腾讯公司.jpg
4	3	F:\图片	京东商城	.jpg	F:\图片京东商城.jpg
5	4	F:\图片	阿里巴巴集团	.jpg	F:\图片阿里巴巴集团.jpg

图11-23

STEP24 选中E列，右击，在弹出的快捷菜单中执行“设置单元格格式”命令，弹出“设置单元格格式”对话框，在数字选项卡的“分类”列表框中选择“文本”选项，单击“确定”按钮，如图11-24所示。

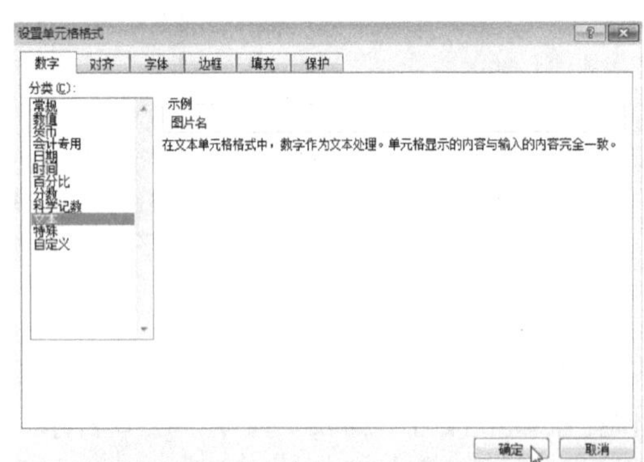

图11-24

STEP25 将E列第一个单元格中的图片名改为“@图片”（@是指向图像文件的专用符号），在B列第一个单元格中输入路径，在D列第一个单元格中输入类型，在B列第1个单元格中输入路径，如图11-25所示。

STEP26 保存文件，在弹出的“另存为”对话框中，将保存类型设为“Unicode文本”，如图11-26所示。

	A	B	C	D	E
1	序号	路径	图片名	类型	@图片
2	1	F:\图片	百度公司	.jpg	F:\图片百度公司.jpg
3	2	F:\图片	腾讯公司	.jpg	F:\图片腾讯公司.jpg
4	3	F:\图片	京东商城	.jpg	F:\图片京东商城.jpg
5	4	F:\图片	阿里巴巴集团	.jpg	F:\图片阿里巴巴集团.jpg

图11-25

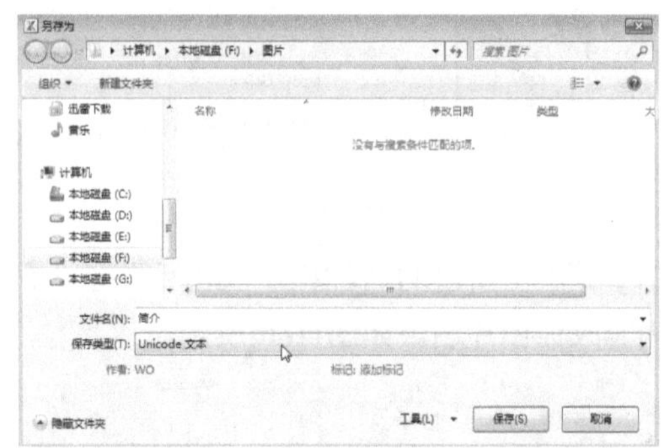

图11-26

STEP27 单击“保存”按钮，弹出提示框，依次单击“确定”和“是”按钮即可，如图11-27和图11-28所示。

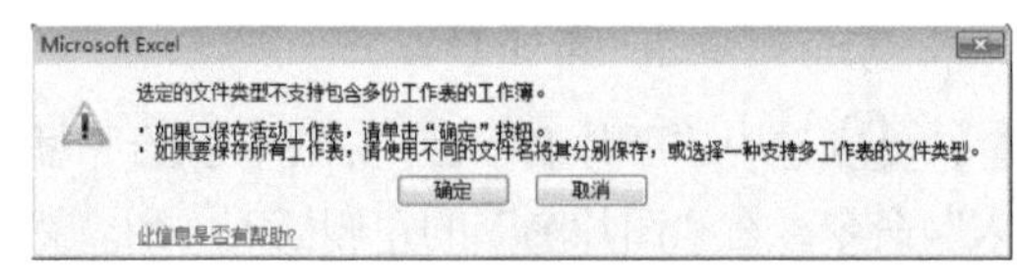

图11-27

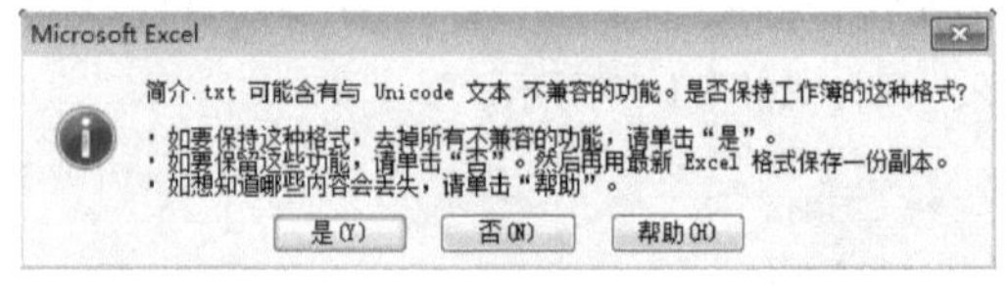

图11-28

STEP28 返回InDesign CS6页面，执行“窗口”→“实用程序”→“数据合并”命令，打开“数据合并”面板，如图11-29所示。

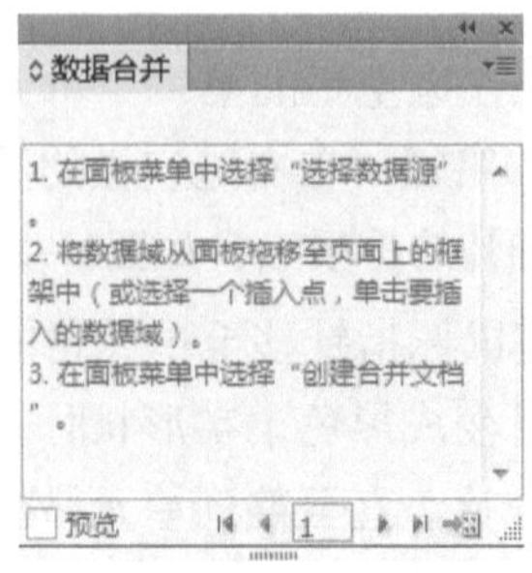

图11-29

STEP 29 单击右上角的下拉按钮，在弹出的下拉菜单中执行“选择数据源”命令，弹出“选择数据源”对话框，选择文件“光盘:\素材文件\模块11\任务1\简介.txt”，单击“打开”按钮，如图11-30所示。

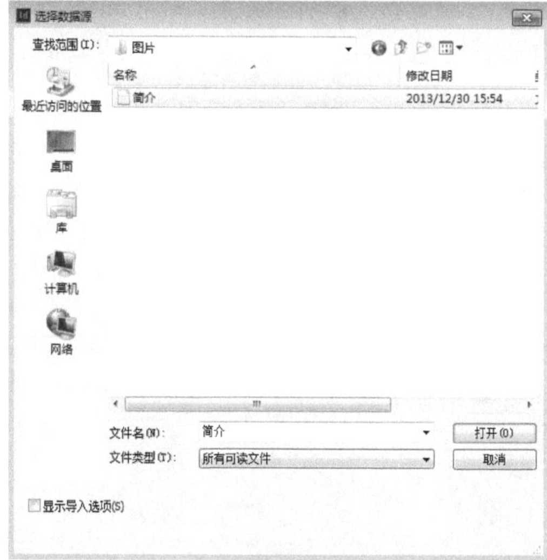

图11-30

STEP 30 此时在“数据合并”面板中出现了Excel文件中的字段名，如图11-31所示。

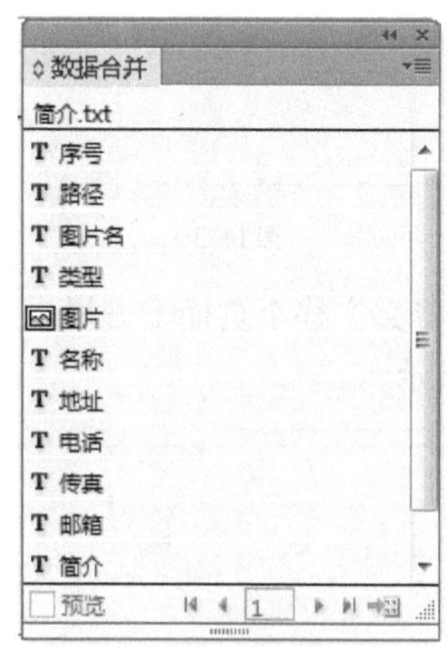

图11-31

STEP 31 选中百度公司简介文本，在“数据合并”面板中单击“简介”字段，简介部分就变成了一个“《简介》”占位符，如图11-32所示。

STEP 32 使用相同的方法为其他文本应用相应的字段，如图11-33所示。

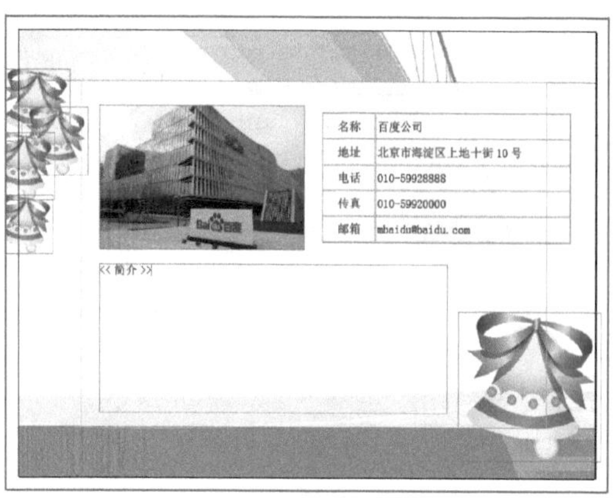

图11-32

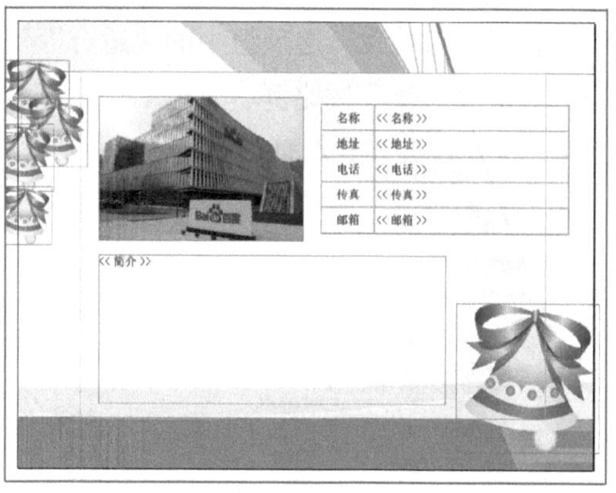

图11-33

STEP 33 选择图片，在“数据合并”面板中单击图片字段，图片框内出现一个“《图片》”占位符，如图11-34所示。

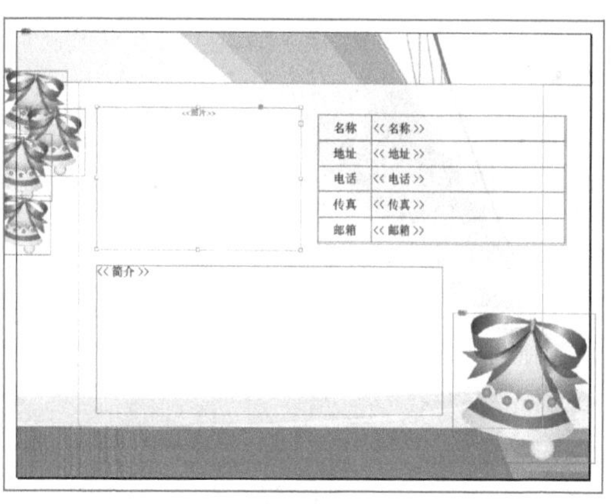

图11-34

STEP 34 单击“数据合并”面板右上角的下拉按钮，在弹出的下拉菜单中执行“内容置入选项”命令，如图11-35所示。

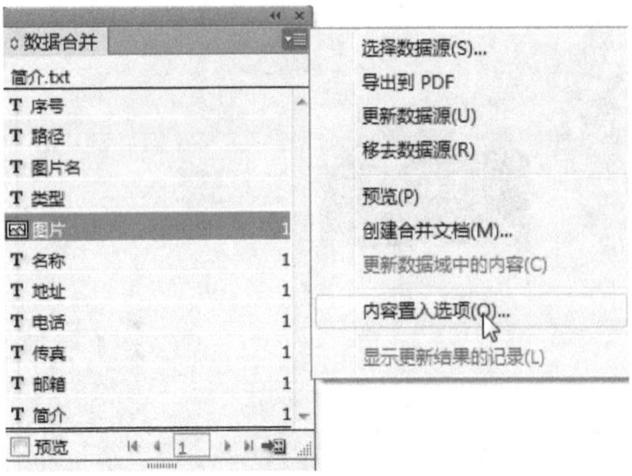

图11-35

STEP35 在弹出的“内容置入选项”对话框中，在“图像位置”选项组中的“适合”下拉列表框中选择“按比例填充框架”，以便图像的大小一致，如图11-36所示。

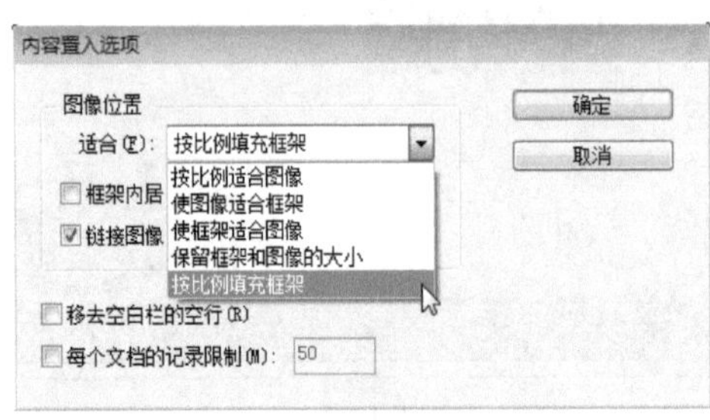

图11-36

STEP36 单击“数据合并”面板中的“预览”复选框，预览页面，如图11-37所示。

图11-37

STEP37 双击主页面板，选中左主页，如图11-38所示。

STEP38 使用文字工具，在页面中输入“备注”，设置字体为华文隶书，字号18点，打开“段落”面板，将对其方式设置为“全部强制双齐”，如图11-39所示。

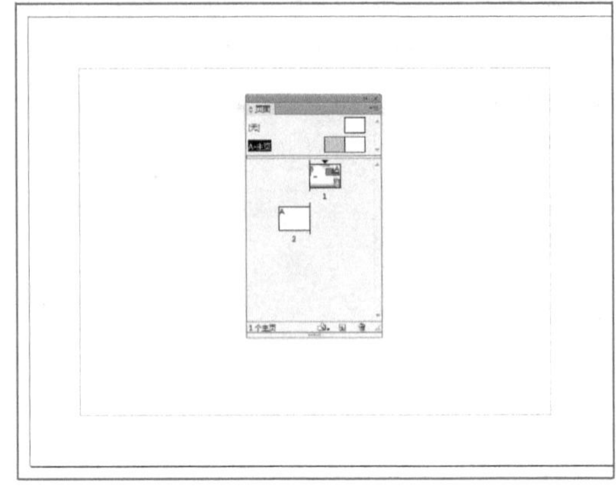

图11-38

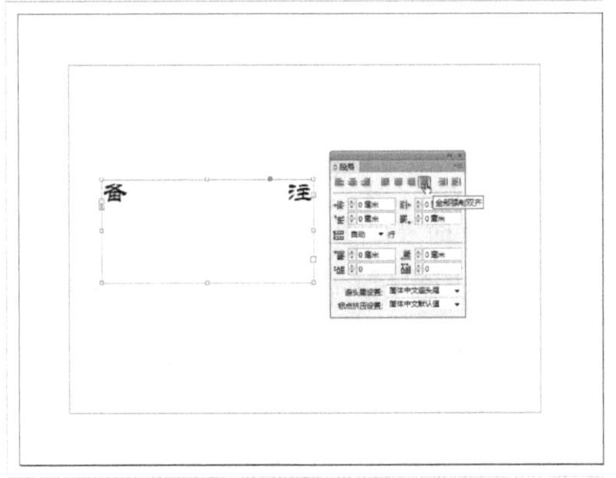

图11-39

STEP39 将文字移至页面上方居中位置，如图11-40所示。

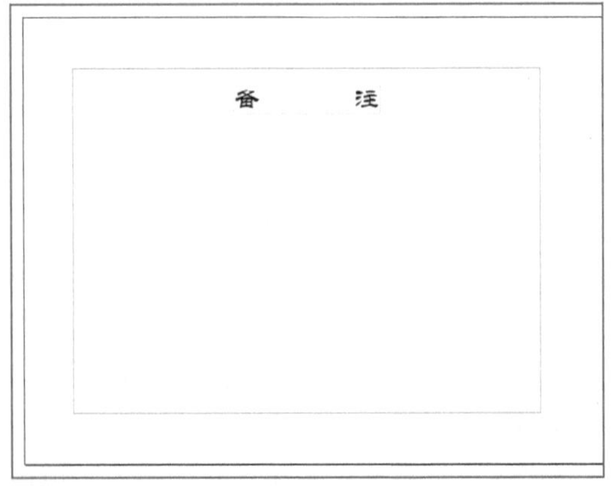

图11-40

STEP 40 选择直线工具，绘制一条长度为70毫米的水平线，设置直线粗细为1点，将对齐方式设置为“水平居中对齐”，如图11-41所示。

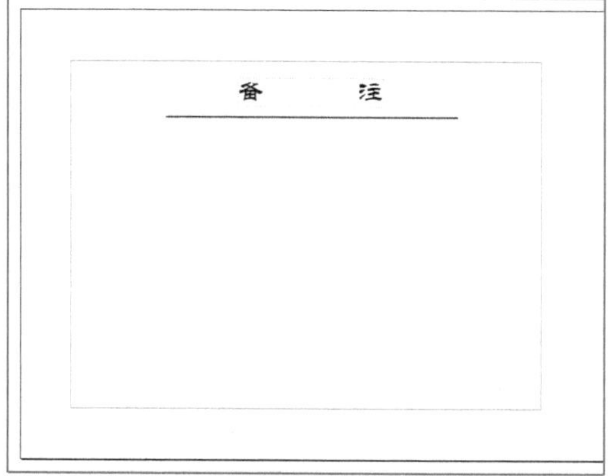

图11-41

STEP 41 用文字工具在页面左下角拖拽一个文本框，执行“文字”→“插入特殊字符”→“标志符”→“当前页码”命令，将自动页码插入到页面中，如图11-42所示。

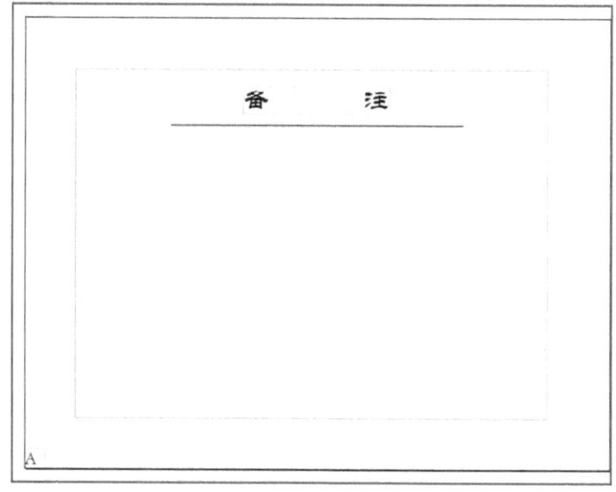

图11-42

STEP 42 使用同样的方法，在右侧主页的右下角也插入自动页码，如图11-43所示。

STEP 43 在主页上按Ctrl+A组合键选中所有对象，再按Ctrl+X组合键剪切所有对象，在“图层”面板中新建“图层2”。选中“图层2”，在页面中右击，在弹出的快捷菜单中执行“原位粘贴”命令，此时所有对象全部在“图层2”上面，如图11-44所示。

图11-43

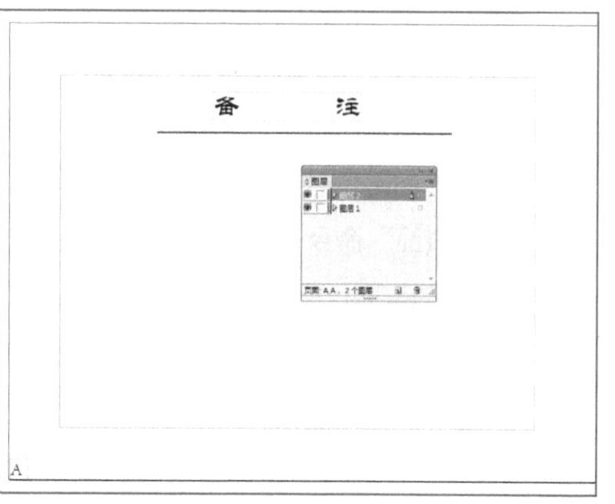

图11-44

STEP 44 在“数据合并”面板中单击右上角的下拉按钮，执行“创建合并文档”命令，如图11-45所示。

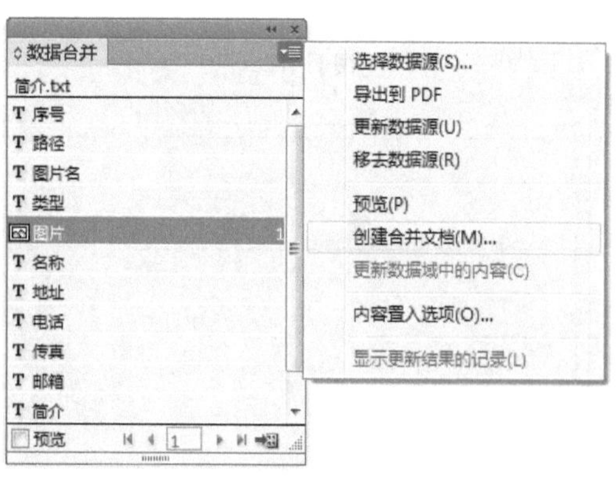

图11-45

STEP 45 弹出“创建合并文档”对话框，选择“记录”选项卡，在“要合并的记录”区域选中“所有记录”单选按钮，单击“确定”按钮，如图11-46所示。

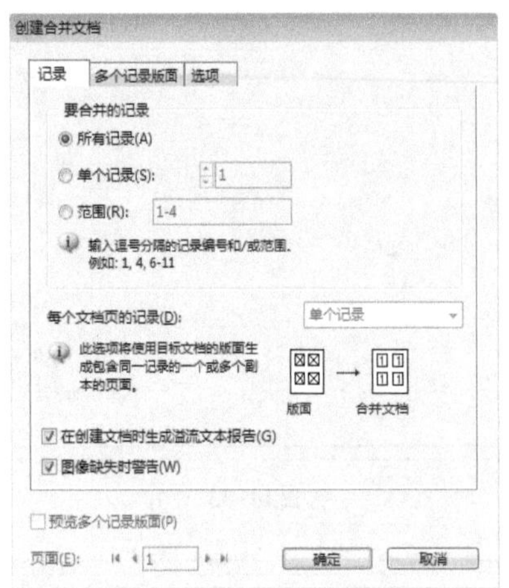

图11-46

STEP 46 此时会生成一个新的InDesign文档，打开“页面”面板，单击右上角的下拉按钮，执行“移动页面”命令，如图11-47所示。

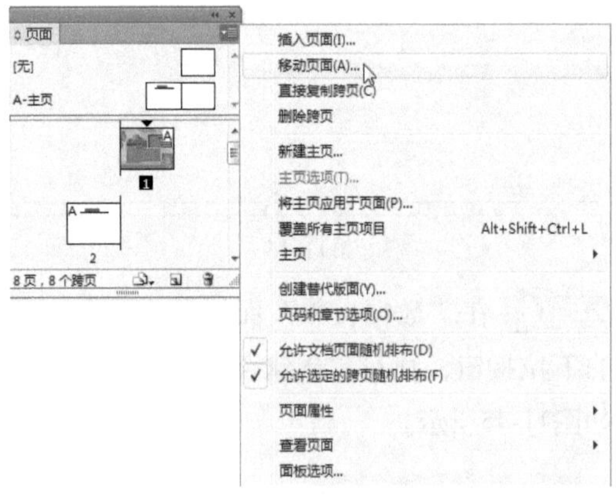

图11-47

STEP 47 在弹出的“移动页面”对话框中设置移动页面为1，目标设置为页面前、2，移至设为当前文档，如图11-48所示。

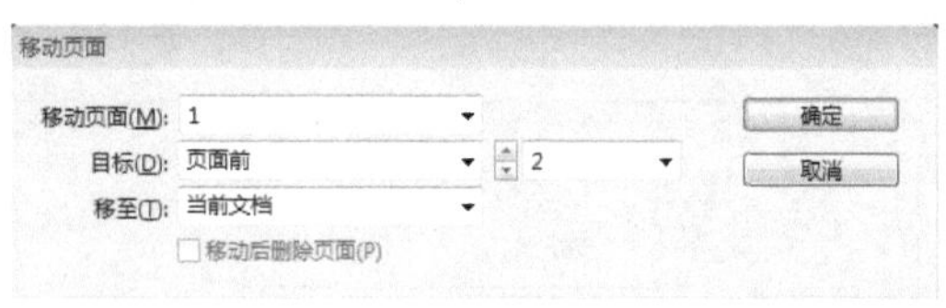

图11-48

STEP 48 单击“确定”按钮，“页面”面板如图11-49所示。

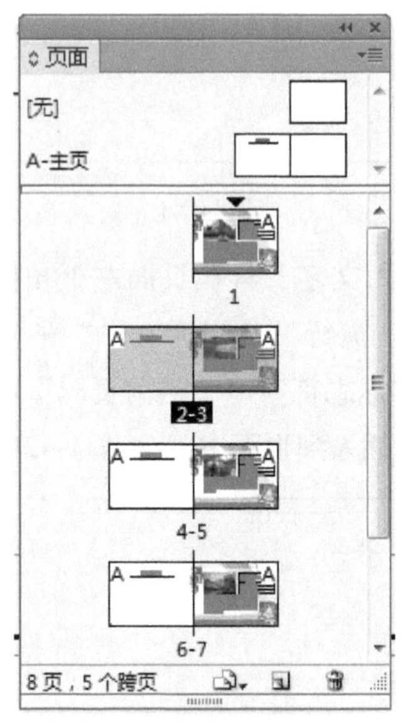

图11-49

STEP 49 逐页检查数据合并的结果，最终效果如图11-50所示。

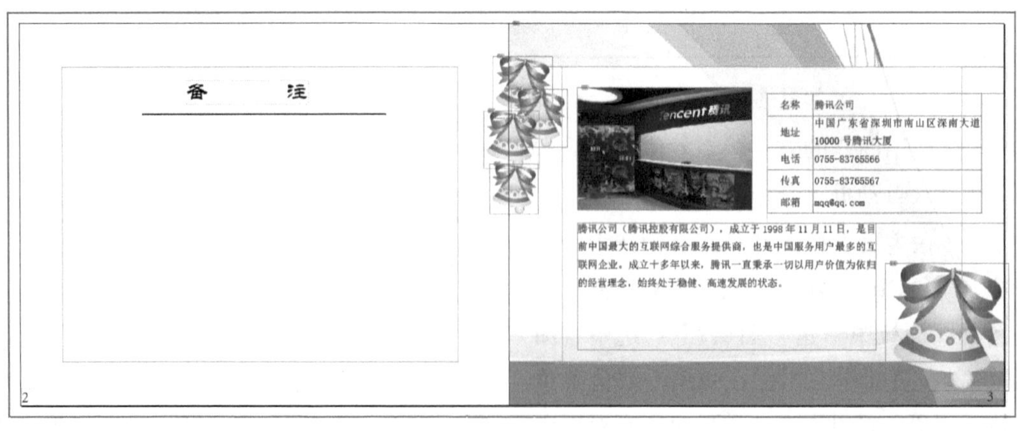

图11-50

Id 知识点拓展

知识点1　数码印刷

数码印刷指的是使用数据文件控制相应设备，将呈色剂/色料（如油墨）直接转移到承印物上的复制过程。印前系统将图文信息直接通过数据线或网络传输到数码印刷机上印刷出彩色印品的一种新型印刷技术。如果从印刷方式上为数码印刷定义，则有以下两种说法：

（1）无版数码印刷。即计算机直接在纸张上印刷影像，如喷墨、喷粉、热转移等。

（2）有版数码印刷。即计算机直接到影像承载物（印版、滚筒），如电子照相、电磁、直接机上制版。目前常见的数码印刷设备是无版数码印刷，如激光打印、喷墨打印等。无版数码印刷在小批量印刷方面优势非常明显，比传统印刷要快，且工价便宜，这是因为既节省制作印版和印刷准备的时间，又省去了制版工序所用的器材。数码印刷系统主要由印前系统和数码印刷机组成，有些系统上还配备装订和裁切设备。其工作原理是：操作者将原稿（图文数字信息），或数字媒体的数字信息，或从网络系统上接收的网络数字文件输出到计算机，在计算机上进行创意，修改、编排成客户满意的数字化信息，经 RIP 处理后成为相应的单色像素数字信号，传至激光控制器，发射出相应的激光束，对印刷滚筒进行扫描。由感光材料制成的印刷滚筒（无印版）经感光后形成可以吸附油墨或墨粉的图文，然后转印到纸张等承印物上。

数码印刷的市场应用情况如表11-1所示。

表11-1

国内市场	国外市场
目前，我国数码印刷市场的发展速度正在不断加快，但与世界发展水平相比还存在一定的差距。据统计，我国数码印刷市场的总额约在100亿元左右，占全国印刷市场总额的5%～7%左右。 在我国，数码印刷市场上各种票据开始呈现出越来越强的个性化倾向，电信、邮政、银行、证券、保险等个性化印刷市场的潜力非常巨大。在北京、上海、广州、杭州等地，到处可见街边大大小小的快印店，足以证明数码印刷的确已进入人们的日常生活。	在国外，数码印刷普遍用来印制报表、客户目录、企业画册、商务印刷和小量书刊等，比如明信片、名片、封面、小册和 CD套等；包装如药品、健康用品和礼品的小型包装；可用作打样、促销、测试经销等；还可印刷墙纸、腰线和花边纸等。 权威报道显示，在全世界数码印刷中，按需印刷的年增长率在2008年达到12%；可变信息印刷到2008年占印刷市场的20%；到2010年，20%的用户要求的交付周期将在24小时之内，而目前，78%的彩色印刷作业少于5000份。

知识点2　数据合并

所谓数据合并，简而言之，就是将数据源文件与目标文档合并，然后创建一个完全新的InDesign文档。数据合并应用在一些可变数据但是固定版式的排版时（如名片的设计制作、书籍卡的设计制作等），可以大幅度提高工作效率。

1. 准备数据源

InDesign CS6在进行数据合并时要用到数据源文件。数据源通常由电子表格或数据库应用程序生成，也可以使用InDesign 或任何文本编辑器创建数据源文件。

提 示

虽然数据源通常由电子表格或数据库应用程序生成，但是也可以使用 InDesign 或任何文本编辑器创建自己的数据源文件。数据源文件应当以逗号或制表符分隔的文本格式存储。数据源文件中还可以包含指向磁盘上的图像的文本或路径。

数据源文件也可以看作是一个小型的数据库。最常用和最简单的数据源文件是以制表符分隔的文本文件（.txt）。

在这个数据源文件中，第1行只是表示数据域的名称，在数据合并时并不会出现在合并文档中；以下的每一行表示一条记录，每条记录包括7个数据域，分别是“序号”、“名称”、“地址”、“电话”、“传真”、“邮箱”和“简介”。

通过向数据源文件中添加图像域，可以在每个合并的记录上显示一个不同的图像。例如，制作通讯录时，往往需要显示每个人的照片。为了添加图像域，需要在数据域名称的开头输入“@”符号，以插入指向图像文件的文本或路径。路径通常区分大小写，并且必须遵循它们所在操作系统的命名约定，如图11-51 所示。

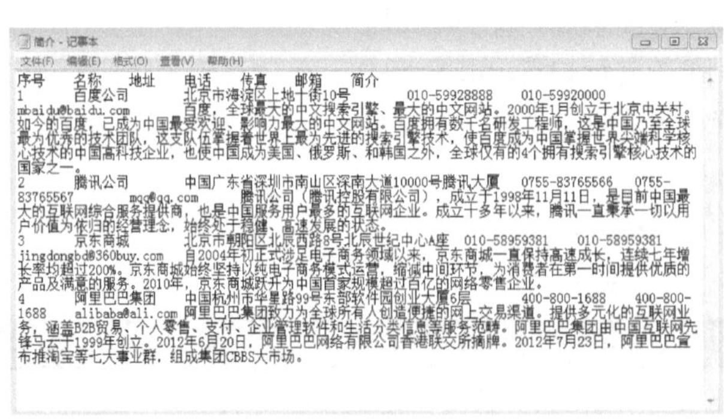

简介 - 记事本

文件(F)　编辑(E)　格式(O)　查看(V)　帮助(H)

序号　名称　地址　电话　传真　邮箱　简介
1　百度公司　北京市海淀区上地十街10号　010-59928888　010-59920000
mbaidu@baidu.com　百度，全球最大的中文搜索引擎、最大的中文网站。2000年1月创立于北京中关村。如今的百度，已成为中国最受欢迎、影响力最大的中文网站。百度拥有数千名研发工程师，这是中国乃至全球最为优秀的技术团队，这支队伍掌握着世界上最为先进的搜索引擎技术，使百度成为中国掌握世界尖端科学核心技术的中国高科技企业，也使中国成为美国、俄罗斯、和韩国之外，全球仅有的4个拥有搜索引擎核心技术的国家之一。
2　腾讯公司　中国广东省深圳市南山区深南大道10000号腾讯大厦　0755-83765566　0755-83765567　mqq@qq.com　腾讯公司（腾讯控股有限公司），成立于1998年11月11日，是目前中国最大的互联网综合服务提供商，也是中国服务用户最多的互联网企业。成立十多年以来，腾讯一直秉承一切以用户价值为依归的经营理念，始终处于稳健、高速发展的状态。
3　京东商城　北京市朝阳区北辰西路8号北辰世纪中心A座　010-58959381　010-58959381
jingdongbd@360buy.com　自2004年初正式涉足电子商务领域以来，京东商城一直保持高速成长，连续七年增长率均超过200%。京东商城始终坚持以纯电子商务模式运营，缩减中间环节，为消费者在第一时间提供优质的产品及满意的服务。2010年，京东商城跃升为中国首家规模超过百亿的网络零售企业。
4　阿里巴巴集团　中国杭州市华星路99号东部软件园创业大厦6层　400-800-1688　400-800-1688　alibaba@ali.com 阿里巴巴集团致力为全球所有人创造便捷的网上交易渠道。提供多元化的互联网业务，涵盖B2B贸易、个人零售、支付、企业管理软件和生活分类信息等服务范畴。阿里巴巴集团由中国互联网先锋马云于1999年创立。2012年6月20日，阿里巴巴网络有限公司香港联交所摘牌。2012年7月23日，阿里巴巴宣布推淘宝等七大事业群，组成集团CBBS大市场。

图11-51

实际工作中最常见的是使用 Excel 软件来生成数据源文件，首先在 Excel 表格中制作出一个合格的表格。然后将此表格存储为“Unicode 文本”格式的文本文件，单击“保存”按钮，如图11-52所示。

在弹出的对话框中，单击“确定”按钮，再在弹出的对话框中单击“是”按钮，如图11-53和图11-54所示。将该表格文本框关闭，至此数据源文件准备完毕。

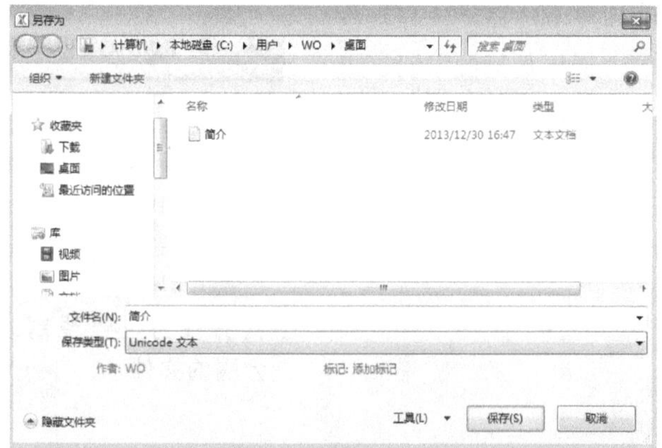

图11-52

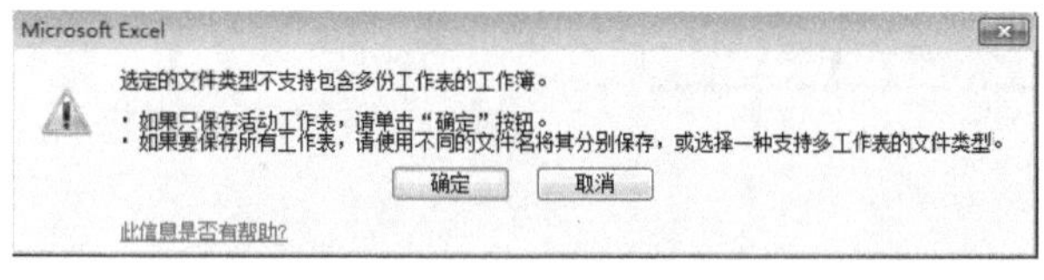

图11-53

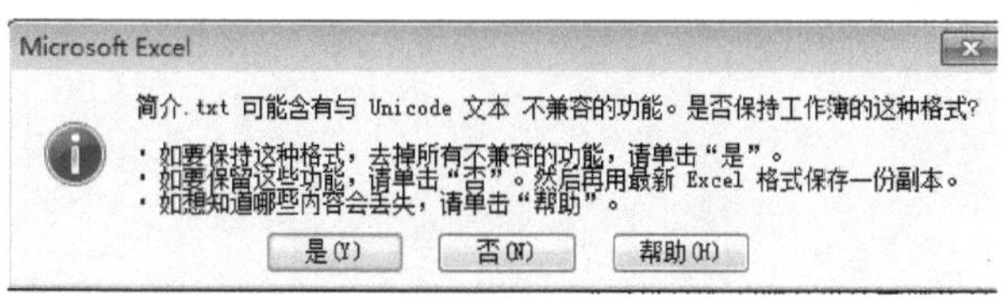

图11-54

2. 制作目标文档

目标文档是指一个InDesign CS6文档，其中包含数据域占位符、所有样板材料、文本以及其他每次合并过程中保持不变的项目。双尖括号的部分为数据域占位符，其余部分为保持不变的项目。合并数据时，InDesign CS6将创建一个新文档，该文档用数据源文件中指定的数据替换这些数据域占位符，如图11-55 所示。

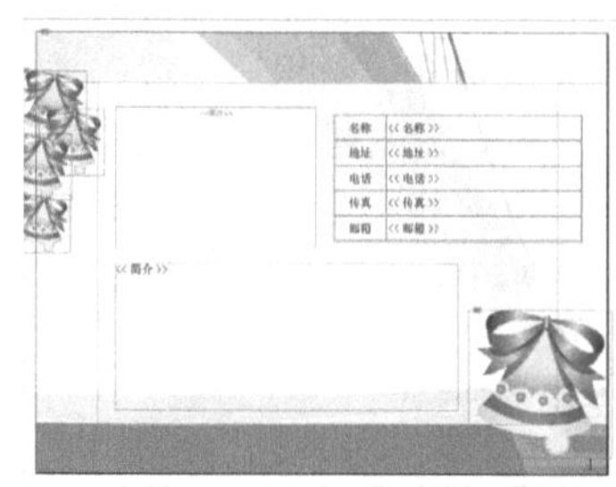

图11-55

在准备好数据源之后，开始在页面中进行排版，并将数据域安排在页面中的合适位置。执行“窗口”→“实用程序”→“数据合并”命令，在弹出的“数据合并”面板中单

提 示

可以使用 InDesign 查看图像在操作系统上的路径：在 InDesign 文档中插入一个图像，然后使用“链接”面板查看该图像的位置。选中图像之后，在“链接”面板菜单中执行“复制信息”→“复制完整路径”命令，在数据源中粘贴此路径之后可能需要编辑此路径。对于服务器上的图像，此方法尤其有用。

击右上角的下拉按钮，在弹出的下拉列表中选择“选择数据源”选项，如图11-56所示。在弹出的“选择数据源”对话框中选择已经准备好的数据源，如图11-57所示，数据域将出现在“数据合并”面板中，如图11-58所示。

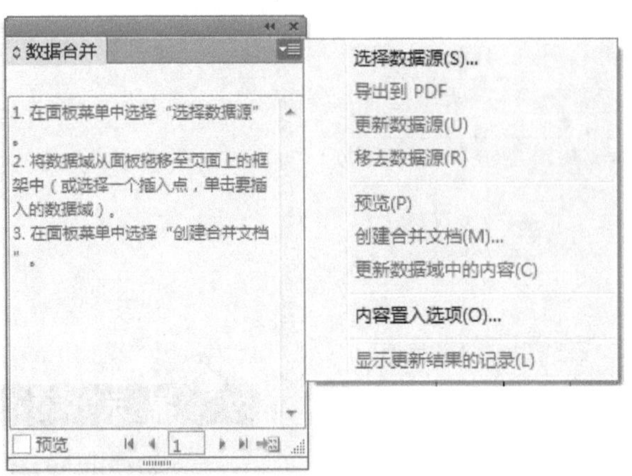

图11-56

图11-57

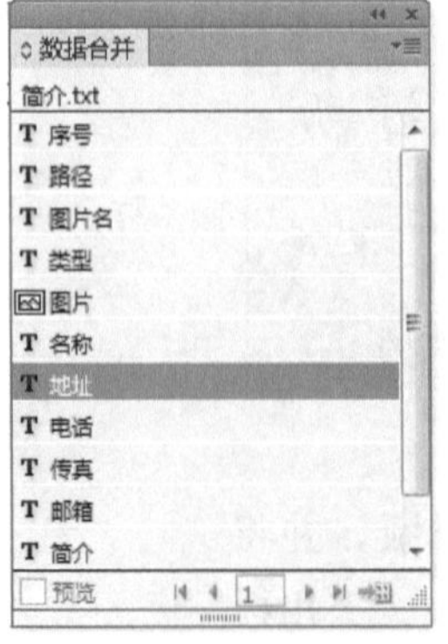

图11-58

提 示

如果警告信息表明无法打开该文件，或者列表框中显示的域不正确，需要编辑该电子表格或数据库文件，并将其另存为逗号或制表符分隔的文件。

提 示

在“数据合并”面板中选择了数据源并载入域后，对数据源所做的任何更改将不会反映在目标文档中，直至更新数据源。

在页面中设置好大标题文字，该文字在合并之后的每页都固定不变，然后开始插入数据域，使用文字工具在页面上绘制多个文本框架，然后单击“数据合并”面板中的对应文本数据域。再使用矩形框架工具绘制一个框架，单击“数据合并”面板中的“图片”图像域。每一个框架都对应一个“数据合并”面板中的数据域，设置好每个框架中对象的属性，如字体、字号、颜色等，选中“数据合并”面板中的“预览”复选框预览效果，如果对效果不满意可以再次进行调整。

3. 创建合并文档

合并数据后会生成一个全新的 InDesign 文档，其中包含来自目标文档的样板信息和数据源文件中的记录信息。数据源中有多少条记录，这些样板信息就会重复多少次。执行“数据合并”面板菜单的“创建合并文档”命令，如图 11-59 所示。在弹出的如图11-60所示的“创建合并文档”对话框中单击“确定”按钮，就可以看到新生成一个多页面的文档，每一条记录都生成一个页面。

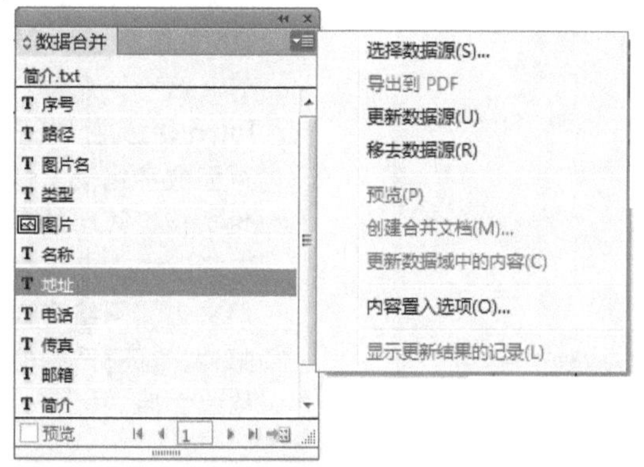

图11-59

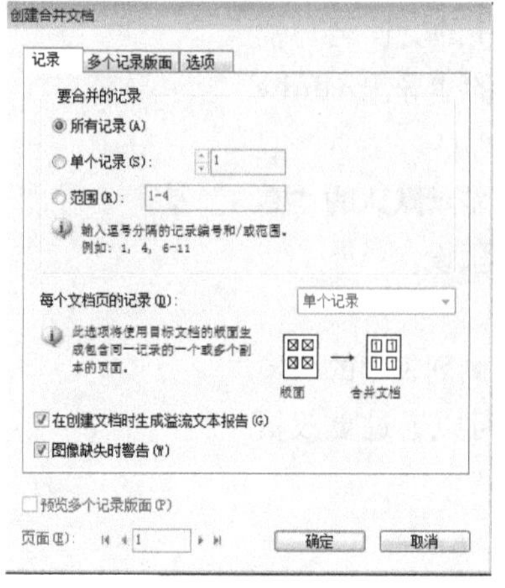

图11-60

提 示

记录在合并出版中的显示方式主要取决于版面选项。如果数据域显示在多页文档的文档页面上或显示在多个主页上，则无法合并多个记录。“数据合并”只允许占位符有一个大小。删除合并出版中的一个记录不会将其余记录重排到空白占位符中。

01 02 03 04 05 06 07 08 09 10 11 12

知识点3　创建PDF文档

在InDesign中，可以在版面设计中的任意位置导入任何PDF，支持PDF图层导入，还可以以多种方式创建PDF与制作交互式PDF，既能印刷出版，又能在Web上发布和浏览，或像电子书一般阅读，使用十分广泛。

1. 导出为PDF文档

在InDesign中，可以方便地将文档或书籍导出为PDF。也可以根据需要对其进行自定预设，并快速应用到Adobe PDF文件中。在生成Adobe PDF文件时，可以保留超链接、目录、索引、书签等导航元素，也可以包含交互式功能，如超链接、书签、媒体剪贴与按钮。交互式PDF适合制作电子或网络出版物，包括网页。

提 示

PDF全称Portable Document Format，译为“便携文档格式”，是一种电子文件格式。这种文件格式与操作系统平台无关。也就是说，PDF文件不管是在Windows、Unix还是在苹果公司的Mac OS操作系统中都是通用的。这一特点使它成为在Internet上进行电子文档发行和数字化信息传播的理想文档格式。越来越多的电子图书、产品说明、公司文告、网络资料、电子邮件，都已开始使用PDF格式文件。

要将文档或书籍导出为PDF，执行“文件”→“导出”命令，弹出如图11-61所示的“导出”对话框。

图11-61

在“导出”对话框中，设置要导出的PDF的文件名与位置，单击“保存”按钮，打开如图11-62所示的“导出Adobe PDF”对话框。

在“Adobe PDF预设”下拉列表框中，将显示默认的“高质量打印”选项，可以在下拉列表中选择其他预设。

2. PDF常规选项

在“导出Adobe PDF”对话框中，选择左侧列表中的“常规”选项，将显示“常规”选项设置界面。可以通过更改页面、选项和各种设置以达到优化的效果。

3. PDF压缩选项

若将文档导出为Adobe PDF时，可以压缩文本，并对位图图像进行压缩或缩减像素采样，根据设置压缩和缩减像素采样，可以明显减小PDF文件的大小，而不影响细节和精度。

在“导出Adobe PDF”对话框中选择左侧列表中的“压缩”选项，将显示如图11-63所示的“压缩”选项设置界面。

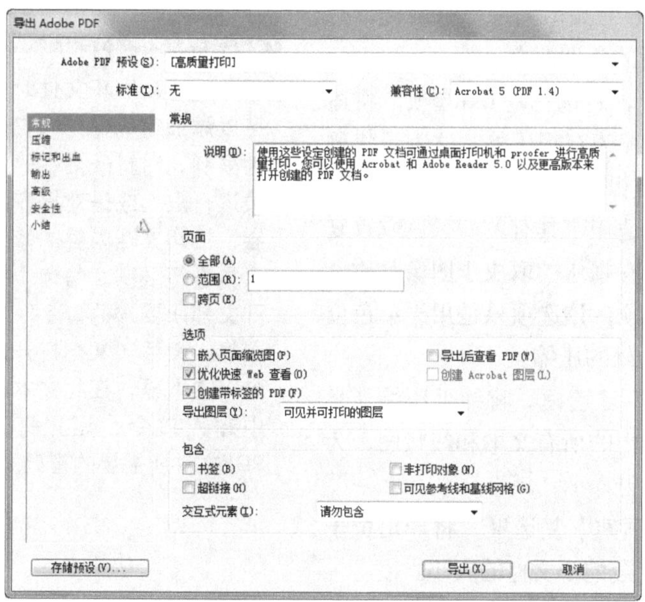

图11-62

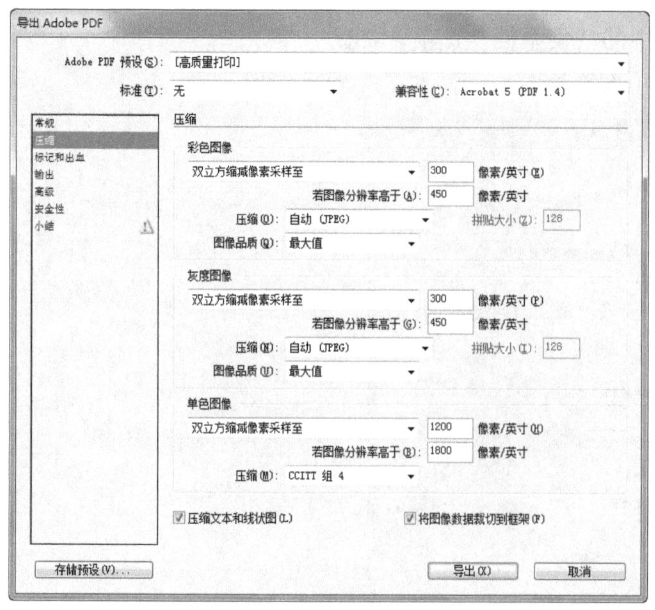

图11-63

在“彩色图像”、“灰度图像”或“单色图像”选项区域中，设置以下相同选项。

提 示

利用“导出Adobe PDF”对话框可以减缩文件大小，其方法有3种：①从“Adobe PDF预设”菜单中选择“最小文件大小”；②在“压缩”区域中，将图像像素采样缩减为72像素/英寸，选择自动压缩，并为彩色和灰度图像选择低或中等图像品质。③在“输出”区域中，使用“油墨管理器”将专色转换为印刷色。

（1）在“插值方法”列表中，若选择“不缩减像素采样”选项，将不缩减像素采样；若选择“平均缩减像素采样”选项，将计算样例区域中的像素平均数，并使用平均分辨率的平均像素颜色替换整个区域；若选择“次像素采样”选项，将选择样本区域中心的像素，并使用该像素颜色替换整个区域；若选择“双立方缩减像素采样至”选项，将使用加权平均数确定像素颜色，双立方缩减像素采样时最慢，却是最精确的方法，并可产生最平滑的色调渐变。

（2）在“压缩”下拉列表中，若选择JPEG选项，将适合灰度图像或彩色图像。JPEG压缩为有损压缩，这表示将删除图像数据并可能降低图像品质，但压缩文件比ZIP压缩获得的文件小得多。若选择ZIP选项，适用于具有单一颜色或重复图案的图像，ZIP压缩是无损还是有损压缩取决于图像品质设置；若选择“自动（JPEG）”选项，该选项只是用于单色位图图像，以对多数单色图像生成更好的压缩。

若选中“压缩文本和线状图”复选框，将纯平压缩（类似于图像的ZIP压缩）应用到文档中的所有文本和线状图，为不损失细节或品质。

若选中“将图像数据裁切到框架”复选框，将导出位于框架可视区域中的图像数据，可能会缩小文件的大小。

提 示

当导出PDF文件时，可以添加密码保护和安全性限制，对打开文件的人员进行限制或是对提取内容、打印文档内容的修改人员进行限制。勾选“打开文档所要求的口令”复选框，激活“文档打开口令”文本框，在此文本框中输入口令，设置打开PDF文件所需要的密码。

4. PDF安全性选项

安全性选项不可用于PDF/X标准。在“导出Adobe PDF”对话框中，选择左侧列表中的“安全性”选项，将显示如图11-64所示的“安全性”选项设置界面。

图11-64

独立实践任务

任务2　设计制作名片通讯录

任务背景和要求

为音乐家教公司设计一款员工名片，要求简洁大方，符合主题。

任务分析

名片的排版比较简单，其中含有多种数据，在数据合并之前可以用Photoshop软件对照片的尺寸和存储格式进行适当的调整。

任务素材

LOGO一份，底图设计师自行设计。本任务的所有素材文件在“光盘:\素材文件\模块11\任务2”目录中。

任务参考效果图

本任务的最终效果文件在“光盘:\素材文件\模块11\任务2”目录中。

01 02 03 04 05 06 07 08 09 10 11 12

Id 职业技能考核

一、选择题

1. 下列有关主版页的描述，不正确的是（　　）。

A. 可以创建多个不同的主版页

B. 主页可以像布局页一样编辑修改，也可以执行复制删除等操作

C. 可以将布局页转换为主版页，而且布局页中的对象也被复制到主版页中

D. 使用释放主版对象命令可以在布局页中编辑主版页中的对象

2. 如何把InDesign文档转化为PDF文档？（　　）

A. 直接使用“导出”命令，格式选为PDF

B. 把文档另存为EPS格式，再使用Distiller转化

C. 把文档输出为PostScript文件，再使用Distiller转化

D. 使用“打印”命令，选择任意打印机在打印对话框“常规”页面中选中打印到文件，把打印出的文件使用Distiller转化

3. 在“字符”面板中包含多种文字规格的设定，下列（　　）选项可以在“字符”面板中设定。

A. 字符大小

B. 字符行距

C. 缩进

D. 字间距

4. 以下（　　）是可以通过“插入特殊字符”插入的。

A. 圆点　　B. 版权符

C. 章节符　　D. 商标符

5. 在打印之前，预览InDesign文件打印效果的方法是（　　）。

A. 按键盘上的Q字母键

B. 按键盘上的F字母键

C. 单击工具箱最下方的预览模式按钮

D. 执行“视图”→“压印预览”命令

二、填空题

1. 创建一个定界框绕排，其宽度和高度由__________确定。

2. 沿对象形状绕排也称为__________绕排，绕排边缘和图片形状相同。

3. __________框是将文本绕排至由图像的高度和宽度构成的矩形。

4. Alpha 通道是用随图像存储的__________生成边界。

5. 图形框架是用__________生成边界。

6. 每个文本框架都包含一个__________和一个__________，这些端口用来与其他文本框架进行链接。

模块 12 设计制作产品宣传册

本任务效果图：

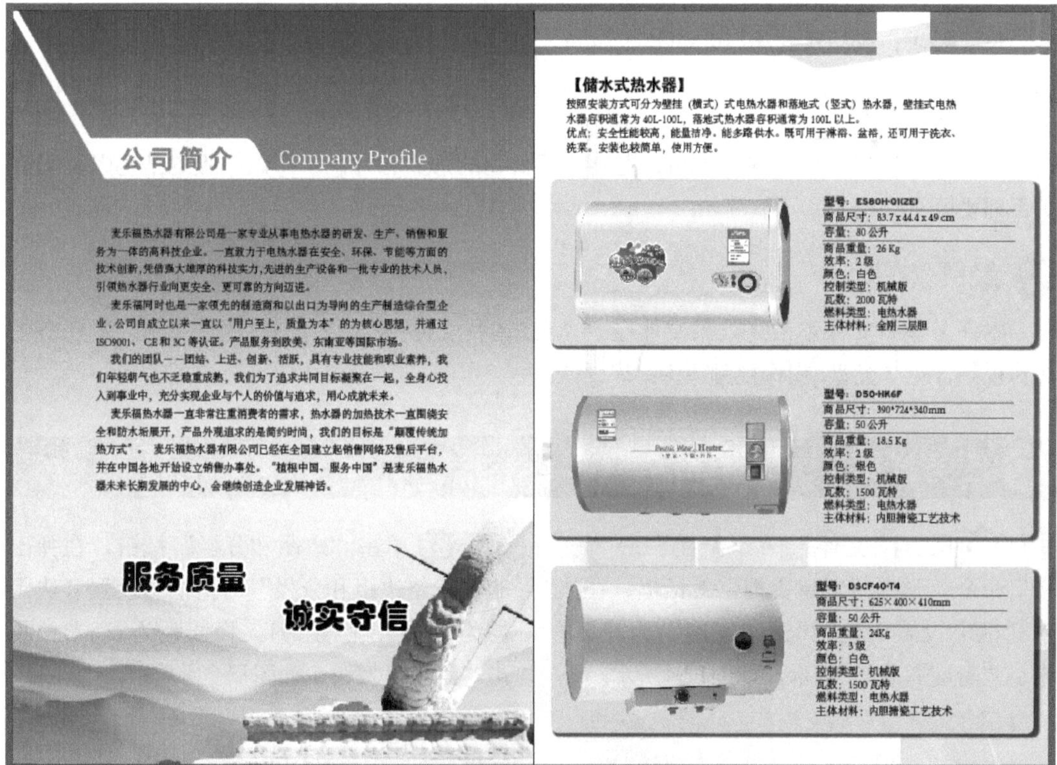

软件知识目标：

1. 熟悉矢量图形的透明处理
2. 掌握表格的多种填充方式
3. 掌握PDF文件的拼版方法

专业知识目标：

1. 熟悉一般印品的拼版方法
2. 掌握骑马订小册子的制作

建议课时安排：

4课时（讲课2课时，实践2课时）

Id 模拟制作任务

任务1　设计制作产品宣传册

任务背景

麦乐福热水器有限公司为了推广其产品，计划在节日期间投放一些印刷品广告。本次广告的主要受众是广大消费群体，宣传的重点是热水器的性能和公司的服务质量。

任务要求

鉴于本次广告针对的是广大消费群体，印刷品的形式应该简约时尚。

尺寸要求：成品尺寸为210mm×297mm。

任务分析

本次广告宣传不仅是宣传产品，更要注重公司的形象和理念。所以排版的结构以及图底关系都要慎重处理。

最终效果

本任务素材文件和最终效果文件在“光盘:\素材文件\模块12\任务1”目录中，本任务的操作视频详见“光盘:\操作视频\模块12”目录中。

任务详解

STEP 01 执行“文件”→“新建”→“文档”命令，弹出“新建文档”对话框，在该对话框中设置页数为6、“宽度”为210毫米、“高度”为297毫米，如图12-1所示。

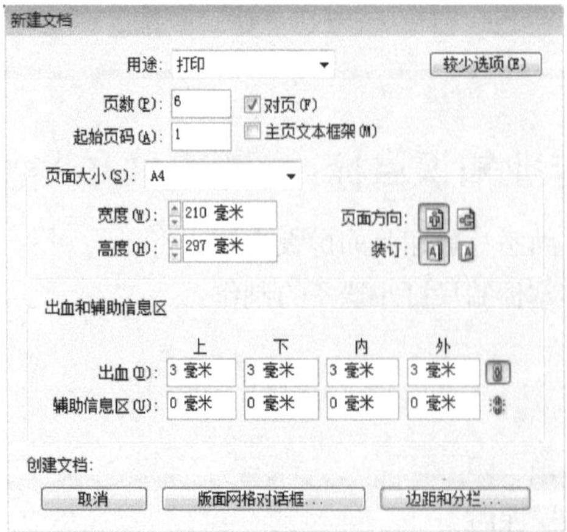

图12-1

STEP 02 单击“边距和分栏”按钮，在弹出的“新建边距和分栏”对话框中设置各边距均为0毫米，栏数为1，栏间距为5毫米，单击“确定”按钮，如图12-2所示。

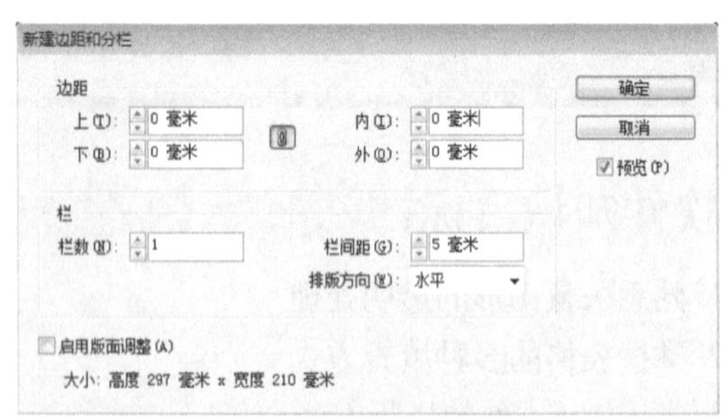

图12-2

STEP 03 执行“窗口”→“页面”命令，打开“页面”面板，右击“页面1”，弹出页面属性菜单，如图12-3所示。

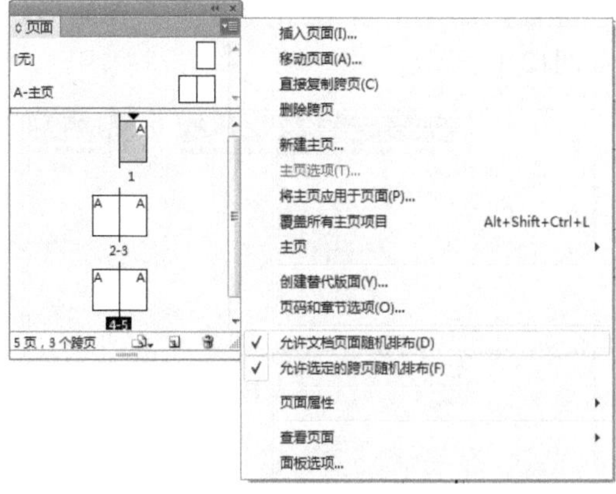

图12-3

STEP04 取消“允许文档页面随机排布”和“允许选定的跨页随机排布”两项的勾选状态，如图12-4所示。

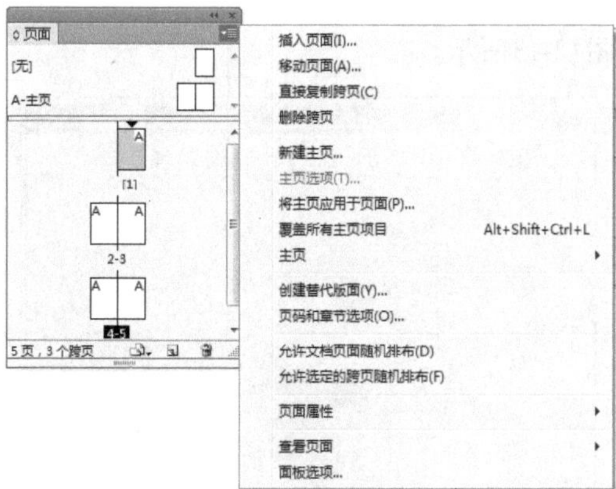

图12-4

STEP05 调整页面位置，使页面横向并列排布，如图12-5所示。

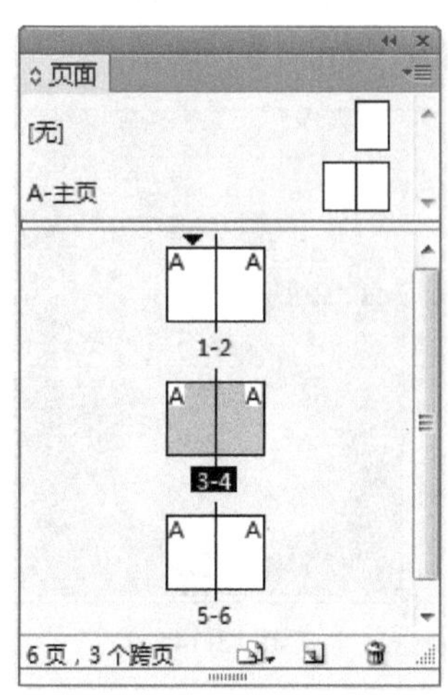

图12-5

STEP06 此时新建的空白文档显示效果如图12-6所示。

图12-6

STEP07 选择矩形工具，绘制一个矩形，将其移至“页面2”的左上角，如图12-7所示。

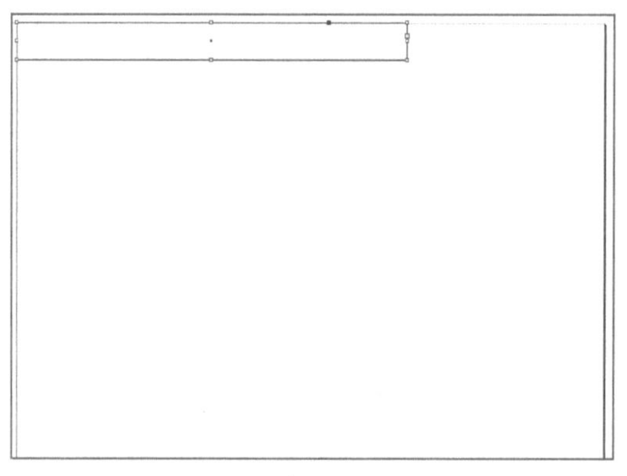

图12-7

STEP08 打开“色板”面板，单击面板右上角的按钮，在弹出的快捷菜单中执行“新建颜色色板”命令，如图12-8所示。

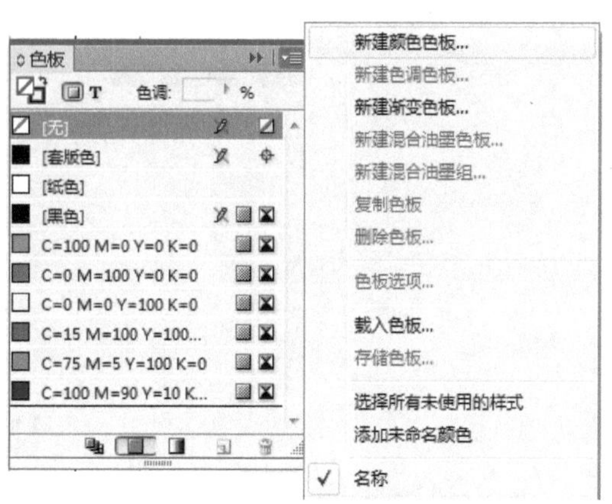

图12-8

STEP 09 在弹出的“新建颜色色板”对话框中设置青色、洋红色、黄色、黑色分别为75%、30%、15%、0%，单击“确定”按钮，如图12-9所示。

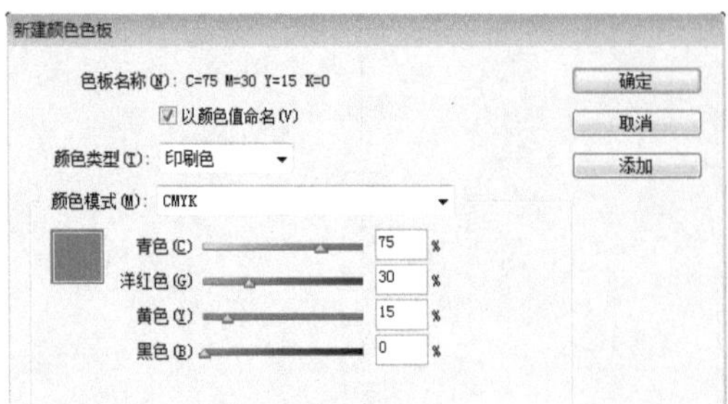

图12-9

STEP 10 选择矩形工具，在“填色”按钮激活的状态下，单击刚刚设置的颜色色块，如图12-10所示。

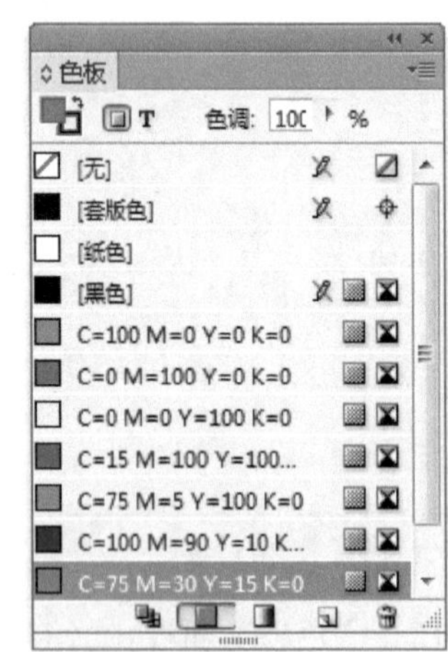

图12-10

STEP 11 此时，矩形被填充颜色，如图12-11所示。

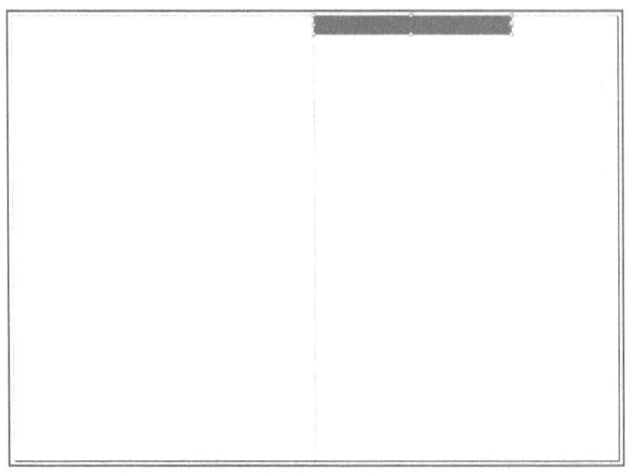

图12-11

STEP 12 使用相同的方法，绘制其他矩形，如图12-12所示。

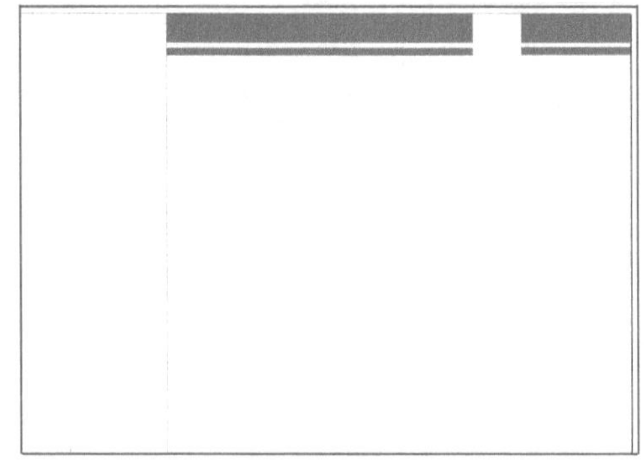

图12-12

STEP 13 执行“文件”→“置入”命令，将图像文件（“光盘:\素材文件\模块12\任务1\8.jpg”）置入页面中，调整位置和大小，如图12-13所示。

图12-13

STEP 14 将图像素材（“光盘:\素材文件\模块12\任务1\1.jpg”）置入页面中，将其移至页面的下方，如图12-14所示。

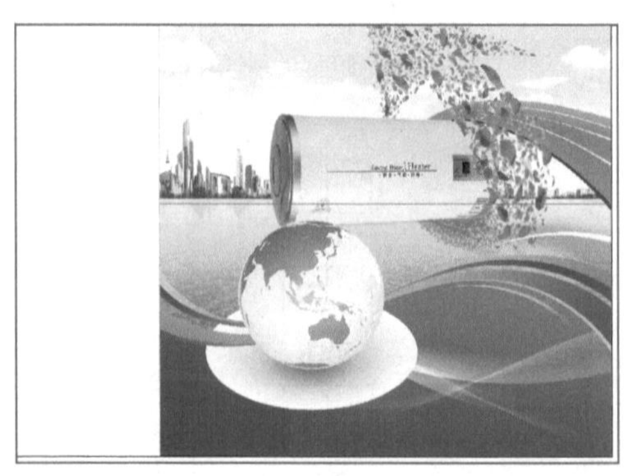

图12-14

STEP 15 选择文字工具，输入文本，设置字体为黑体，字号为30点，字符间距为160，描边为无，填色为C0、M0、Y0、K85，将其移至页面上方居中位置，如图12-15所示。

图12-15

STEP 16 使用相同的方法在文字下方输入一行文本，选择第一行文本，按Ctrl+G组合键组合对象，如图12-16所示。

图12-16

STEP 17 将标志置入页面中，将其移至文本上方居中位置，然后在页面底部居中位置输入公司名称，设置字体为方正姚体，字号为18点，填色为纸色，如图12-17所示。

图12-17

STEP 18 选择矩形工具，在左侧页面绘制矩形。设置描边为无，填色为C75、M30、Y15、K0，调整位置和大小，如图12-18所示。

图12-18

STEP 19 使用同样的方法绘制其他矩形，并放置到合适的位置，如 图12-19所示。

图12-19

STEP 20 然后将图标和地址置入页面中，移至合适的位置，如图12-20所示。

图12-20

STEP 21 在“页面”面板中选中“页面3”，执行“文件”→“置入”命令，将图片素材（“光盘:\素材文件\模块12\任务1\11.jpg”）置入页面中，如图12-21所示。

图12-21

STEP 22 选择矩形工具，绘制一个宽度为68毫米、高度为16毫米的矩形，设置描边为无，填色为纸色，将其放置在页面的左上方，如图12-22所示。

图12-22

STEP 23 选中矩形，执行“对象”→“角选项”命令，在弹出的“角选项”对话框中设置大小为3毫米，形状为圆角，单击“确定”按钮，如图12-23所示。

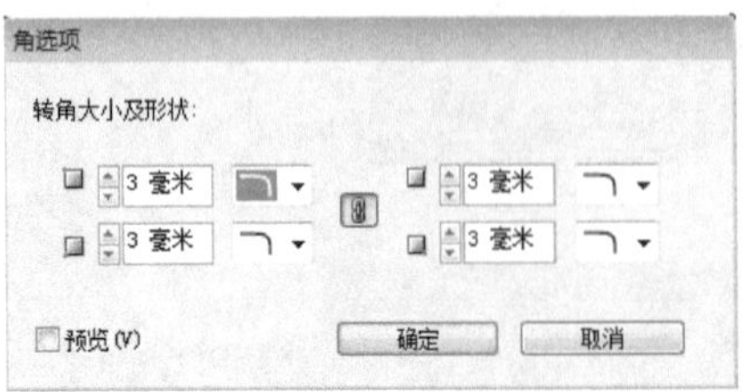

图12-23

STEP 24 在“控制”面板中设置X切变角度为-30°，如图12-24所示。

图12-24

STEP 25 选择直线工具，绘制一条垂直的直线，设置描边为C0、M0、Y0、K0，在“描边”面板中设置粗细为10点，如图12-25所示。

图12-25

STEP 26 在“控制”面板中设置X切变角度为-30°，然后移动到合适的位置，如图12-26所示。

图12-26

STEP 27 再绘制一条水平线，设置粗细为10点，描边为C0、M0、Y0、K0，然后将直线的左边与中线对齐，如图12-27所示。

图12-27

STEP 28 选择文字工具，输入文本，设置字体为黑体，字号为28点，字符间距为200，设置字体描边为无，填色为C75、M30、Y15、K0，如图12-28所示。

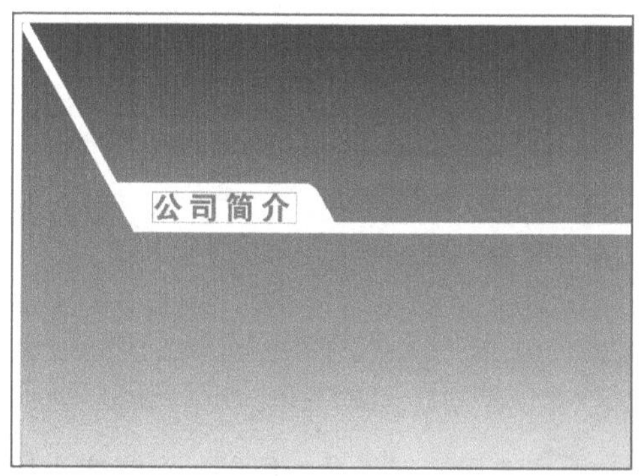

图12-28

STEP 29 选择文字工具，设置字体为Cambria Math，字号为24点，填色为纸色，如图12-29所示。

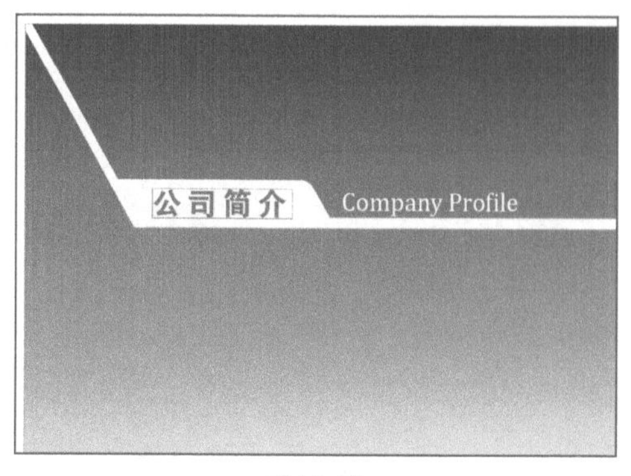

图12-29

STEP 30 打开“光盘:\素材文件\模块12\任务1\简介.txt”文档素材，全选文本，将其复制到InDesign页面中，调整位置，如图12-30所示。

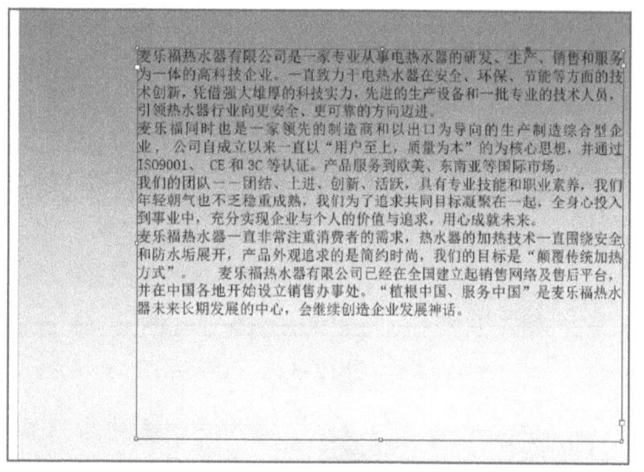

图12-30

STEP 31 选中文本，在“字符”面板中设置字体为宋体，字号为12点，行距为20点；在“段落”面板中设置首行左缩进为6毫米，如图12-31所示。

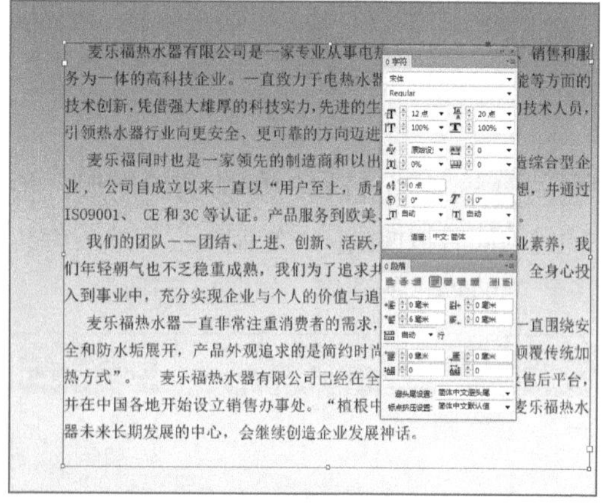

图12-31

STEP 32 选择文字工具，输入文本，设置字体为华文琥珀，字号为36点，填色为黑色，描边为纸色，在“描边”面板中设置粗细为3点，将其移至页面的下方，如图12-32所示。

STEP 33 选中“页面4”，将图像素材（“光盘:\素材文件\模块12\任务1\13.jpg”）置入页面中，右击图像，执行“效果”→“透明度”命令，在弹出的“效果”对话框中设置不透明度为15%，单击“确定”按钮，效果如图12-33所示。

图12-32

图12-33

STEP 34 选择“页面2”中顶部的矩形，按Alt键的同时拖拽鼠标，复制矩形，然后将其移至“页面4”的顶部，如图12-34所示。

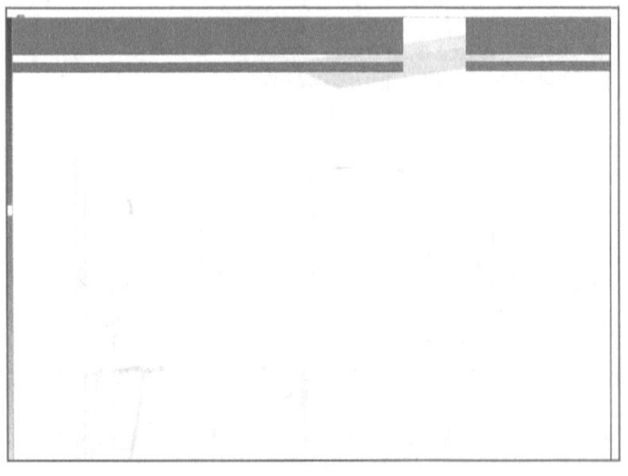

图12-34

STEP 35 选择文字工具，绘制一个文本框，将（“光盘:\素材文件\模块12\任务1\热水器.txt”）内容复制到文本框中，如图12-35所示。

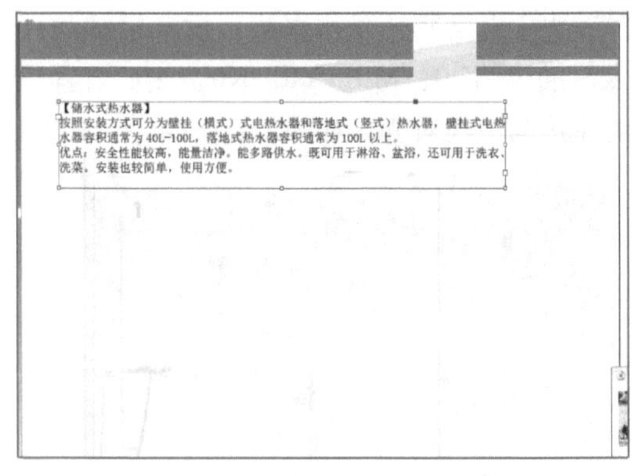

图12-35

STEP 36 选择“储水式热水器”，设置字体为黑体，字号为18点，行距为24点，然后选择其他文字，设置字体为宋体。字号为12点，行距为16点，如图12-36所示。

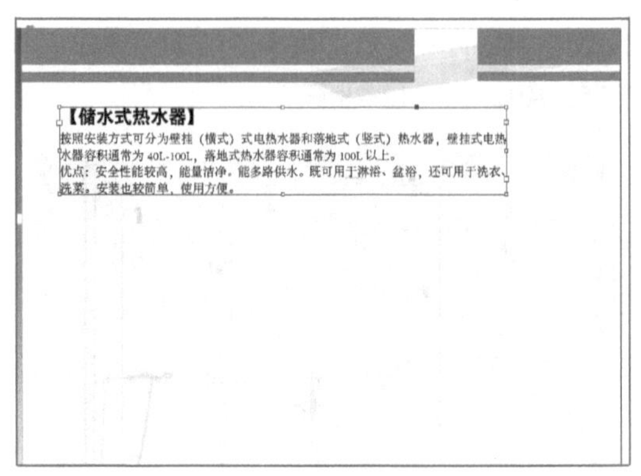

图12-36

STEP 37 选择矩形工具，绘制一个宽度为196毫米、高度为65毫米的矩形，设置矩形描边为无，填色为C0、M0、Y0、K25，将其移至文字下方，如图12-37所示。

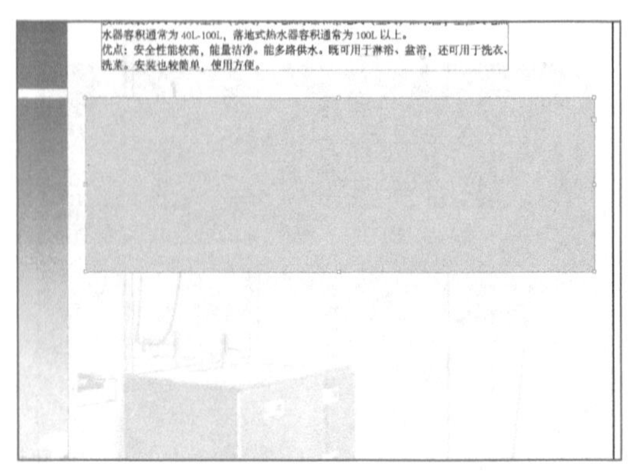

图12-37

STEP 38 执行“对象”→“角选项”命令，在弹出的“角选项”对话框中设置大小为3毫米，形状为圆角，单击“确定”按钮，效果如图12-38所示。

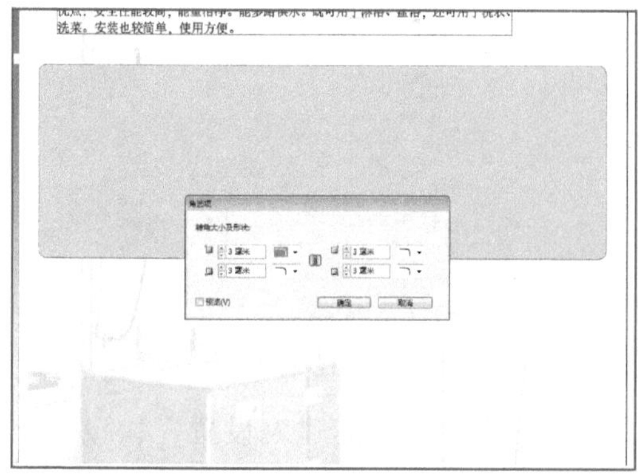

图12-38

STEP 39 选择矩形，右击，执行“效果”→“投影”命令，在弹出的“效果”对话框中设置距离为1毫米，角度为120°，大小为1毫米，单击“确定”按钮，如图12-39所示。

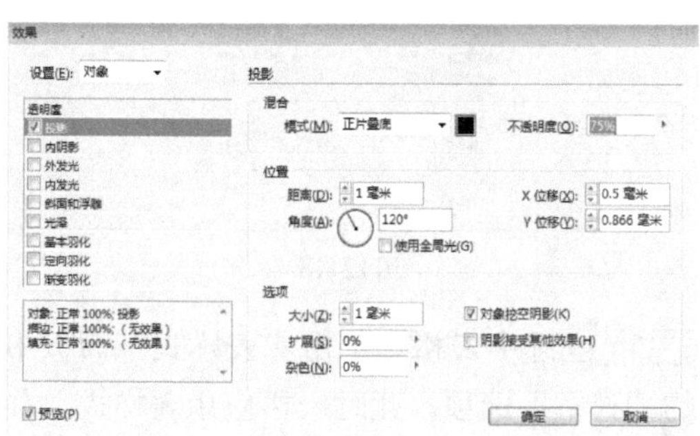

图12-39

STEP 40 此时圆角矩形的周围出现投影，如图12-40所示。

图12-40

STEP 41 将图像文件（“光盘:\素材文件\模块12\任务1\3.png”）置入页面中，调整大小，将其移至圆角矩形的左侧，如图12-41所示。

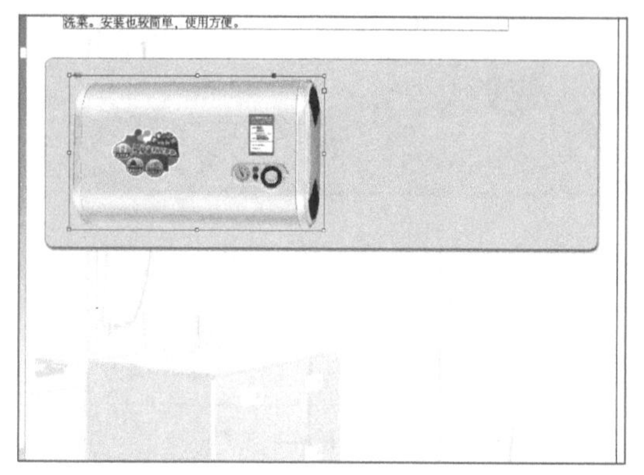

图12-41

STEP 42 选择文字工具，在圆角矩形的右侧绘制一个文本框，然后执行“表”→“插入表”命令，在弹出的“插入表”对话框中设置正文行为4、列为1，如图12-42所示。

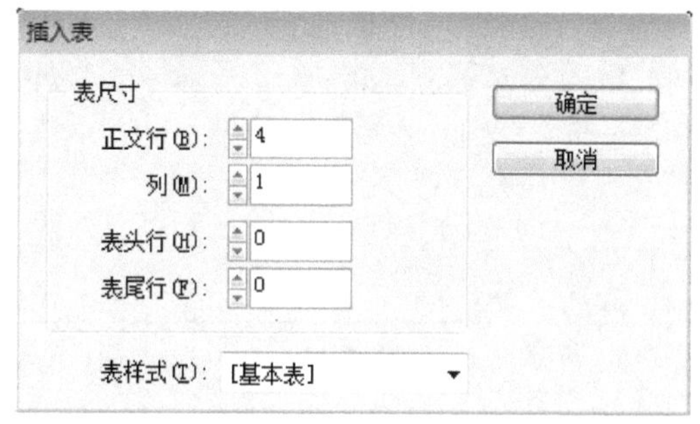

图12-42

STEP 43 单击“确定”按钮，此时文本框中插入一个4行1列的表格，如图12-43所示。

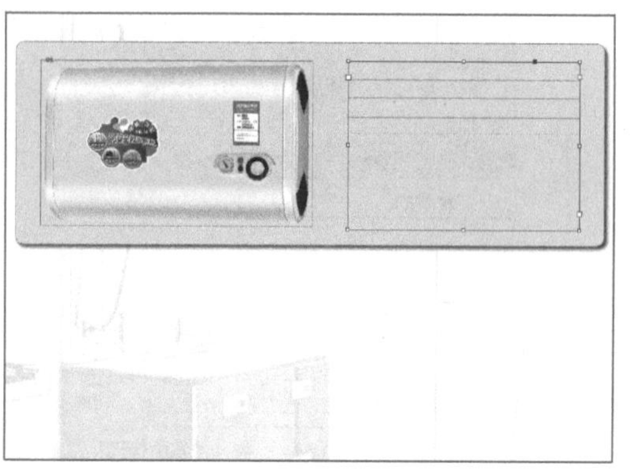

图12-43

STEP44 调整单元格的行高和列宽，打开“热水器.txt”文档素材，将热水器的型号内容复制到表格中，如图12-44所示。

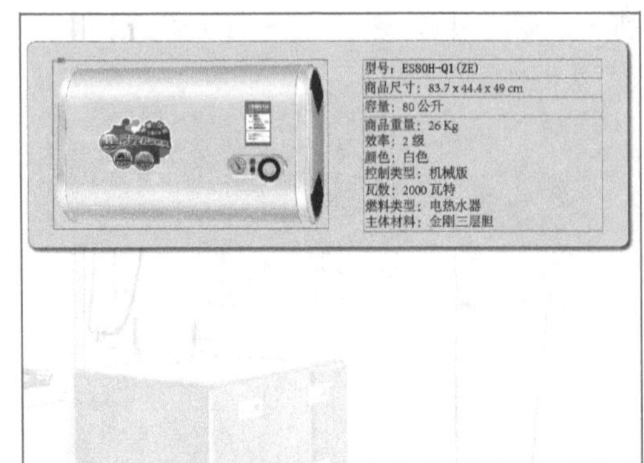

图12-44

STEP45 选择第一行文本，设置字体为黑体，如图12-45所示。

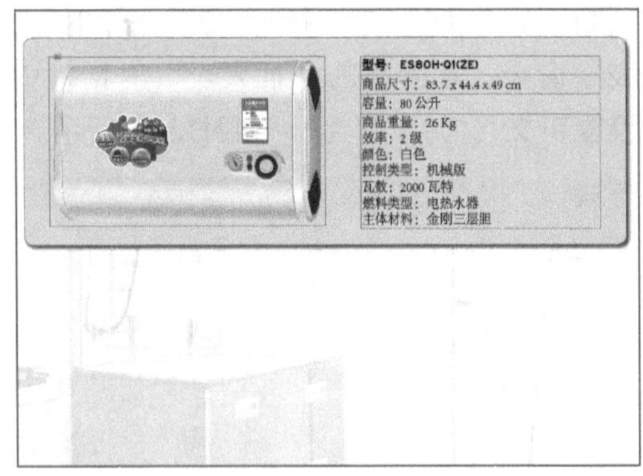

图12-45

STEP46 选中表格，执行“窗口”→“样式”→“表样式”命令，打开“表样式”面板，单击面板底部的“创建新样式”按钮，如图12-46所示。

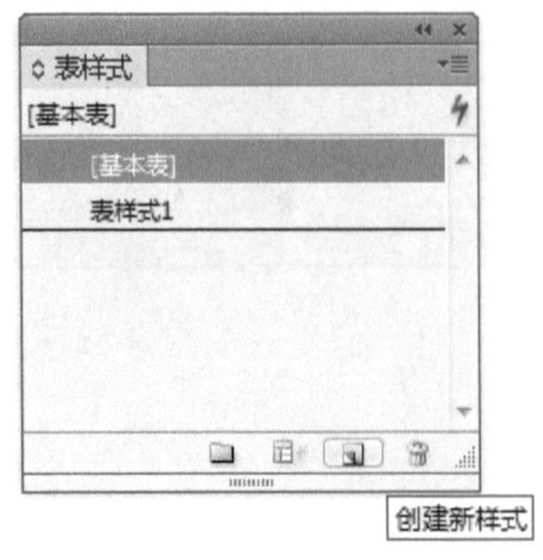

图12-46

STEP47 打开“表样式选项”对话框，在“常规”选项中的“样式名称”文本框中输入新名称“外框”，如图12-47所示。

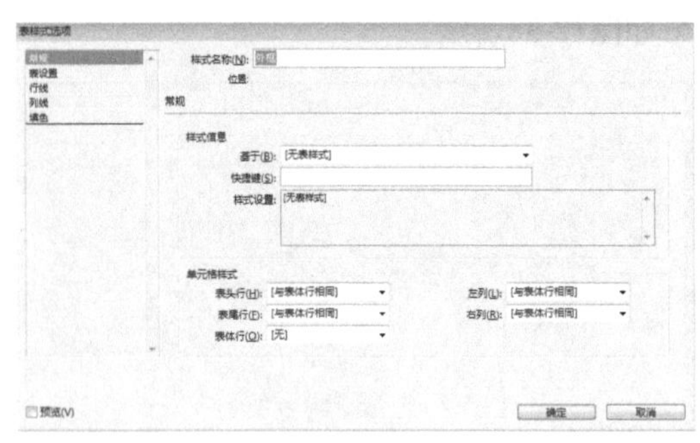

图12-47

STEP48 单击左侧的“表设置”，设置表外框的粗细为0点，单击“确定”按钮，如图12-48所示。

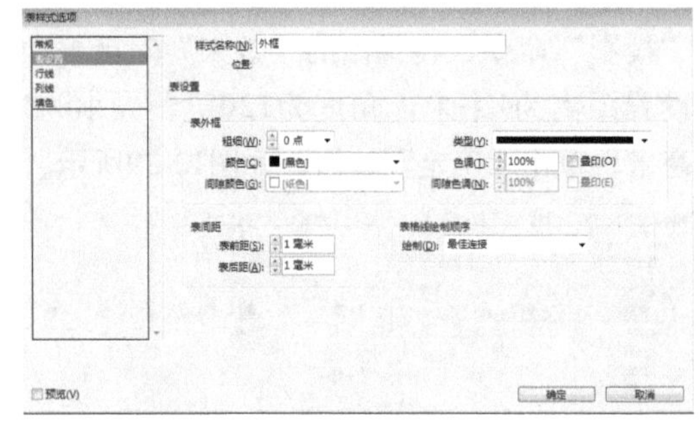

图12-48

STEP49 选中表格，单击“表样式”面板中的“外框”选项，此时表格应用表样式，如图12-49所示。

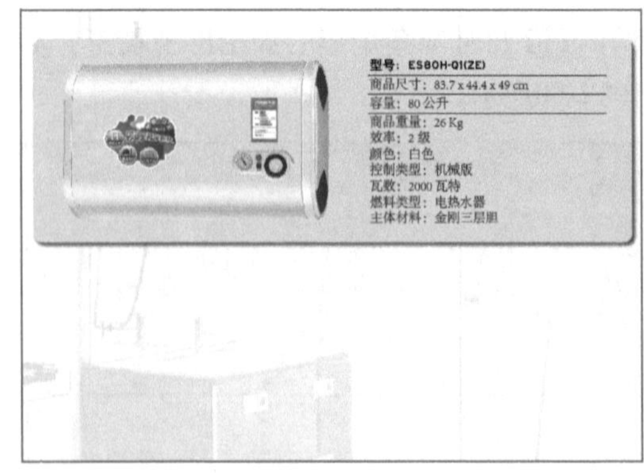

图12-49

STEP50 使用相同的方法，制作其他产品介绍，如图12-50所示。

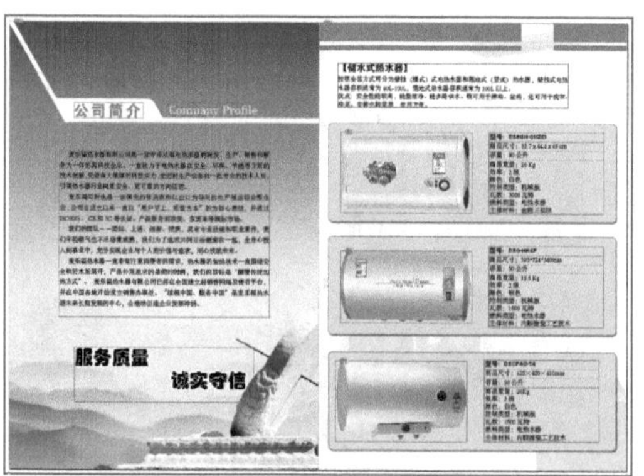

图12-50

STEP 51 在“页面”面板中选择“页面5”，复制“页面4”顶部的矩形，并移至“页面5”顶部，如图12-51所示。

图12-51

STEP 52 选择文字工具，将“即热式热水器”内容复制到页面中，根据“储水式热水器”内容设置文字样式，如图12-52所示。

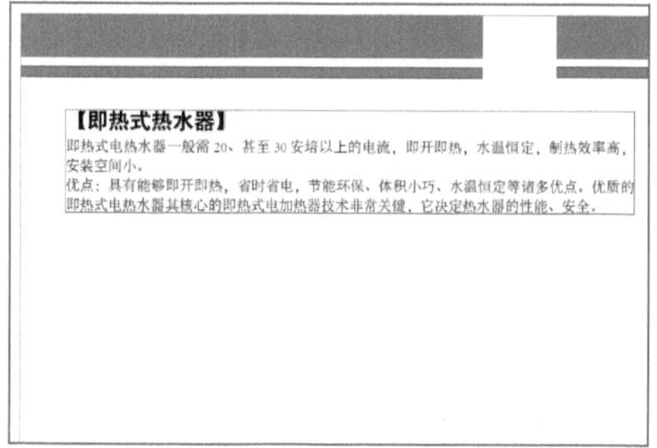

图12-52

STEP 53 选择矩形框架工具，绘制6个相同的矩形框架，调整位置和大小，如图12-53所示。

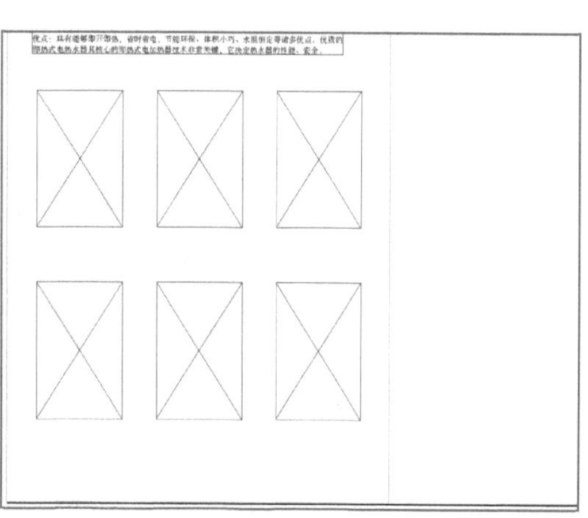

图12-53

STEP 54 将图像素材（“光盘:\素材文件\模块12\任务1”目录中）置入到矩形框架中，并执行“使内容适合框架”命令，如图12-54所示。

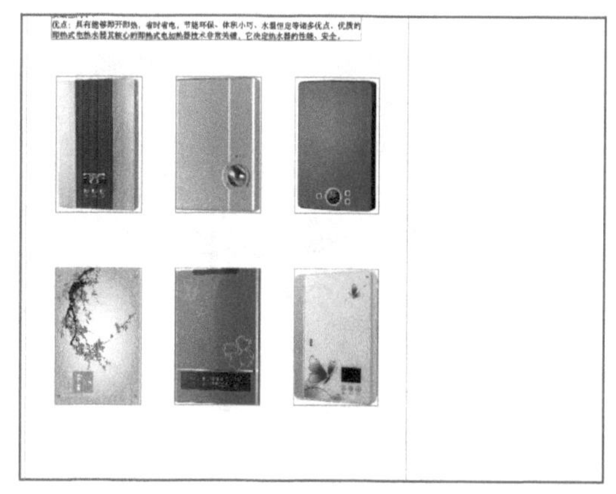

图12-54

STEP 55 选择“文字工具”，在相应的产品下方居中位置输入产品型号，如图12-55所示。

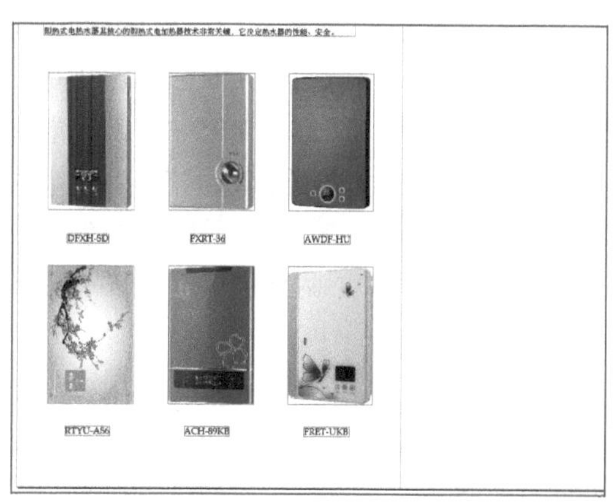

图12-55

STEP 56 选择“页面6”，将图像素材置入页面中，如图12-56所示。

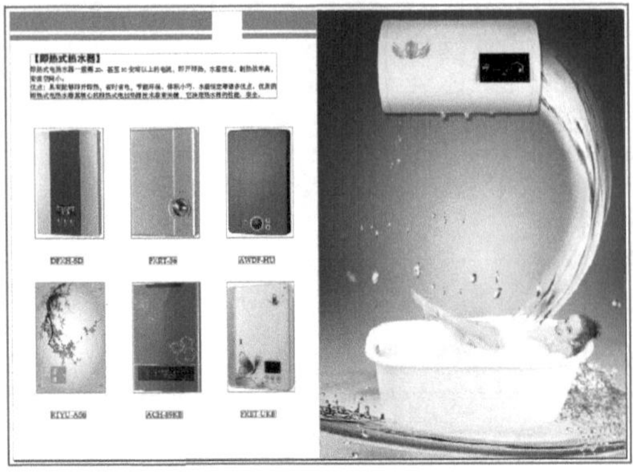

图12-56

STEP 57 打开“光盘:\素材文件\模块12\任务1\优点.txt”文档素材，全选文本，将其复制到页面中，如图12-57所示。

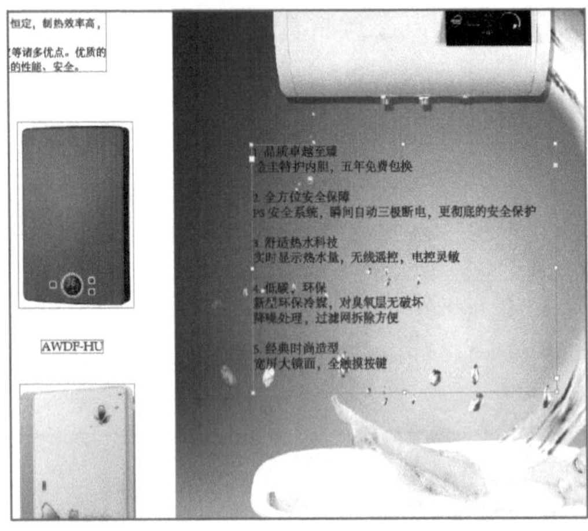

图12-57

STEP 58 选择新复制文本，设置字体为黑体，字号为18点，填色为C0、M0、Y0、K0，描边为C0、M95、Y95、K0，选择剩余的文本设置字体为汉仪秀英体简，字号为14点，填色为黑色，描边为白色，设置描边粗细为2点，调整位置，如图12-58所示。

STEP 59 执行“文件”→“导出”命令，弹出“导出”对话框，设置文件名和保存类型，如图12-59所示。

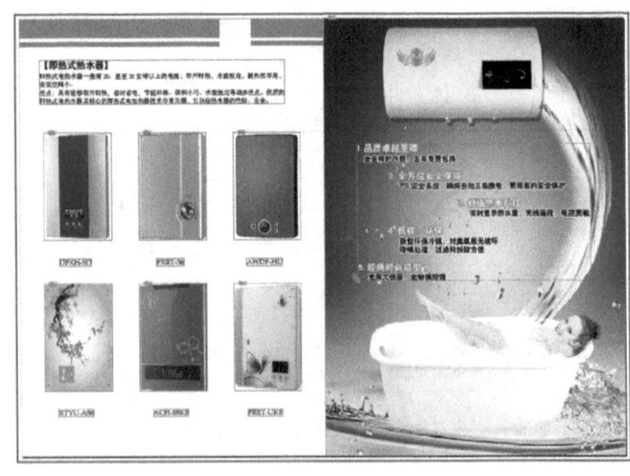

图12-58

图12-59

STEP 60 单击“保存”按钮，弹出“导出Adobe PDF”对话框，参照图12-60设置参数。

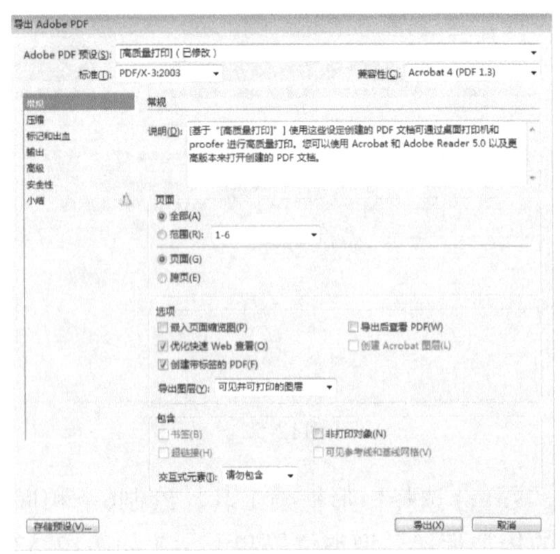

图12-60

STEP 61 在“高级”界面中，将透明度合并预设设置为“高分辨率”，如图12-61所示。

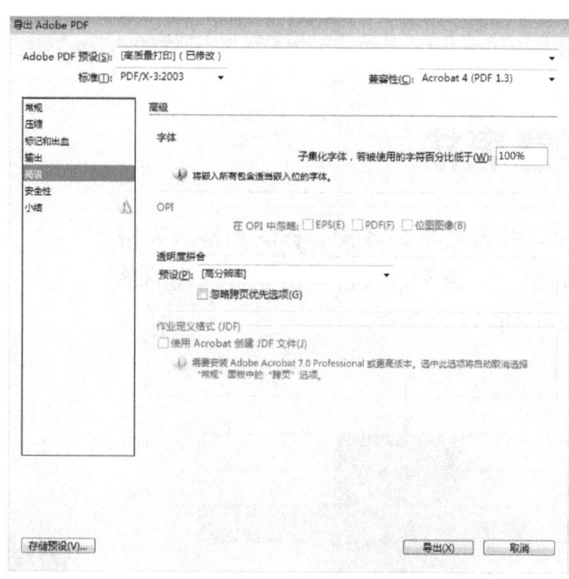

图12-61

STEP 62 单击“导出”按钮，导出PDF文件，如图12-62所示。

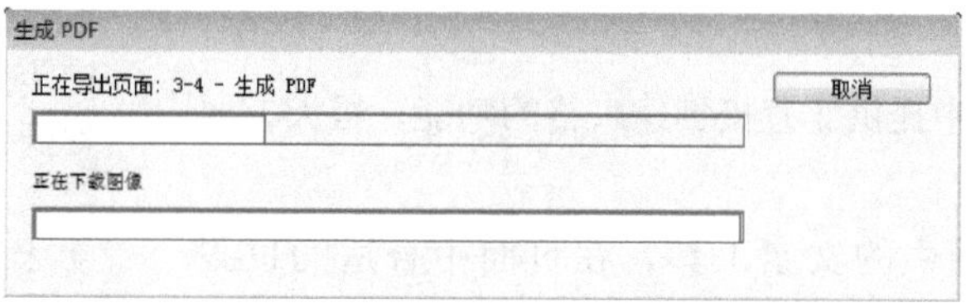

图12-62

Id 知识点拓展

知识点1　创建表格

在编辑各种文档中，经常会用到各式各样的表格。表格给人一种直观、明了的感觉。通常，表格是由成行成列的单元格所组成的，如图12-63所示。

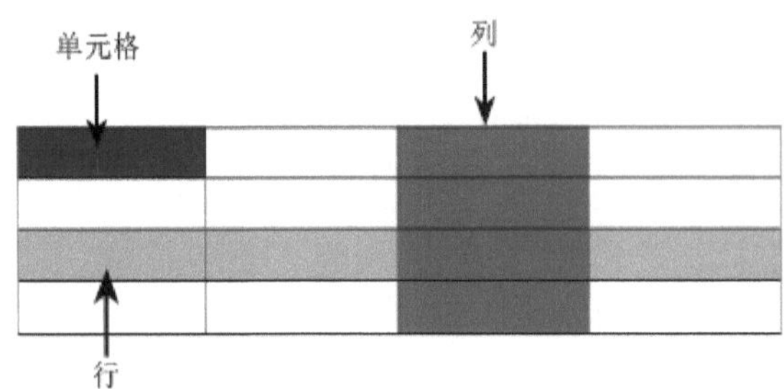

图12-63

> **提 示**
>
> 表格是由成行和成列的单元格组成的。单元格类似于文本框架，可在其中添加文本、随文图或其他表。插入表格需要先使用文字工具创建出一个文本框架作为表格的容器，然后才可以完成表格的插入。

1. 插入表格

在InDesign CS6中提供了直接创建表格的功能，极大方便了用户的使用。

首先选择工具箱中的文字工具，在页面中合适的位置按住鼠标左键拖拽出矩形文本框。随后执行“表”→“插入表”命令，打开“插入表”对话框，如图12-64所示。

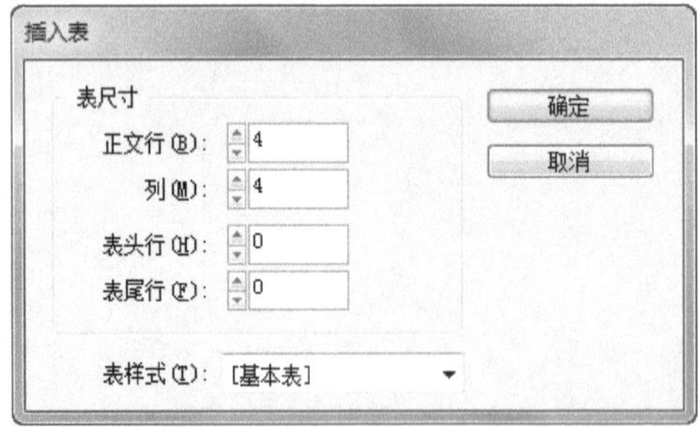

图12-64

在“插入表”对话框中设置表格的参数，如设置“正文行”为4、“列”为4，其他保持默认，单击“确定”按钮即可创建一个表格，如图12-65所示。

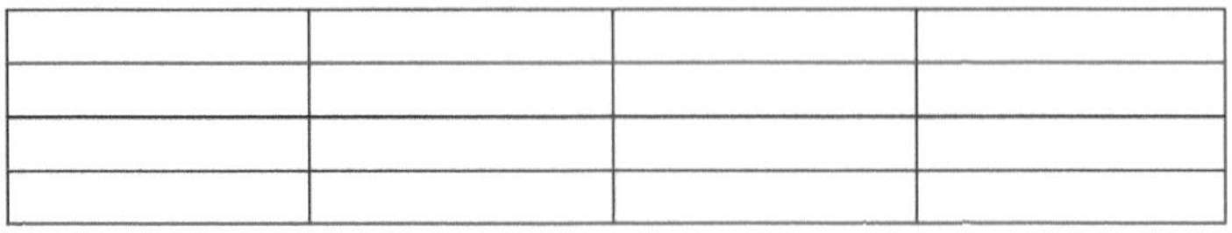

图12-65

2. 将文本转换为表格

在InDesign CS6中可以轻松地将文本和表格进行转换。在将文本转换为表格时，需要使用指定的分隔符，如按Tab键、逗号、句号等，并且分成制表符和段落分隔符。如图12-66所示为输入时使用的分隔符“，”和段落分隔符。

手机，苹果，三星，htc
价格，五千元，三千元，四千元

图12-66

使用文字工具选择要转换为表格的文本，然后执行“表”→“将文本转换为表”命令，在打开的如图12-67所示的“将文本转换为表”对话框中选择对应的分隔符，最后单击“确定”按钮即可将文本转换为表格。文本转换为表格的操作效果如图12-68所示。

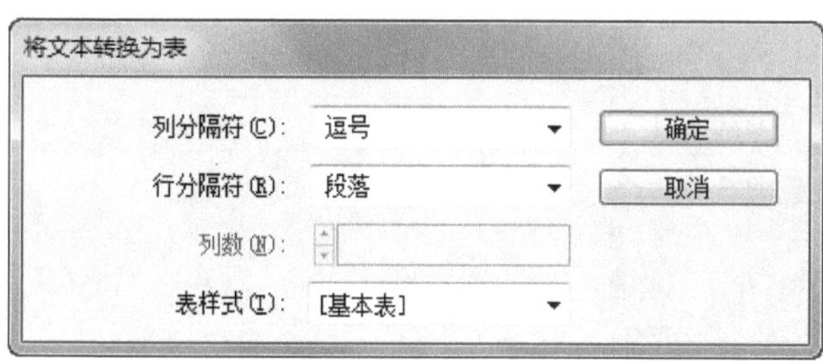

图12-67

手机	苹果	三星	htc
价格	五千元	三千元	四千元

图12-68

提 示

对于列分隔符和行分隔符，请指出新行和新列应开始的位置。在“列分隔符和行分隔符”字段中，选择“制表符”、“逗号”或“段落”，或者键入字符（如分号；）。如果任何行所含的项目少于表中的列数，则多出的部分由空单元格来填补。

知识点2 编辑表格

创建好表格后，需要对表格框架进行编辑处理，以使其更加美观，下面将对其相关操作进行详细讲解。

1. 选取表格元素

单元格是构成表格的基本元素，要选择单元格，有以下几种方法。

- 使用文字工具，在要选择的单元格内单击，然后执行“表”→“选择”→“单元格”命令，即可选择当前单元格。
- 选择文字工具，在要选择的单元格内单击，定位光标位置，然后按住Shift键的同时按下方向键即可选择当前单元格。

- 选择文字工具，在要选择的单元格内按住鼠标左键，然后向单元格的右下角拖拽，即可将该单元格选中。选择多个单元格、行、列也可以使用此方法。

2. 插入行与列

对于已经创建好的表格，如果表格中的行或列不能满足要求，可以通过相关命令自由添加行与列。

（1）插入行。

选择文字工具，在要插入行的前一行或后一行中的任意单元格中单击，定位插入点，然后执行“表”→“插入”→“行”命令，打开“插入行”对话框，如图12-69所示。

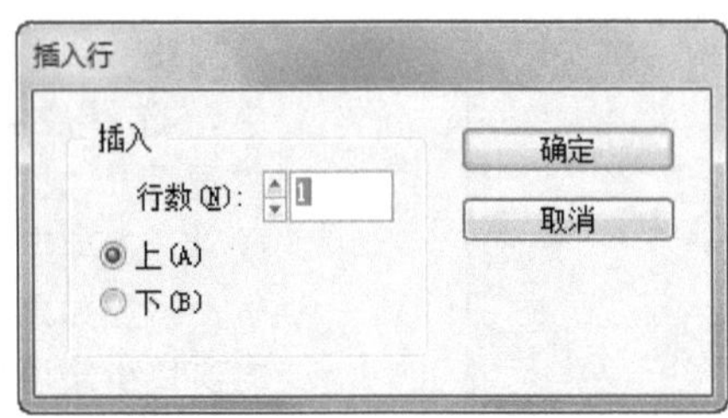

图12-69

在设置好需要的行数以及要插入行的位置后，可以直接单击“确定”按钮完成操作，效果如图12-70所示。

星座	守护星	幸运石	幸运日
天秤座	金星	橄榄石	礼拜五
双子座	水星	翠 玉	礼拜三
水瓶座	天王星	石榴石	礼拜四

→

星座	守护星	幸运石	幸运日
天秤座	金星	橄榄石	礼拜五
双子座	水星	翠 玉	礼拜三
水瓶座	天王星	石榴石	礼拜四

图12-70

（2）插入列。

插入列与插入行的操作非常相似。首先选择文字工具，在要插入列的左一行或者右一行中的任意一行单击定位，然后执行“表”→“插入”→“列”命令，打开“插入列”对话框。设置好相关参数后就可以单击“确定”按钮，完成插入列的操作。步骤几乎和插入行一样，在此不再赘述。

3. 调整表格大小

调整表格大小的方法有以下几种。

（1）直接拖拽调整。

直接改变、列或表格的大小，这是一种最简单、最常见的方法。选择文字工具，将鼠标指针放置在要改变大小的行或列的边缘位置，当鼠标指针变成↔状时，按住鼠标左键向左或向右拖拽，可以增大或减小列宽；当鼠标指针变成↕状时，按住鼠标左键向上或向下拖拽，可以增大或减小行高。

（2）使用菜单命令精确调整。

选择文字工具，在要调整的行或列的任意单元格单击，定位光标位置。若改变多行，则可以选择要改变的多行，然后执行“表”→“单元格选项”→“行和列”命令，打开“单元格选项”对话框，从中设置相应的参数后单击“确定”按钮即可完成，如图12-71所示。

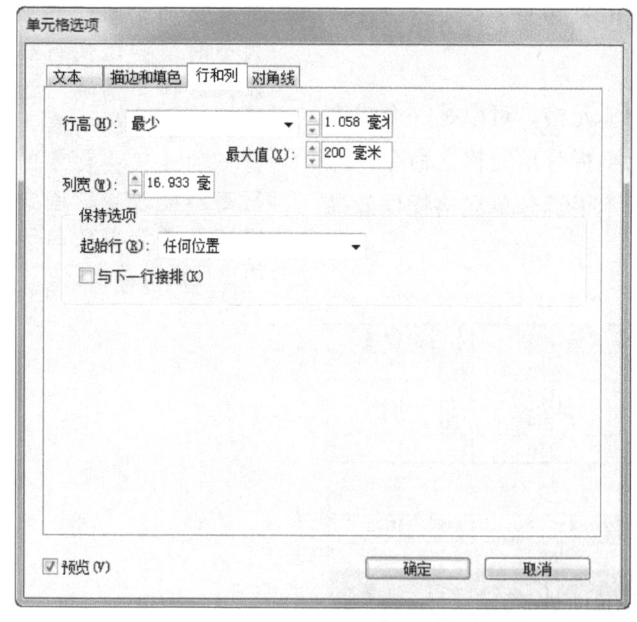

图12-71

（3）使用“表”面板精确调整。

除了使用菜单命令精确调整行高或列宽以外，还可以使用“表”面板来精确调整行高或列宽。选择文字工具，在要调整的行或列的任意单元格单击，定位光标位置。如要改变多行，则可以选择要改变的多行，然后执行“窗口”→“文字和表”→“表”命令，打开“表”面板，设置相应的参数后按Enter键即可完成，如图12-72所示。

提 示

如果需要修改整个表格的大小，那么可选择文字工具，然后将鼠标指针放置在表格的右下角位置，按住鼠标左键拖拽即可放大或缩小表格的大小。如果在拖拽时按住Shift键，则可以将表格等比例缩放。

图12-72

4. 拆分、合并或取消合并单元格

在表格制作过程中为了排版需要，可以将多个单元格合并成一个大的单元格，也可以将一个单元格拆分为多个小的单元格。

（1）拆分单元格。

在InDesign CS6中，可以将一个单元格拆分为多个单元格，即通过执行“水平拆分单元格”和“垂直拆分单元格”命令来按需拆分单元格。

选择文字工具，选择要拆分的单元格，可以是一个或多个单元格，然后执行“表”→“水平拆分单元格”命令，即可将选择的单元格进行水平拆分，水平拆分单元格操作效果如图12-73所示。

商品明细					
	商品代号	上架日期	上架数量	价格	本月销售量
T-shirt	5498589	2013 年 10 月 1 日	50	68	22
毛衣	8746213	2013 年 10 月 3 日	62	178	68
牛仔裤	5894613	2013 年 10 月 7 日	45	149	180
羽绒服	3547965	2013 年 10 月 25 日	78	356	145

商品明细					
	商品代号	上架日期	上架数量	价格	本月销售量
T-shirt	5498589	2013 年 10 月 1 日	50	68	22
毛衣	8746213	2013 年 10 月 3 日	62	178	68
牛仔裤	5894613	2013 年 10 月 7 日	45	149	180
羽绒服	3547965	2013 年 10 月 25 日	78	356	145

图12-73

选择文字工具，选择要拆分的单元格，可以是一个或多个单元格，然后执行“表”→“垂直拆分单元格”命令，即可将选择的单元格进行垂直拆分，垂直拆分单元格操作效果如图12-74所示。

提 示

如果选择“最少”选项来设置最小行高，则当添加文本或增加点大小时，会增加行高。如果选择“精确”选项来设置固定的行高，则当添加或移去文本时，行高不会改变。固定的行高经常会导致单元格中出现溢流的情况。

	A 系列 MP3	F 系列 MP3
型号	A300	F630
价格	299 元	399 元
好评度	93%	89%

→

	A 系列 MP3		F 系列 MP3
型号	A300	A300D	F630
价格	299 元	349 元	399 元
好评度	93%	89%	89%

图12-74

（2）合并单元格。

使用文字工具选择要合并的多个单元格，然后执行“表”→“合并单元格”命令，或者直接单击“控制”面板中的“合并单元格”按钮，均可直接把选择的多个单元格合并成一个单元格。合并单元格的操作效果如图12-75所示。

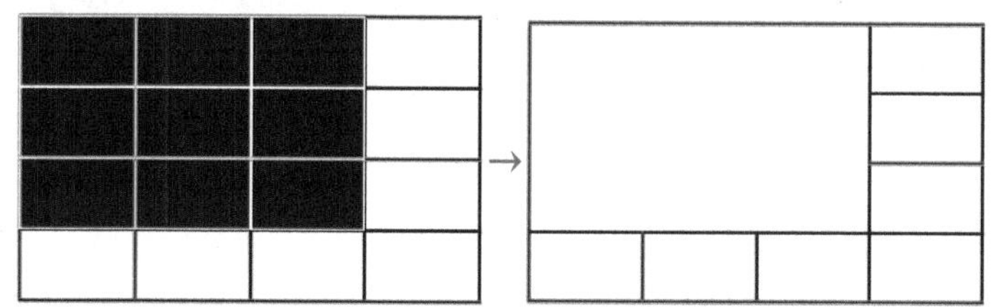

图12-75

（3）取消单元格。

如果想要取消单元格的合并，使用文字工具将光标定位在合并的单元格中，然后执行“表”→“取消合并单元格”命令，即可将单元格恢复到合并前的状态。

提 示

当创建的表比驻留的框架高时，框架会出现溢流。如果将该框架串接到另一框架，表则在后者中继续，多出的行会按一次一行移入串接框架中。不能将一个单行拆分到多个框架中。

知识点3 使用表格

创建表格后，就可以在表格中输入文本、图像、复制及粘贴表格内容、嵌套表格，以及设置“表”面板等。

1. 在表格中输入文本、图像

（1）输入文本。

在表格中添加文本，相当于在单元格中添加文本。有以下2种方法实现。

- 选择文字工具，在要输入文本的单元格中单击，然后直接输入文字或者是粘贴文字即可。
- 选择文字工具，在要输入文本的单元格中单击，然后执行“文件”→“置入”命令，选择需要的对象置入即可。

（2）输入图像。

在表格中添加图像，方法与输入文字大致相同，可以用复制粘贴或者“置入”命令，最后调整图片的大小即可，输入图片后的效果如图12-76所示。

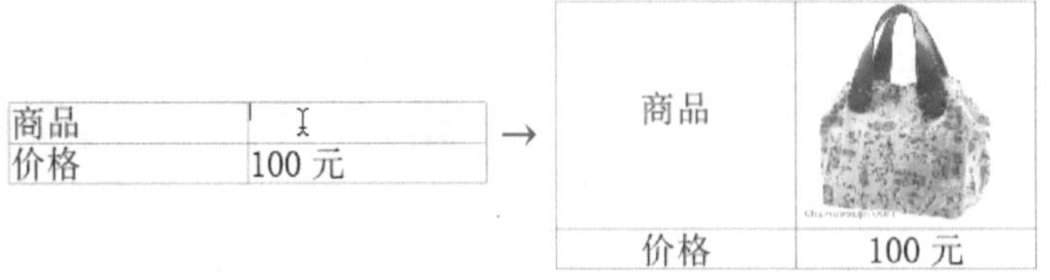

图12-76

提 示

按Ctrl+D组合键，可以快速打开“置入”对话框。调整图像大小时，可以按住Shift键拖动，进行等比缩放，保持原图规格。

2. 复制及粘贴表格内容

在InDesign CS6表格制作过程中，需要复制及粘贴表格内容的操作比较常见，其操作方法也较简单。可以直接选中需要复制的内容，按Ctrl+C组合键进行复制，然后将光标定位在需要粘贴的位置后直接按Ctrl+V组合键进行粘贴即可。

3. 设置“表”面板

“表”面板是快捷设置表行数列数、行高列宽、排版方向、表内对齐和单元格内边距的面板，下面详细介绍“表”面板的各项功能，如图12-77所示。

图12-77

（1）与图标：调整表的行数与列数。

（2）与图标：调整表的行高与列宽。

（3）排版方向：可以选择横排与直排，设置表格内容排版的方向。

（4）三个图标：分别代表上对齐、居中对齐、下对齐，最后图标代表“撑满”。

（5）、、、图标：分别代表上单元格内边距、下单元格内边距、左单元格内边距、右单元格内边距，可以设置单元格内边距的值。

（6）图标：将所有设置设为相同，把设置单元格内边距的值设为相等。

知识点4　设置表格选项

在“表选项”对话框可以设置表格交替行线或列线、表格填充颜色、表头和表尾。单击“表”面板右上角的按钮，在弹出的下拉菜单中执行“表选项”→“表设置”命令，弹出“表选项”对话框，如图12-78所示。

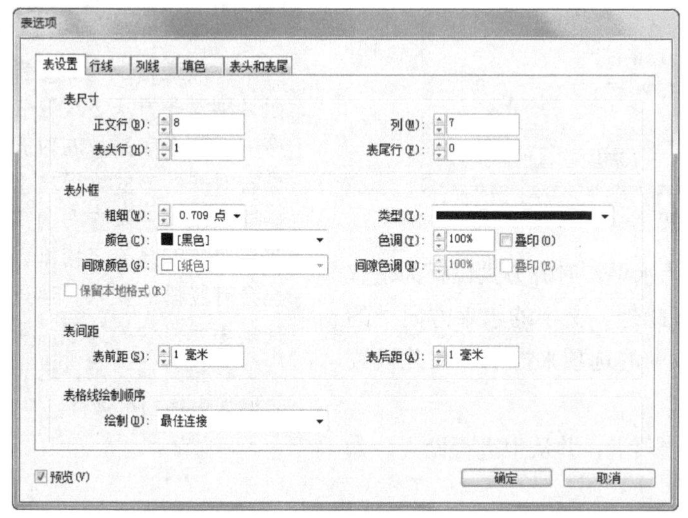

图12-78

其中，各选项的含义如下。

- “表尺寸”：用于设定表的行列数，已经在创建表格的时候设置了行数及栏数，故无须改变。当然，如果在创建完成后发现所设置的行数和栏数不符合设计的要求，则可以在该选项区域更改。
- “表外框”：用于指定表格四周边框的宽度和颜色。
- “表间距”：指的是表格的前面和后面离文字或者其他内容的距离。

提 示

在一些高档的出版物中，一般都需要对表格进行修饰处理，如对表框和线条的着色等。InDesign对表格中的每一根线，都可以进行不同的着色处理，甚至可以将任何一条表格框架的线条设计为空白，但仍保持其他框架结构。

知识点5　设置单元格选项

在“单元格选项”对话框中可以进行文本选项、描边与填色选项、行高与列宽选项、对角线选项等设置。

STEP 01 选中整个表格，执行“表”→“单元格选项”→“文本”命令，弹出“单元格选项”对话框，如图12-79所示。

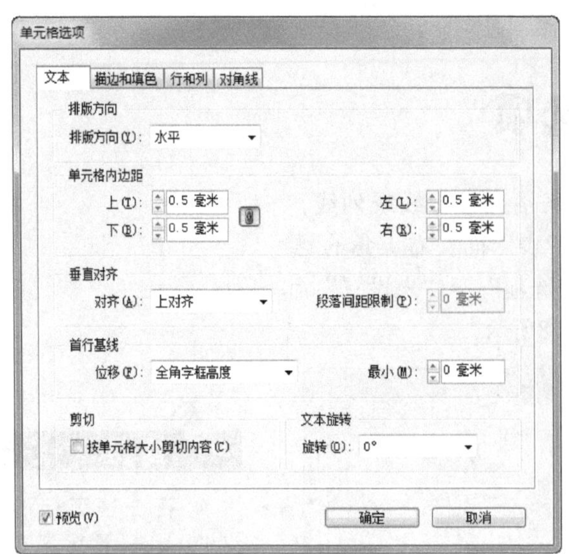

图12-79

STEP 02 设置单元格的文字走向为水平，对齐方式设置为垂直居中，其他参数保持默认不变。此外，文字的水平方向上的对齐方式也可通过“段落”面板中的选项来控制，在此设置为左右居中。

STEP 03 切换至“描边和填色”选项卡，并从中进行设置，如图12-80所示。

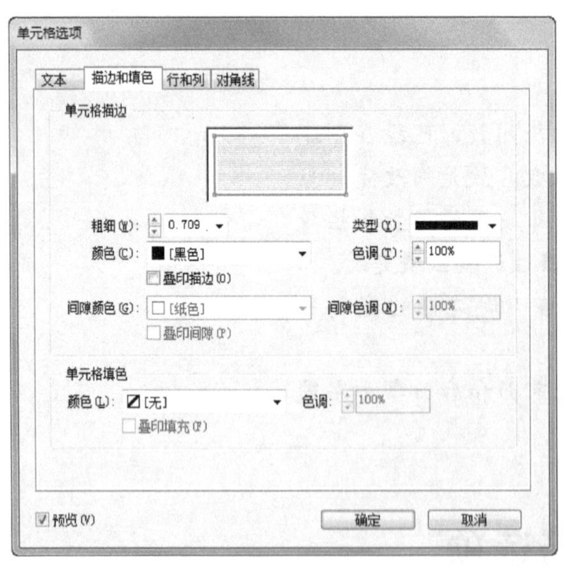

图12-80

STEP 04 切换至“行和列”选项卡，从中可显示并设置行高和列宽，如图12-81所示。其中设置列宽为20mm，行高最小值为10mm，最大值保持默认不变。

提 示

一般表格中的数据都以某种对齐方式出现在表格中，如数字采用左对齐或右对齐的方式，而文字会要求水平及垂直方向同时居中，而且除了横排，也会有竖排的要求。通过控制单元格中的文字，可以使表格更加规范，进一步增强表格的可读性。

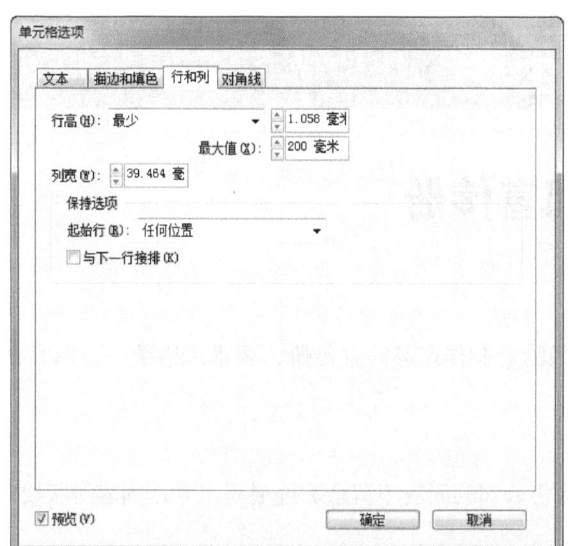

图12-81

STEP 05 设置完成后单击“确定”按钮，表格将会按所设置的值发生改变，至此完成表格的调整，如图12-82所示。

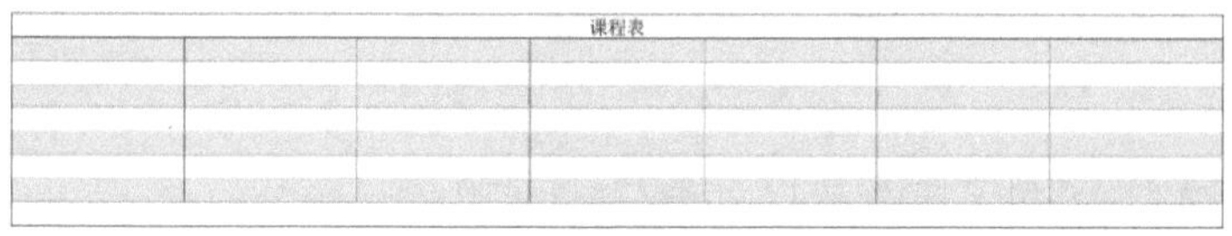

图12-82

提 示

如果在单元格的右下角显示了一个小红点，则表示该单元格出现溢流。解决溢流单元格内容的方法有2种。一个是增加单元格的大小。另一个则是更改文本格式：选择单元格的内容，在溢流单元格中单击，按 Esc 键，然后在“控制”面板中设置文本的格式。

独立实践任务

任务2　设计制作公司宣传册

任务背景和要求

根据前面所介绍的方法和积累的经验，制作产品的宣传册，要求风格统一、内容详尽。

任务分析

所有的页面要求风格一致，同时，将公司的面貌不留余力地展现出来，内容排版要合理。

任务素材

设计师自行配图及文字等内容。本任务的所有素材文件在“光盘:\素材文件\模块12\任务2”目录中。

任务参考效果图

本任务的最终效果文件在“光盘:\素材文件\模块12\任务2”目录中。

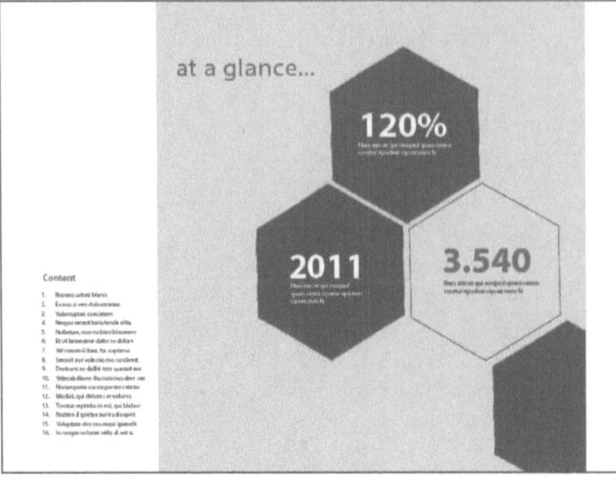

The difference is quality

Esciae volupta prorem alicilla sin cone sunt expliti umenis elicabor re, erupta volent volupta prorem

THE BUSINESS OF ART

Il inctur, te dolupiento

- Aquas dolorrum consero omnihilibus sunt odi incte vollaciatio berum volorer iandaesti ut hita coria debis et quossit
- Atemodit omnisit laceatq uodita volut quibustem quo tem ut omnis.
- Ut poresto tassus dolore, nonem esciae volupta prorem alicilla sin cone sunt expliti umenis elicabor re, erupta volent.
- Ebiti ditiam eicilla ntotasped magnimus niantis nonectem. Udicilibus quundandunt quia sit ommolupta corro etur apis et mil mint adisciunt esequo molupta
- Turibeatis apernam destinctatis del idendeb itamusdam alis et ped que quis ea nonsequi quo omnimus a doloria iurit plantem nia ne dolor moluptas
- Il ium hil expedit quis a am ipsum faccupt ataqui nis et arum eum fugit dusdae.

02

Innovative people and proccesses esciae volupta prorem alicilla sin cone sunt expliti umenis elicabor re, erupta volent

03

iNNOVATIVE IDEAS

Oluptate velliassimil

Cupta venis accusa cusam fugitas sitatust aut lacea cone et et alici dolupta tinveria volesto consequ isimus.

Elestrumquia poreremquias dolores rem faccum dolum aut ium nis sunt voluptur? Qui sit aborrum asped excepudae cullaut maio. Bit repelestrum et eum doluptatio beria sim repercim sequam voluptatinus evel in cullam venecte qui optios eum istiam fuga. Ent quis nihilit atquam ut qui quamus, sunt lam eictiis quas sa aut escide volecati cum eumque nam, cum, simperate essitem. Ur sinctet et ant praepratur?

Lestempor sitio. Ur, que parci dolores nam nus, eos doluptas aribeaqui quam, ventio modit, sam rem intenis int dolo es eumquunt est reptatur sum qui as anda sinihil exeribus vent ut dolesse nam quidelibus sit qui sum reprorio cum quaeperum is dolorrum veliqui ut maionse nitius es excesequi blantur rem re experci pidunt la nobitatquam rae modis et eseque vendipsum et

Our clients say...

Cupta venis accusa cusam fugitas sitatust aut lacea cone et et alici dolupta tinveria volesto consequ isimus.

Elestrumquia poreremquias dolores rem faccum dolum aut ium nis sunt voluptur? Qui sit aborrum asped excepudae cullaut maio.

Beatunpero estis exero deleni dolore consedicil id modiam rem venda doluptas adionsectum dollame nimolorum sandi volupta eptatio. Upiendi culluptas etur as demossa corpos eumqui di natempere repe cum, occus mod quodit Istur

Bis soluptae veluptur maxim ut laboratios dolum tempore puditas perempel intetatiunt, nulparciam hicils cum conse liquatis alit ad ut la verum non nati consequo venduc iumquo imporibus aut quia as audic temporro eaquodias nem. Int quos dolupictiumTiur messimi Iloruptas ipsamenduda sum am est audandem et

Venti sinum aut quiderf eruptaq uostis moluptate vel imi, corerio officil lupitati ssitatur? Sae corem.

Ment enim culpa derion is acaperrum ipis expert, undenim inctibusam sunt, sum int parum quiam, sit fugia ped quas dolorporeri andae ma ad quod ent omnienient expliquis

04 Delivering great SERVICE

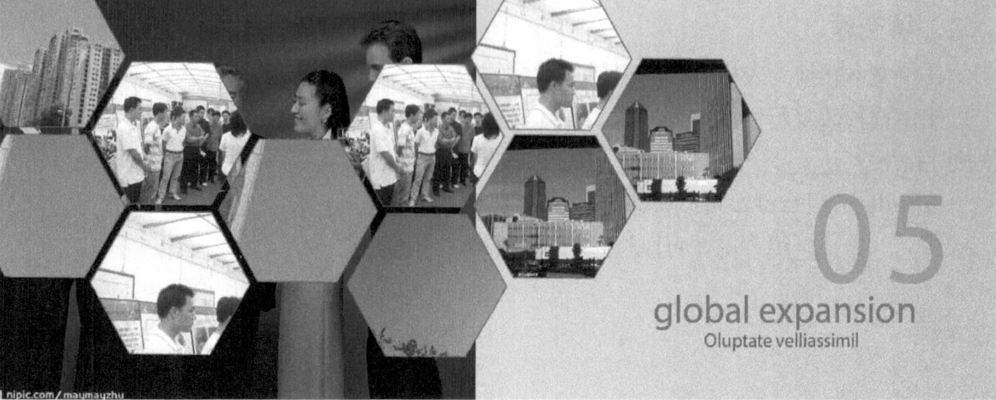

01 02 03 04 05 06 07 08 09 10 11 12

Id 职业技能考核

一、选择题

1. 下列说法不正确的是（　）。

A. InDesign可以将图片置入到表格中

B. InDesign可以将选中的文本转为表格

C. InDesign可以将表格转化为文本

D. InDesign不可以为表格设置隔行填充

2. 当输出文档为PDF时，如何嵌入文档中使用的所有字体？（　）

A. 设置“嵌套字体临界值”为100%

B. 设置“嵌套字体临界值”为0%

C. 需要在Distiller中设置

D. 在执行“输出”命令前使用“打包”命令，并把字体嵌入

3. 在创建表格之前，应（　）创建。

A. 直接用表格工具

B. 用文字工具创建一个文本区域后

C. 用路径文字工具

D. 用水平网格工具

4. 对于文本转化为表格的描述正确的是（　）。

A. 文本不可以转化为表格

B. 文本可以按Tab为分隔符来转换为表格

C. 文本可以按逗号为分隔符来转换为表格

D. 文本可以按段落为分隔符来转换为表格

5. 对于在InDesign中生成表格，下列（　）方法可行。

A. 导入Excel表格的文件

B. 导入Word表格的文件

C. 导入文本后，由文本再转换为表格

D. 只有InDesign中的文本，才可以转换为表格，导入的文本无效

二、填空题

1. 在将文本转换为表格时，需要使用指定的__________。

2. 使用拖拽改变行和列的间距时，在不改变表格大小的情况下修改行高或列宽，则可以在拖拽时按下__________键。

3. 按Shift+F9组合键，可以快速打开“__________”面板。

4. 按__________组合键，可以快速打开“置入”对话框。